国家卫生健康委员会"十四五"规划教材

全国高等职业教育专科配套教材

生物化学学习指导

主　编　邵世滨　徐世明

副主编　李　杰　李　妍　王　齐

编　者　（以姓氏笔画为序）

王　齐（安徽医学高等专科学校）　　　　赵　婷（天津医学高等专科学校）

韦　岩（菏泽医学专科学校）　　　　　　姚　斓（白城医学高等专科学校）

吕荣光（甘肃卫生职业学院）　　　　　　夏春梅（黑龙江护理高等专科学校）

刘芳君（河南护理职业学院）　　　　　　徐世明（首都医科大学）

李　妍（吉林医药学院）　　　　　　　　常陆林（广东江门中医药职业学院）

李　杰（湘潭医卫职业技术学院）　　　　梁金环（沧州医学高等专科学校）

陆　璐（江苏卫生健康职业学院）　　　　魏尧悦（山东医学高等专科学校）

邵世滨（山东医学高等专科学校）

人民卫生出版社

·北京·

版权所有，侵权必究！

图书在版编目（CIP）数据

生物化学学习指导 / 邵世滨，徐世明主编 . -- 北京 ：
人民卫生出版社，2025. 6. -- ISBN 978-7-117-38167-3

Ⅰ. Q5

中国国家版本馆 CIP 数据核字第 20259Q4J76 号

人卫智网	www.ipmph.com	医学教育、学术、考试、健康，
		购书智慧智能综合服务平台
人卫官网	www.pmph.com	人卫官方资讯发布平台

生物化学学习指导

Shengwu Huaxue Xuexi Zhidao

主　　编：邵世滨　徐世明
出版发行：人民卫生出版社（中继线 010-59780011）
地　　址：北京市朝阳区潘家园南里 19 号
邮　　编：100021
E - mail：pmph @ pmph.com
购书热线：010-59787592　010-59787584　010-65264830
印　　刷：三河市尚艺印装有限公司
经　　销：新华书店
开　　本：787 × 1092　1/16　印张：20
字　　数：462 千字
版　　次：2025 年 6 月第 1 版
印　　次：2025 年 7 月第 1 次印刷
标准书号：ISBN 978-7-117-38167-3
定　　价：45.00 元
打击盗版举报电话：010-59787491　E-mail：WQ @ pmph.com
质量问题联系电话：010-59787234　E-mail：zhiliang @ pmph.com
数字融合服务电话：4001118166　E-mail：zengzhi @ pmph.com

　　按照临床医学高等职业教育改革要求，突出以全科医生为重点的基层医疗卫生人才培养目标，我们编写了本教材。本教材以《高等职业学校临床医学专业教学标准》为依据，以《临床执业助理医师资格考试大纲》为参考，紧紧围绕临床医学专业人才培养目标和助理全科医生岗位胜任力对知识、能力、素质的要求，制定编写方案。作为第 9 版全国高等职业教育专科临床医学专业规划教材《生物化学》的配套教材，本教材在编写过程中始终坚持"三基""五性""三特定"的编写要求，注重培养学生的职业技能。

　　本教材共分生物化学实验和生物化学学习指导两部分。为了适应实验教学改革要求，提高学生的实践创新能力，实验部分对生物化学实验基本知识与技能操作进行了较为详细的叙述，并根据临床医学专业特点及要求，增加了部分各个编写院校常开的实验项目，共精选了 20 个实验，分为生物大分子实验、酶学实验、物质代谢实验及分子生物学实验，减少了验证性实验，以综合性实验为主，适当加入创新性实验，有利于培养学生分析问题、解决问题和实践创新能力。为了进一步加强学生对第 9 版《生物化学》教材的理解与掌握，学习指导中每一章分为内容要点、重点和难点解析、习题测试和参考答案等 4 个部分。在习题测试部分，以国家执业医师/执业助理医师资格考试大纲为引领，同时兼顾其他类型的考试，设定了选择题、名词解释、填空题和问答题等题型，以期突出教学中的基础和重点，同时密切结合临床病例，并培养学生理解知识、分析问题和解决问题的能力。本教材既可作为在校学生学习的辅导用书，又可作为教师指导教学的辅助资料。同时，也可作为其他相关从业人员，特别是临床执业助理医师资格考试参与者的考试复习资料。

　　在教材编写过程中得到了编者所在单位的大力支持与帮助，在此一并表示衷心感谢。

　　由于编委学术水平有限，尽管编委们已尽了最大努力，书中难免存在缺点与不妥之处，望广大师生和读者批评指正。

邵世滨　徐世明
2025 年 7 月

目 录

第一篇

生物化学实验

第一章 | 生物化学实验基本知识与技能操作

一、生物化学实验基本操作

（一）器皿的清洗及干燥

1. 玻璃器皿的清洗及干燥

（1）初用玻璃器皿的清洗：未使用过的玻璃器皿表面常附着有游离的碱性物质，可先用肥皂水或去污剂刷洗，再用自来水洗净，然后浸泡在 1%~2%HCl 溶液中过夜（不少于 4h），再用自来水冲洗，最后用去离子水（除去阴、阳离子杂质的纯净水）冲洗 2~3 次，80~100℃烘箱内烘干备用。

（2）使用过的玻璃器皿的清洗：①非计量玻璃器皿或粗容量器皿，如试管、烧杯、量筒等普通玻璃器皿，可直接用毛刷蘸取清洁剂洗刷，或浸泡在清洗剂中超声清洗，然后用自来水洗净清洁剂，用去离子水冲洗内壁 2~3 次，烘干或倒置在清洁处，干后备用。凡洗净过的玻璃器皿，不应在器壁上带有水珠，否则表示尚未洗干净，应按上述方法重新洗涤。②量器（如吸量管、滴定管、容量瓶等），使用后应立即浸泡于凉水中，勿使物质干涸。工作完毕后用流水冲洗，以除去附着的试剂、蛋白质等物质，晾干后浸泡在铬酸洗液中 4~6h（或过夜），再用自来水充分冲洗，最后用去离子水冲洗 2~4 次，风干备用。③其他器皿，包括具有传染性样品的容器，如病毒、传染病患者的血清等沾污过的容器，应先进行高压（或其他方法）消毒后再进行清洗；盛过各种有毒药品特别是剧毒药品和放射性同位素等物质的容器，必须经过专门处理，确知没有残余毒物后方可进行清洗。

（3）比色皿的清洗：只能用专用洗液或去污剂浸泡（绝不能用强碱清洗），然后用自来水冲洗，再用去离子水冲洗干净，切忌用刷子、粗糙的布或滤纸等擦拭，洗净后倒置晾干备用。

2. 塑料器皿的清洗及干燥　第一次使用的塑料器皿，可先用 8mol/L 尿素（用浓 HCl 调 pH 至 1）清洗，之后依次用去离子水、1mol/L KOH、去离子水清洗，然后用 3~10mol/L EDTA（乙二胺四乙酸）除去金属离子的污染，最后用去离子水彻底清洗。以后每次使用时可用去污剂清洗，然后用自来水和去离子水洗净，晾干备用。

（二）刻度吸量管及微量移液器的使用

1. 刻度吸量管　刻度吸量管为多刻度吸量管，用以量取 10ml 及 10ml 以下任意体积的溶液，有 0.1ml、0.2ml、0.5ml、1.0ml、2.0ml、5.0ml、10.0ml 等多种规格。吸管刻度所标的数字有自上而下及自下而上两种；有"快"字的为快流式，有"吹"字的为吹出式，无"吹"字的吸管不可将管尖的残留液吹出，使用之前应仔细分辨。用刻度吸量管吸、放溶液前要用吸水纸擦拭管尖外壁。

（1）刻度吸量管的选择：量取任意体积的液体时应选用取液量最接近的吸量管。如欲加 0.15ml 液体，应选用 0.2ml 的刻度吸量管。同一定量试验中，如欲加同种试剂于不同管中且取量不同时，应选择一支与最大取液量接近的刻度吸量管。例如，各试管应加的试剂量为 0.5ml、0.8ml、0.9ml 时，应选用一支 1.0ml 的刻度吸量管。

（2）吸量管的使用方法

1）执管：用右手中指和拇指拿住吸量管上口，以示指控制流速，刻度数字应朝向操作者。

2）取液：把吸量管插入液体内（切忌悬空，以免液体吸入洗耳球内），左手用洗耳球缓慢吸取液体至所取液量的刻度上端 1~2cm 处，然后迅速用示指按紧吸量管上口，使管内液体不再流出。

3）调准刻度：将已吸足液体的吸量管提出液面，用滤纸片擦干管尖外壁液体，然后垂直提起吸量管于试剂瓶内（管尖悬离试剂液面）。用示指控制液体至所需刻度，此时液体凹面、视线和刻度线应在同一水平面上，并立即按紧吸量管上口。

4）放液：放松示指，让液体自然流入受器内（如刻度吸量管标有"吹"字，应将管口残余液体吹入受器内）。此时，管尖应接触受器内壁，但不应插入受器内的原有液体中，以免污染吸量管及试剂。

2. 微量移液器　微量移液器主要用于多次重复快速定量移液，可以一只手操作，十分方便，在生物化学与分子生物学实验中广泛使用。微量移液器分为两种：一种是固定容量移液器，常用的有 100μl、200μl、1 000μl 等多种规格；另一种是可调容量移液器，常用的有 0.5~10μl、20~200μl、100~1 000μl 等多种规格。每种移液器都有其专用的聚丙烯塑料吸头，吸头通常是一次性使用的，也有重复使用的吸头，可经超声清洗，并进行 120℃ 高压灭菌。

（1）原理：移液器的推动按钮可带动推杆使活塞向下移动，排出活塞腔内空气，松手后，活塞在变位弹簧的作用下恢复至原位，完成一次吸液过程。

（2）移液器的选择：不同型号的微量移液器吸取液体的体积范围也各不相同，操作时只可在额定取液量范围内设定，绝不可超出额定范围随意调整取液量，任何过度用力旋转旋钮及超过额定范围的设定都会损坏移液器并影响其准确度。因此，应主要根据量取液体的体积选择相应的移液器。

（3）操作方法

1）调节体积旋钮至所需体积刻度值。

2）套上配套吸头并旋紧。

3）垂直持握微量移液器，用大拇指按至第一挡。

4）将吸头插入溶液，缓慢松开大拇指，使其复位。

5）将微量移液器移出液面，必要时可用纱布或滤纸拭去附于吸头表面的液体，但不要接触吸头孔。

6）排放液体时重新将大拇指按下直至第二挡，以排空液体。

7）微量移液器用后将体积旋钮旋至最大刻度。

（三）溶液的混匀、加热和保温

1. 溶液的混匀　溶液的混匀方法主要有以下几种：

（1）甩动混匀法：适用于试管中液体较少时，手持试管上部，利用腕力甩动、振动以混匀液体。

（2）振荡混匀法：适用于多个试管同时混匀，可将试管置于试管架上，双手持管架轻轻振荡，以达到混匀的目的。

（3）敲法：适用于试管中微量液体的混匀，手持试管上部，将试管的下部置于另一手掌心弹敲以混匀液体。

（4）转法：适用于试管中液体较多或小口器皿，用手反向握住试管上端，五指紧握试管，利用腕力使试管向一个方向做圆周运动，使液体旋转混匀。

（5）倒转混匀法：适用于液体较多、损失少量液体对实验结果没有显著影响时，将封好口的试管在手中上下倒转数次，将液体充分混匀。

（6）玻璃棒搅动法：适用于烧杯、量筒内容物的混匀，如固体试剂的溶解和混匀。

（7）旋涡混旋器混匀法：手持容器上端于混旋器上振动混匀。

（8）磁力搅拌器混匀法：适用于酸碱自动滴定、量大或混匀时间较长的溶液。

2. 溶液的加热与保温

（1）水浴恒温箱：将水浴箱内水的温度调节至所需温度，将样品放置其中。

（2）空气恒温箱：按照需要调节恒温箱内的温度，将样品放置在一定温度的空气中。因空气传导温度时间较长，所以空气恒温箱适用于需要长时间保温的样品，如培养的大肠埃希菌。

（3）恒温振摇器（恒温摇床）：有水平旋转式振摇器及跷板式振摇器两种，前者多用于菌种的扩增，后者多用于电泳凝胶染色和脱色。

二、分光光度技术

分光光度技术是利用物质具有对光的选择性吸收特征而建立起来的一种定量、定性分析方法。该技术作为一种最为常用的仪器分析方法，具有操作简便、准确快速、灵敏稳定和用样量少等优点，广泛应用于医药卫生、化学化工、机械电子、能源环保、食品饮料等多个领域，并已成为这些领域实验分析及测试的基本手段。

（一）基本原理

光的本质是一种电磁波，具有波粒二象性。可见光的波长范围为 400~760nm。波长小于 400nm 的光线称为紫外线，大于 760nm 的光线称为红外线。

光线通过透明溶液介质时，一部分光线被溶液吸收，所以光线射出溶液后光波强度减少。这种光波的吸收和透过性质可用于物质的定性与定量分析，其理论依据是朗伯-比尔定律（Lambert-Beer law）。

1. 朗伯定律　当一束单色光通过透明溶液时，一部分光被吸收，被吸收光的量与溶液厚度有一定比例关系，即：

$$I = I_0 e^{-AL} \tag{1}$$

式中：I_0 为入射光强度；I 为通过溶液后的透射光强度；L 为光径上溶液的厚度；e 为自然对数的底，即 2.718；A 为溶液的吸光度。

式（1）可改写为：

$$\ln(I_0/I) = AL \tag{2}$$

将式（2）换算成常用对数式，即：

$$\lg(I_0/I) = 0.434\,3 \cdot AL$$

$$令\ K = 0.434\,3 \cdot A$$

$$则\ \lg(I_0/I) = KL \tag{3}$$

式中：K 为比例系数。

2. 比尔定律 以溶液中溶质浓度的变化代替溶液厚度的改变，光波的吸收与溶质浓度的变化有相似的关系，即一束单色光通过溶液时，一部分光被溶液吸收，被吸收光的量与溶液中溶质浓度呈一定的比例关系。依据朗伯定律中同样的推导，可得出下式：

$$\lg(I_0/I) = KC \tag{4}$$

式中：C 为溶液中溶质的浓度。

朗伯定律和比尔定律合并，即式（3）和式（4）合并为

$$\lg(I_0/I) = KCL \tag{5}$$

$$令\ T = (I/I_0)$$

$$则\ A = \lg(1/T) = \lg(I_0/I)$$

$$A = KCL \tag{6}$$

式中：T 为透光度，A 为吸光度。

式（6）为朗伯-比尔定律的物理表示式，为分光光度技术的基本计算式，表示一束单色光通过溶液后，一部分光被吸收，吸收光的量与溶液中溶质的浓度和溶液厚度成正比。

（二）分光光度计的基本结构

分光光度计的种类很多，其原理及结构基本相似，主要包括光源、单色光器、狭缝、吸收池及检测系统。

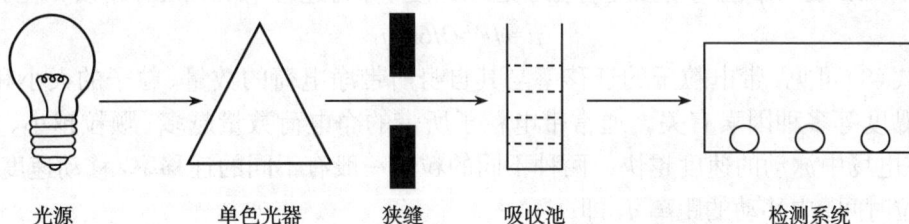

光源　　　　单色光器　　　狭缝　　　吸收池　　　　　　　检测系统

1. 光源 可见光的连续光谱可由钨灯、卤钨灯发射，最适波长范围为 360~1 000nm；紫外线的连续光谱由氢灯、氙灯发射，最适波长范围为 150~400nm。

2. 单色光器 其作用是将混合光分解为单一波长的光，多用棱镜或光栅作为色散元件，可在较宽光谱范围内分离出相对纯波长的光线，通过色散系统可根据需要选择一定波长范围的单色光。

3. 狭缝 狭缝是由一对不透光的隔板在光通路上形成的缝隙，通过调节缝隙的大小可调节入射单色光的强度，并使入射光形成平行光线，以便检测。

4. 吸收池 吸收池又称比色杯、比色皿、比色池，可由玻璃或石英制成。在可见光范围内测量时选用光学玻璃吸收池，在紫外线范围内测量时选用石英吸收池。

5. 检测系统　主要由受光器和测量器两部分组成，常用的受光器有光电池、真空光电管或光电倍增管，均可将接收到的光能转变为电能，并将弱电流放大，以提高敏感度。由电流计显示出电流的大小，在仪表上可直接读出吸光度值。

三、电泳技术

电泳是指带电粒子在电场中向与其自身相反电荷的电极移动的现象。电泳技术是生物化学与分子生物学中重要的研究方法之一。许多重要的生物分子如氨基酸、多肽、蛋白质、核苷酸、核酸等都具有可电离基团，它们在某个特定 pH 下可以带正电或负电，在电场的作用下会向着与其所带电荷极性相反的电极方向移动。电泳技术就是利用在电场作用下待分离样品中各种分子带电性质以及分子本身大小、形状等性质的差异，使带电分子产生不同的迁移速度，从而对样品进行分离、鉴定或提纯的技术。

（一）基本原理

若某一带电粒子在电场中所受的力为 F，则 F 的大小与电场强度 E 和粒子所带电荷 Q 的乘积成正比，即：

$$F = E \cdot Q。$$

根据斯托克斯定律（Stokes law），球形分子在非真空条件下运动时所受的阻力 F' 与分子移动的速度（v）、分子半径（r）、介质的黏度（η）有关，即：

$$F' = 6\pi r \eta v$$

当 $F = F'$，即达到动态平衡时：

$$E \cdot Q = 6\pi r \eta v$$

移项后得

$$v/E = Q/6\pi r \eta \tag{7}$$

式中：v/E 表示单位电场强度时粒子运动速度，称为迁移率（mobility），以 μ 表示，即：

$$\mu = v/E = Q/6\pi r \eta \tag{8}$$

由式（8）可见，带电粒子的迁移率与其自身所带净电荷的数量、粒子的大小和形状、介质的黏度等多种因素有关。通常带电粒子所带的净电荷数量越多、颗粒越小、越接近球形，在电场中泳动的速度越快。两种不同的粒子一般有不同的迁移率，移动速度 v 可表示为单位时间 t 内移动的距离 d，即：

$$v = d/t$$

若电场强度 E 为单位距离内的电势差 U（以伏计），L 为支持物的有效长度，则：

$$E = U/L$$

将 $v = d/t$ 和 $E = U/L$ 代入式（8），即得：

$$\mu = Q/6\pi r \eta = v/E = dL/tU$$

式中：v 为带电粒子的泳动速度（cm/s 或 cm/min），E 为电场强度或电势梯度（V/cm），d 为泳动距离（cm），L 为支持物的有效长度（cm），t 为通电时间（s 或 min），U 为加在支持物两端的实际电压（V）。因此，迁移率（或泳动度）的单位是 $cm^2/(s \cdot V)$。那么，物质 A 在电场中移动的距离可表示为：

$$d_A = \mu_A tU/L$$

物质 B 在电场中的移动距离可表示为：

$$d_B = \mu_B t U / L$$

则两物质移动的距离差为：

$$d_A - d_B = (\mu_A - \mu_B) t U / L \tag{9}$$

式（9）说明物质 A、物质 B 能否分离，取决于两者的迁移率。若两者的迁移率相同则不能分离，不相同则能分离。在一定的实验条件下，迁移率差别越大，分离越好。

（二）常用的电泳技术

1. 纸电泳　纸电泳是以滤纸作为支持物的电泳技术。纸电泳的设备简单，应用广泛，是最早使用的固相电泳技术，在早期的生物化学研究中曾发挥了重要作用。但由于纸电泳时间长，分辨率较差，而且滤纸的吸附作用较大，电渗作用较为严重，所以近年来逐渐被其他快速、简便、分辨率高的电泳技术所代替。

2. 乙酸纤维素薄膜电泳　乙酸纤维素是纤维素的羟基乙酰化所形成的纤维素乙酸酯。乙酸纤维素薄膜电泳即采用乙酸纤维素薄膜作为支持物的电泳方法。乙酸纤维素薄膜具有泡沫状的结构，厚度约为 120μm，有很强的通透性，对分子移动的阻力较小。乙酸纤维素薄膜电泳广泛应用于科学实验、生化产品分析和临床检验，如血清清蛋白（白蛋白）、血红蛋白、脂蛋白、糖蛋白、同工酶等的分离和鉴定。该电泳方法具有简单、快速、样品量少、区带清晰、灵敏度高、便于照相和保存等特点；缺点是乙酸纤维素薄膜的吸水性差，电泳过程中水分易蒸发，所以为保持其处于湿润状态，该电泳应在密闭的电泳槽中进行。

3. 琼脂糖凝胶电泳　琼脂糖为从琼脂中分离制备的一种多聚糖，是由半乳糖及其衍生物构成的不带电荷的中性物质，其结构单元为 D-半乳糖和 3,6-脱水-L-半乳糖。许多琼脂糖链依靠氢键的作用互相盘绕形成网孔型凝胶，所以该凝胶适合于免疫复合物、核酸、核蛋白的分离、鉴定及纯化。由于琼脂糖凝胶电泳操作方便、设备简单、所需样品量少、分辨能力高，已成为基因工程研究常用的实验方法之一。琼脂糖凝胶透明度好，便于扫描，其条带强度与 DNA 含量成正比，所以可用于 DNA 半定量分析；而且琼脂糖不与染料结合，染色后背景染料颜色容易洗脱；凝胶还可制成薄膜，长期保存。缺点是易造成严重的电渗现象，影响电泳的速度，而且琼脂所含的可溶性杂质难以除去。

4. 聚丙烯酰胺凝胶电泳　聚丙烯酰胺凝胶电泳是以聚丙烯酰胺凝胶作为支持介质的电泳方法，可根据被分离物质分子大小和所带电荷多少进行分离。聚丙烯酰胺凝胶是由丙烯酰胺和 N,N′-甲叉双丙烯酰胺聚合而成的大分子。聚丙烯酰胺凝胶电泳优点较多，如具有分子筛作用、电渗作用较小、不易与样品相互作用、对热稳定、凝胶无色透明、易观察、分离时间短等；缺点是丙烯酰胺和 N, N′-甲叉双丙烯酰胺均有神经及皮肤毒性，所以操作过程中应戴手套。

四、层析技术

层析技术又称色谱技术，是生物化学实验常用的分析方法之一。1903 年，茨维特（M. Tswett）首创了一种从叶片浸出液中分离不同色素成分的方法，即层析法。目前层析技术形式多种多样。

（一）基本原理

层析技术是利用混合物中各组分的理化性质不同，使各组分以不同程度分布在固定相与流动相。当混合物通过多孔支持物时，各组分受固定相的阻力和受流动相的推力不同，移动速度各异，在支持物上集中分布于不同的区域，从而得以分离。

层析须在两相系统间进行：一相是固定相，需支持物，为固体或液体；另一相为流动相，是液体或气体。当流动相流经固定相时，被分离物质在两相间的分配由平衡状态到失去平衡又到恢复平衡，即不断经历吸附与解吸附的过程。

（二）分类

层析按流动相的状态进行分类，可分为液相层析和气相层析；按固定相的使用形式分类，可分为柱层析、纸层析、薄层层析、薄膜层析等；按层析的原理分类，可分为吸附层析、离子交换层析、分子排阻层析（凝胶过滤层析）、亲和层析等。

1. 吸附层析　吸附作用是指某些物质能够从溶液中将溶质浓集在其表面的现象。吸附层析是利用吸附剂对不同物质吸附力的不同而对混合物中的各组分进行分离的方法。把吸附剂装入玻璃柱内或铺在玻璃板上，由于吸附剂的吸附能力因不同溶剂的影响而发生改变，样品中的物质被吸附剂吸附后再用适当的洗脱液冲洗，改变吸附剂的吸附能力，使之解吸附，并随洗脱液向前移动。解吸附下来的物质向前移动时遇到新的吸附剂又可重新被吸附。此时被吸附的物质再被后来的洗脱液解吸下来。经过如此反复的吸附-解吸附-再吸附-再解吸附的过程，物质即可沿着洗脱液的前进方向移动。由于同一吸附剂对样品中各组分的吸附能力不同，所以在洗脱过程中具有不同吸附能力的各组分便会由于移动速度不同而逐渐分离出来。

2. 离子交换层析　离子交换层析是以离子交换剂为固定相，利用离子交换剂对需要分离的各种离子具有不同的结合力而进行分离的层析技术。离子交换剂根据可交换离子的性质分为阳离子交换剂和阴离子交换剂两大类，根据离子交换剂的化学本质不同又可分为离子交换树脂、离子交换纤维素和离子交换葡聚糖等多种。

3. 凝胶过滤层析　凝胶过滤层析是以多孔性凝胶填料为固定相，以分子筛作用对生物大分子进行分离的层析技术。当样品随流动相经过凝胶填料固定相时，比凝胶孔穴孔径大的大分子物质不能扩散进入凝胶颗粒内部，于是随流动相流经颗粒之外的空间，首先洗脱出层析柱；比凝胶孔穴孔径小的小分子物质可以扩散进入凝胶颗粒孔穴内，比大分子物质流经的载体面积宽，经历流程长，于是与大分子物质分离开来，最后被洗脱出去。即固定相的孔穴对不同大小的样品成分具有不同的阻滞作用，使之以不同的速度通过凝胶柱，从而达到分离的目的。

4. 亲和层析　亲和层析是利用化学方法将可与待分离物质特异性可逆结合的配体连接到某种固定相上，并将载有配体的固定相装柱，待分离的生物大分子通过此层析柱时该分子便与配体特异性结合而留在柱上，其他物质随流动相流出，再用适当方法使该大分子从配体上分离并洗脱下来，从而达到分离的目的。

五、离心分离技术

离心分离技术是待分离的物质借助离心机旋转产生的外向离心力，根据物质的沉降系数、密度及浮力等性质的不同而对混合物质进行分离的技术。在生物化学与分子生物学研究领域，离心分离技术得到广泛的应用。

（一）基本原理

1. 离心力和相对离心力　物体围绕中心轴旋转时会受到一个离开中心的力（即离心力，用 F 表示）的作用。可得：

$$F=M\omega^2r$$

$$\text{或 } F=VD\omega^2r$$

式中：M 为物体的质量；V 为体积；D 为密度；ω 为角速度（弧度数/秒）；r 为旋转半径。

相对离心力（relative centrifugal force, RCF）代表离心力与某一物质所受重力的比值，常用"数字×g"来表示，单位是重力加速度"g"（980cm/s^2）。此时 RCF 可表示为：

$$\text{RCF}=\omega^2r/980$$

若以每分钟转数（revolution per minite, rpm 或 r/min）来表述相对离心力，由于 $\omega=2\pi\text{rpm}/60$，则：

$$\text{RCF}=4\pi^2\text{rpm}^2r/(3\,600\times980)$$

即 $\text{RCF}=1.119\times10^{-5}\times\text{rpm}^2r$

由上式可知，在已知旋转半径 r 的条件下，RCF 和 rpm 之间可以进行换算。

2. 沉降系数（sedimentation coefficient, S）　沉降系数是物质在单位离心力场作用下的沉降速度。一般生物大分子的沉降系数（单位为 S）在 $(1\sim500)\times10^{-13}$s 之间，若规定 1×10^{-13}s 为一个单位（或称 1S），则纯蛋白在 1~20S 之间，较大核酸分子在 4~100S 之间，亚细胞结构在 30~500S 之间。

（二）离心机的主要构造和类型

1. 主要构造　离心机的构造主要包括离心室、驱动系统、温度控制和真空系统、转子及操作系统。

（1）离心室：为转头进行高速旋转的空间。

（2）驱动系统：主要包括电动机和转轴。

（3）温度控制和真空系统：温度控制系统由制冷压缩机、冷凝器、干燥过滤器、膨胀阀等组成。真空系统由机械泵和扩散泵串联接在离心室上，使离心室维持真空状态。

（4）转子（转头）：离心机的转子分为固定角式转子、水平转子、垂直转子、带状转子、连续转子等。

（5）操作系统：操作系统由开关、旋钮、指示灯等组成，为离心机的中枢。

2. 类型　离心机根据转数的不同分为低速、高速和超速离心机；根据用途分为工业用离心机和实验用离心机，实验用离心机又分为分析离心机和制备离心机。

（三）离心方法

1. 差速离心　差速沉淀离心是利用不同强度的离心力使不同质量的物质分批分离的方法。该法分辨力不高，适用于沉降系数在 1 到几个数量级的混合样品分离。

2. 速率区带离心　速率区带离心是将混合物质置于平缓的介质梯度中（该梯度的最大密度低于混合物质的最小密度），按照不同的沉降速率沉降，从而使混合物质分离的方法。

3. 密度梯度离心 密度梯度离心是一种测定粒子浮力密度的方法。其介质溶液能在离心力场内自行形成连续的梯度,同时被分离的物质颗粒能分别达到相当于本身浮力密度的平衡位置,从而使混合物质得到分离。

（四）离心操作的注意事项

使用离心机时必须严格遵守操作规程,否则可能发生严重事故。

1. 使用离心机时必须事先平衡离心管及其内容物,平衡时重量之差不得超过说明书上规定的范围。转子中绝对不能装载单数的离心管,离心管必须互相对称放在转子中,以便使负载均匀分布在转子的周围。

2. 根据待离心液体的性质及体积,选用适合的离心管。无盖的离心管中液体不能装得过多,以防离心时液体甩出,造成转子不平衡或被腐蚀。但制备超速离心机的离心管一般要求将液体装满,以免离心时塑料离心管的上部凹陷变形。

3. 每次使用后须仔细检查转子,及时清洗、擦干。转子长时间不用时应涂蜡保护。严禁使用变形、损坏或老化的离心管。搬动离心机时要小心,避免碰撞及造成伤痕。

4. 在低于室温的温度下离心时,转子应提前放置在冰箱或置于离心机的转子室内预冷。

5. 实验人员在离心过程中不得随意离开,应随时观察离心机上的仪表是否正常工作。如有异常的声音,应立即停止离心并检查,及时排除故障。

6. 使用转子时要查阅说明书,不得超过每个转子的最高允许转速和使用累积时限。

六、生物大分子制备技术

（一）概述

生物大分子主要是指蛋白质(包括酶)和核酸。以蛋白质和核酸的结构与功能为基础,从分子水平上认识生命现象,已经成为现代生物学发展的主要方向。研究生物大分子,首先要得到高度纯化并具有生物活性的目标物质。然而生物大分子的分离纯化与制备是一项十分细致而困难的工作,有些生物大分子的制备没有固定的方案可循。

与化学产品的分离制备相比较,生物大分子的制备的特点如下:

1. 生物材料组成非常复杂,常包含数百种乃至数千种化合物,甚至在生物大分子分离过程中可能还会有代谢产物生成。不同生物大分子的分离纯化方法差别很大,没有一种适合各种生物大分子分离制备的通用方法。

2. 很多生物大分子在生物材料中的含量极微,分离纯化的步骤繁多、流程长,有的目的产物经过十几步甚至几十步的操作才能达到纯度要求,在此过程中还会有损失,获取的目的产物量很少。

3. 有的生物大分子离开生物体的环境极易失活,这就要求在提取制备时须选用适宜的环境条件。

4. 生物大分子的制备一般是在溶液中进行的,溶液的温度、pH、缓冲液的类型、离子强度等对提取都会有影响。

一般来说,生物大分子的制备步骤包括:确定制备目的产物,建立或确定分析测定方法,预处理和细胞的分离,细胞的破碎及细胞器的分离,生物大分子的提取、纯化、鉴定以及浓缩、干燥和保存。

分离纯化是生物大分子制备的关键技术，方法很多，主要是利用生物大分子之间理化性质的差异，如分子大小、形状、酸碱性、溶解度、极性、电荷和对其他分子的亲和性等。目前纯化蛋白质的关键方法是电泳技术、层析技术和离心分离技术。在应用中必须注意保证生物大分子的完整性，防止酸、碱、高温、剧烈机械作用而导致所提物质生物活性的丧失。

（二）一般流程

1. 生物材料的选择　根据制备的目的产物，选择合适的材料。例如，从工业化规模生产的角度，要求选择含量高、来源丰富、工艺简单、成本低的材料。当这些方面无法同时满足时，要根据具体的情况进行选择。

2. 细胞的破碎　目前已有多种破碎细胞、释放细胞内容物的方法，根据作用方式不同分为机械法和非机械法两大类。传统的机械法包括匀浆法、研磨法、压榨法、超声波法等。常见的非机械法包括化学渗透法、酶溶法、反复冻融法、激光破碎法、冷冻喷射法、相向流撞击法等。选择的原则是该方法不应影响目的产物的结构和功能，即避免造成目的产物的变性或失活。

细胞破碎前，生物组织一般用缓冲溶液洗去残留血液和污染物；培养细胞通常用缓冲溶液混悬后离心，除去残留培养液。细胞破碎获得的抽提物称为匀浆。匀浆经过离心所得的含有目的产物的上清液称为粗提物。如果粗提物含有漂浮颗粒，可用纱布或玻璃纤维滤去后再进一步纯化。常用的细胞破碎方法如下：

（1）匀浆法：匀浆是对机体软组织破碎最常用的方法之一，其工作原理是通过固体剪切力破碎组织和细胞，释放细胞内容物进入溶液。匀浆器主要有 4 类：刀片式组织破碎匀浆器、内切式组织匀浆器、玻璃匀浆器和用于规模生产的高压匀浆器。玻璃匀浆器的匀浆杵有玻璃制的，也有聚四氟乙烯制的，既可以手动，也可以电动。由于匀浆过程中蛋白质被蛋白酶降解的可能性较小，所以匀浆是简便、迅速和风险小的组织破碎方法。

匀浆过程应注意维持低温。玻璃匀浆器可外置冰水浴，其他匀浆容器可预冷或在冷室内匀浆。匀浆时所需匀浆缓冲液的体积在不同条件下可有很大差别，有时甚至可为湿重组织体积的 9~10 倍。

（2）超声波法：输入高能超声波可以破碎细胞，其机制可能与超声波作用于溶液时气泡产生、增大和破碎的气穴现象有关。气穴现象引起的冲击波和剪切力使细胞裂解。超声波破碎的效率取决于声频、声能、处理时间、细胞浓度及细胞类型等。

使用超声波破碎必须注意控制强度在一定限度内，即刚好低于溶液产生泡沫的水平。因为产生泡沫会导致蛋白质变性，过低的强度则降低破碎效率。超声波法在处理少量样品时操作简便、液量损失少，适用于微生物材料和脑组织匀浆。但是缺点是超声波产生的化学自由基团能使敏感的活性物质变性失活，发出的噪声令人难以忍受，在处理过程中会产生大量的热量，应采取相应的降温措施。对超声波敏感的酶和核酸应慎用。

（3）研磨法：研磨是破碎单一细胞的有效措施，可借助研磨中磨料和细胞间的剪切及碰撞作用破碎细胞。常用的磨料为石英砂、氧化铝。在研钵内样品与磨料被研磨成厚糊状。一次破碎的细胞量湿重可达 30g。此法主要用于细菌、酵母和一些植物组织。研磨操作一般不超过 15min。石英砂或氧化铝用前应做清洁处理。

（4）酶溶法：是用生物酶将细胞壁和细胞膜消化溶解的方法。因此，利用酶溶法处理细胞，必须根据细胞的结构和化学组成选择适当的酶。常用的有溶菌酶、β-1,3-葡聚糖酶、β-1,6-葡聚糖酶、蛋白酶、糖苷酶、壳多糖酶等。细菌主要用溶菌酶处理，酵母需用几种酶进行复合处理。使用酶溶法时要注意控制温度、酸碱度、酶用量、先后次序及时间。

（5）化学渗透法：有些有机溶剂、抗生素、表面活性剂、金属螯合剂、变性剂（如盐酸胍、脲等）等化学品可以改变细胞壁或细胞膜的通透性，使内含物有选择地渗透出来。此法主要用于溶解培养的动物细胞。

（6）反复冻融法：将细胞置于 -20℃ 以下冰冻，室温融解，反复几次，由于细胞内冰粒形成和剩余细胞质的盐浓度增高而引起细胞溶胀，使细胞结构破碎。此法仅适用于提取非常稳定的蛋白质。对韧性很强的组织如皮肤、肌腱等，可用液氮冻硬变脆，敲碎成小块后在研钵中加液氮研成粉，再加缓冲液溶解。

无论用哪种方法破碎组织细胞，都会使细胞内蛋白质或核酸水解酶释放到溶液中，使大分子物质降解，导致天然物质量的减少。二异丙基氟磷酸、碘乙酸、苯甲基磺酰氟等能抑制某些蛋白水解酶的活性，还可通过选择 pH、温度或离子强度等使这些条件适合于目的物质的提取。

3. 细胞器的分离　各类生物大分子在细胞内的分布是不同的，DNA 几乎全部在细胞核内，RNA 则主要在细胞质，各种酶在细胞内的分布也有特定的位置，所以应根据某一目的物质的位置来选取材料。

细胞器的分离一般采用差速离心法或密度梯度离心法，利用细胞各组分质量大小不同而沉降于离心管内不同的区域，分离后即得到所需的组分。细胞器分离中常用的介质有蔗糖、聚蔗糖、葡聚糖、聚乙二醇等高分子溶液。

（三）蛋白质的提取

蛋白质的提取是将经过处理或破碎的细胞置于一定条件的溶液中，让被提取的生物大分子充分释放出来的过程。影响提取的因素主要是被提取物质在提取的溶液中溶解度的大小及由固相扩散到液相的难易程度。减小溶剂的黏度、搅拌和延长提取时间可提高生物大分子扩散速度，增加提取效果。提取的原则是"少量多次"，即对等量的提取溶液，分多次提取比一次提取效果好。

大部分蛋白质都可溶于水、稀盐、稀酸或稀碱溶液，少数与脂质结合的蛋白质则溶于乙醇、丙酮、丁醇等有机溶剂中，所以可采用不同溶剂提取分离和纯化蛋白质及酶。

（四）蛋白质的分离纯化

1. 根据蛋白质溶解度不同的分离纯化方法

（1）盐析法：中性盐对蛋白质的溶解度有显著影响，一般在低盐浓度下随着盐浓度升高，蛋白质的溶解度增加，称为盐溶；当盐浓度继续升高时，蛋白质的溶解度不同程度下降并先后析出，称为盐析。将大量盐加入蛋白质溶液中，高浓度的盐离子（如硫酸铵的 SO_4^{2-} 和 NH_4^+）有很强的水化作用，可夺取蛋白质分子的水化层，使之"失水"，于是蛋白质胶粒凝结并沉淀析出。盐析时若溶液 pH 在蛋白质等电点，则效果更好。由于各种蛋白质分子颗粒大小、亲水程度不同，盐析所需的盐浓度也不同。因此，调节混合蛋白质溶液中的中性盐浓度可使各种蛋白质分段沉淀。

蛋白质盐析常用的中性盐主要有硫酸铵、硫酸镁、硫酸钠、氯化钠、磷酸钠等。其中应用最多的是硫酸铵，其优点是溶解度的温度系数小而溶解度大（25℃时饱和溶液为4.1mol/L，即541.2g/L；0℃时饱和溶液为3.9mol/L，即514.8g/L）。在其溶解度范围内，许多蛋白质和酶都可以盐析出来。另外，硫酸铵分段盐析效果也比其他盐好，不易引起蛋白质变性。硫酸铵溶液的pH常为4.5~5.5，当用其他pH进行盐析时需用硫酸或氨调节。硫酸铵浓度常以百分浓度表示，以$X\%$表示所要配制的溶液浓度，$X_0\%$表示开始时溶液的浓度，所需的硫酸铵克数公式计算为：

$$硫酸铵克数=515(X-X_0)/(100-0.27X)$$

蛋白质在用盐析沉淀分离后须将蛋白质中的盐除去，常用的办法是透析，即把蛋白质溶液装入透析袋内（常用玻璃纸），用缓冲液进行透析，并不断地更换缓冲液，因透析所需时间较长，最好在低温中进行。此外，也可用葡聚糖凝胶 G-25 或 G-50 过柱的办法除盐，所用的时间较短。

（2）等电点沉淀法：蛋白质在等电点时颗粒之间的静电斥力最小，溶解度也最小。各种蛋白质的等电点不同，可利用调节溶液的 pH 达到某一蛋白质的等电点而使之沉淀，但此法很少单独使用，可与盐析法结合使用。

（3）低温有机溶剂沉淀法：用与水混溶的有机溶剂如甲醇、乙醇、丙酮，可使多数蛋白质溶解度降低并析出。此法分离效率比盐析高，但蛋白质较易变性，应在低温下进行。

2. 根据蛋白质分子大小不同的分离纯化方法　根据蛋白质分子大小不同进行分离纯化方法主要有透析法、超滤法和凝胶过滤层析法。透析是利用半透膜将分子大小不同的蛋白质分离的过程。超滤法是利用压力或离心力迫使水和其他小的溶质分子通过半透膜，蛋白质则截留在膜上。可选择不同孔径的滤膜截留不同相对分子质量的蛋白质。

3. 根据蛋白质带电性质的分离纯化方法　蛋白质在不同 pH 环境中带电性质和电荷数量不同，据此可使用电泳法、离子交换层析法等将其分离纯化。

4. 根据配体特异性的分离纯化方法　亲和层析法是分离蛋白质的一种极为有效的方法，通常只需经过一步处理即可使某种待提纯的蛋白质从很复杂的蛋白质混合物中分离出来，而且纯度很高。

蛋白质在组织或细胞中是以复杂的混合物形式存在的，每种类型的细胞都含有上千种不同的蛋白质，蛋白质的分离、提纯和鉴定是生物化学实验的重要内容。没有一个单独的方法能把任何一种蛋白质从复杂的蛋白质混合物中提取出来，所以往往采取几种方法联合使用。

（五）核酸的分离纯化

核酸溶于水而不溶于有机溶剂，利用此性质可以对核酸进行提取。分离和纯化核酸总的原则是保证核酸一级结构的完整性并排除其他分子的污染。核酸纯化的要求：①核酸样品中不应存在对酶有抑制作用的有机溶剂和过高浓度的金属离子；②其他生物大分子如蛋白质、多糖和脂质的污染应降低到最低程度；③排除其他核酸分子的污染，如提取DNA分子时应去除RNA分子，反之亦然。

为了保证分离核酸的完整性和纯度，在实验过程中应注意以下事宜：①尽量简化操作步骤，缩短提取过程，以减少各种有害因素对核酸的破坏。②减少化学因素对核酸的降解，为避免过酸、过碱对核酸链中磷酸二酯键的破坏，操作多在 pH 4~10 的条件下进行。③减少物理因素对核酸的降解。物理降解因素主要是机械剪切力及高温。机械剪切力包括强力高速的溶液震荡和搅拌、使溶液快速通过狭长的孔道、细胞突然置于低渗液等。在核酸提取过程中保持常规操作温度为 0~4℃，可降低核酸酶的活性与反应速率，减少对核酸的生物降解。④防止核酸的生物降解，细胞内外的各种核酸酶作用于核酸链中的磷酸二酯键，直接破坏核酸的一级结构。DNA 酶需要金属离子 Mg^{2+}、Ca^{2+} 的激活，使用螯合剂 EDTA 可抑制 DNA 酶的活性。RNA 酶分布广泛，极易污染样品，而且耐高温、耐酸、耐碱、不易失活，所以生物降解是 RNA 提取过程中的主要影响因素。

1. DNA 的提取　组织细胞破碎后，加入 0.5mol/L NaCl 溶液，离心去上清液，取沉淀部分用 1.0mol/L NaCl 溶解，用酚-氯仿混合液振摇抽提，离心取水相，加入 2 倍体积的乙醇沉淀 DNA。在提取 DNA 的溶液中加入 EDTA 等除去金属离子，抑制脱氧核糖核酸酶的活性，减少对 DNA 的水解。DNA 制品中的少量 RNA 可用纯的核糖核酸酶水解除去。

2. RNA 的提取　在提取 RNA 时应注意防止核糖核酸酶的降解作用。许多试剂中甚至手指上都有核糖核酸酶，常用的措施有：①低温（4℃）操作；②所用器皿高压消毒，试剂中加入核糖核酸酶抑制剂；③操作中戴好手套。

真核生物 mRNA 由于结构上的特异性，提取和纯化较为方便。其 3′端均含有多（A）尾，故可利用寡脱氧胸苷酸层析柱将 mRNA 从 RNA 混合液中纯化出来。

3. 核酸的纯化　核酸的纯化最关键的步骤是去除蛋白质，通常只用酚-氯仿、氯仿抽提核酸的水溶液即可。如果从细胞裂解液等复杂的分子混合物中纯化核酸，一般先用某些蛋白酶消化大部分蛋白质后再用有机溶剂抽提。

（六）提纯后的处理

1. 样品的浓缩　生物大分子在制备过程中由于过柱纯化而使样品稀释，往往需要浓缩。常用的浓缩方法有减压加温蒸发浓缩、冷冻法、固体吸收法、透析法、超滤法等。

2. 样品的干燥及储存　利用冷冻真空干燥，可将蛋白质以干燥形式保存。操作时，先将液体冷冻，使之变成固体，然后在低温低压下通过蒸发去除水分。干燥后的蛋白质具有疏松、溶解度好、保持天然结构等优点。

生物大分子的稳定性与保存方法有很大关系。干燥的制品比较稳定，在低温条件下其活性可保持数年。储存要求将干燥的样品置于干燥器内（装有干燥剂）密封，保存于 0~4℃环境中即可。液态储存也有优点，可以免去繁杂的干燥过程，生物大分子的活性破坏较少，储存时应注意：①样品不能太稀，必须浓缩到一定浓度后才能封装储存。②一般须加入防腐剂和稳定剂。常用的防腐剂有甲苯、苯甲酸、氯仿和百里酚等。蛋白质和酶常用的稳定剂有硫酸铵糊、蔗糖、甘油等。酶可加入底物和辅酶，以提高其稳定性。核酸大分子一般保存在氯化钠或柠檬酸钠的标准缓冲液中。③储存温度要低，一般为 0℃左右，有的须在-20℃或-70℃储存且不可反复冻融。

（赵　婷）

第二章 | 生物大分子实验

实验一 蛋白质等电点的测定

【实验目的】

1. 验证蛋白质两性解离性质和等电点。
2. 掌握测定酪蛋白等电点的原理和方法。

【实验原理】

蛋白质是两性电解质,在一定的 pH 溶液中可解离出带负电荷及带正电荷的基团。调节溶液的 pH,可使蛋白质所带正、负电荷数量变化。当蛋白质溶液 pH=pI 时,蛋白质分子所带正、负电荷相等,净电荷为零,此时蛋白质溶解度最低,最容易沉淀析出。在一定的 pH 范围内,蛋白质溶液的 pH 偏离 pI 越远,蛋白质分子所带同种电荷数越多,越不容易发生沉淀。

【实验器材】

1. 试管、洗耳球。
2. 吸量管(1ml、2ml、5ml)。

【实验试剂】

1. 0.01mol/L 乙酸
2. 0.1mol/L 乙酸
3. 1.0mol/L 乙酸
4. 5g/L 酪蛋白乙酸钠溶液　取纯酪蛋白 0.25g,加入蒸馏水 20ml 及 1.0mol/L NaOH 5ml,混合至酪蛋白完全溶解。再加入 1.0mol/L 乙酸 5ml,移入 50ml 容量瓶中,用蒸馏水稀释至刻度。

【实验步骤】

取 5 支干净试管,编号并按表 2-1-1 操作。

立即混匀各管,静置 10min,观察各管沉淀情况。

表 2-1-1　各试管溶液的配制

试剂	1	2	3	4	5
蒸馏水/ml	1.6	0	3.0	1.5	3.4
0.01mol/L 乙酸/ml	0	0	0	2.5	0.6
0.1mol/L 乙酸/ml	0	4.0	1.0	0	0
1.0mol/L 乙酸/ml	2.4	0	0	0	0
5g/L 酪蛋白乙酸钠溶液/ml	1.0	1.0	1.0	1.0	1.0
溶液 pH	3.2	4.1	4.7	5.3	5.9

【实验结果】

各管沉淀结果用"−、+、++、+++"表示，填入表 2-1-2。

表 2-1-2　各试管沉淀结果

管号	1	2	3	4	5
沉淀结果					

结合原理，分析实验结果，找出酪蛋白等电点并说明原因。

【注意事项】

1. 使用吸量管取不同试剂前均须洗涤，以避免试剂相互污染而影响实验结果。
2. 注意吸量准确，否则可能导致错误实验结果。

【思考题】

测定酪蛋白等电点的原理是什么？

（陆　璐）

实验二　乙酸纤维素薄膜电泳分离血清蛋白质

【实验目的】

1. 掌握血清蛋白乙酸纤维素薄膜电泳的实验方法。
2. 熟悉电泳的概念与基本原理。
3. 了解电泳的影响因素及应用。

【实验原理】

带有电荷的粒子在电场中向着与其电性相反的方向移动的现象称为电泳。电泳技术是生物化学与分子生物学研究的重要手段，主要应用于分离纯化生物大分子如蛋白质、核酸、脂蛋白等,也可分离小分子氨基酸、核苷、核苷酸等,并可用于分析物质的纯度和分子量的测定等。

蛋白质为两性电解质,在不同 pH 溶液中带电情况不同。当溶液 pH 等于 pI 时,蛋白质所带净电荷为零,在电场中不移动。当溶液 pH 小于 pI 时,蛋白质分子呈碱式解离,带正电荷,在电场中向负极移动。当溶液 pH 大于 pI 时,蛋白质呈酸式解离,带负电荷,在电场中向正极移动。蛋白质分子越小、形状越规则、带电荷越多,泳动速度越快,反之则越慢。

血清中各种蛋白质的等电点均低于 7.0,故在 pH 8.6 的缓冲液中均带负电荷。各种血清蛋白质都有特定的等电点,其分子量、分子形状也各不相同,因此血清蛋白质在电场中的泳动速度也不相同,从而得以分离。在 pH 8.6 电解液中,用乙酸纤维素薄膜作为支持介质进行电泳,可将血清蛋白质分为清蛋白、α_1-球蛋白、α_2-球蛋白、β-球蛋白及 γ-球蛋白五种。

电泳分离后,乙酸纤维素薄膜经染色处理,可展示出清晰的蛋白质电泳图谱。将蛋白质电泳图谱中各区带剪下并染色,分别用一定量的 NaOH 溶液洗脱下来进行比色,即可测定出各区带蛋白质的相对含量。也可直接对电泳区带扫描,得出各区带蛋白质的相对含量。

【实验器材】

电泳仪、电泳槽、乙酸纤维素薄膜、点样器、载玻片、染色缸、漂洗缸、镊子、722 型分光光度计。

【实验试剂】

1. 正常人血清。
2. pH 8.6 巴比妥缓冲液　称取巴比妥 1.66g、巴比妥钠 12.76g 溶于少量蒸馏水中,加热溶解,冷却至室温后用蒸馏水稀释至 1 000ml。
3. 丽春红染色液　称取丽春红 0.5g、三氯乙酸 6g,用蒸馏水溶解并稀释至 100ml。
4. 漂洗液　2.5% 乙酸溶液。
5. 洗脱液　0.4mol/L NaOH 溶液。

【操作步骤】

1. 准备
（1）电泳槽的准备:将巴比妥缓冲液加入电泳槽中,调节两侧槽内的缓冲液在同一水平面上。用 4 层干净的纱布做桥,用巴比妥缓冲液润湿,铺垫在电泳槽支架上。
（2）乙酸纤维素薄膜的浸泡:将乙酸纤维素薄膜裁为 8cm×2cm 的小片,在巴比妥缓冲液中浸泡 24h 待用。
2. 点样　取浸泡好的乙酸纤维素薄膜一片,夹于滤纸中,吸去多余的缓冲液,在薄膜无光泽面的一端 1.5cm 处用点样器蘸取少量血清点于此处（蘸取的血清量要适中且均匀）,使血清均匀渗入薄膜中。将点样后的乙酸纤维素薄膜无光泽面向下,点样端置于电泳槽架上靠近阴极,并使膜两端与纱布桥贴紧,用镊子将薄膜放正、拉直,放好后立即盖上电泳槽盖子。

3. 电泳　打开电泳仪电源开关,调节电压为 90~120V,电泳 45~60min,关掉电源。

4. 染色及漂洗　用镊子取出薄膜,浸入染色液中,5min 后取出。用漂洗液漂洗数次,使背景漂净为止,用滤纸吸干薄膜。

5. 定量　取 6 支试管,分别用刻度吸管吸取 4ml 0.4mol/L NaOH,剪开薄膜上各条蛋白质色带,在空白部位剪一条平均大小的薄膜条,分别浸于上述试管内并不时摇动,将染色蛋白质浸出。30min 后用分光光度计在 620nm 波长处进行比色,空白管(即空白部位薄膜条浸后液体)调零,分别读取各管的吸光度。计算各组分蛋白的相对含量:

$$各组分蛋白(\%)=A_X/A_T×100\%$$

式中:A_T 为各组分蛋白吸光度的总和;A_X 为各组分蛋白吸光度。

【注意事项】

1. 点样后立即电泳,以防乙酸纤维素薄膜干燥。
2. 点样线不能压在电泳槽的横桥纱布上。
3. 比色时乙酸纤维素薄膜要脱色彻底。

【临床应用】

1. 正常人血清总蛋白含量为 60~80g/L,分为清蛋白(A)和球蛋白(G)。A 含量为 40~55g/L,G 含量为 20~30g/L,A/G 比值为(1.5~2.5):1。球蛋白是多种蛋白的混合物,包括 $α_1$-球蛋白、$α_2$-球蛋白、β-球蛋白和 γ-球蛋白等。主要血清蛋白质的等电点、分子量及正常含量见表 2-2-1。

表 2-2-1　主要血清蛋白质的等电点、分子量及正常含量

血清蛋白质	分子量	等电点	占总蛋白质的 %
清蛋白	69 000	4.64	57~72
$α_1$-球蛋白	200 000	5.06	2~5
$α_2$-球蛋白	300 000	5.06	4~9
β-球蛋白	90 000~150 000	5.12	6.5~12
γ-球蛋白	156 000~950 000	6.85~7.3	12~20

2. 清蛋白由肝脏合成,严重肝脏疾病时可出现清蛋白显著降低,A/G 比值下降甚至倒置。肾病综合征和慢性肾小球肾炎时蛋白质丢失过多,可见清蛋白降低,$α_2$-球蛋白和 β-球蛋白(脂蛋白成分)增高,γ-球蛋白不变或相对降低。例如,多发性骨髓瘤患者血清有时在 β-球蛋白和 γ-球蛋白之间出现巨球蛋白,原发性肝癌患者血清在清蛋白与 $α_1$-球蛋白之间可见到甲胎蛋白。

【思考题】

1. 在本实验中为什么电泳时要将点样端置于阴极?

2. α_1-球蛋白与 α_2-球蛋白等电点相同,这两种蛋白质在电泳中是如何分离的?

(梁金环)

实验三 蛋白质含量测定

蛋白质含量可利用蛋白质所具有的理化性质,如折射率、比重、紫外吸收、染色等特点测定;也可以使用化学方法如双缩脲反应、Folin(福林)-酚试剂反应、二喹啉甲酸法(BCA 法)等方法来测定。其中 Folin-酚试剂法和染色法是一般实验室经常使用的方法。这类方法操作简便、迅速,不需要复杂昂贵的设备,又能满足一般实验室的需求,作为一般蛋白质含量测定较为适宜。其中,Folin-酚试剂法灵敏度较高,较紫外吸收法灵敏 10~20 倍,较双缩脲法灵敏 100 倍左右。

一、考马斯亮蓝法

【实验目的】

1. 掌握考马斯亮蓝法定量测定蛋白质的原理与方法。
2. 熟悉分光光度计的工作原理和操作方法。

【实验原理】

考马斯亮蓝法是布拉德福德(Bradford)于 1976 年建立的一种蛋白质浓度的测定方法。考马斯亮蓝 G250 在酸性溶液中为棕红色,与蛋白质结合后变成蓝色。蛋白质含量在 0~1 000μg 范围内,蛋白质-色素结合物在 595nm 下的吸光度与蛋白质含量成正比,故可用比色法进行定量分析。考马斯亮蓝法是比色法与色素法相结合的复合方法,具有简便快捷、灵敏度高、稳定性好的优点,是一种较好的测定蛋白质含量的常用分析方法。

【实验器材】

722 型分光光度计、试管、洗耳球、吸量管(0.5ml、1ml、5ml)。

【实验试剂】

1. 标准蛋白质溶液 牛血清清蛋白(BSA)用微量凯氏定氮法测定含量后,用蒸馏水配制成 100μg/ml 的原液。
2. 考马斯亮蓝 G250 试剂 称取 100mg 考马斯亮蓝 G250,溶于 50ml 95% 的乙醇,再加入 100ml 85%(*W/V*)的磷酸,用水稀释至 1 000ml。此溶液在常温下可放置 1 个月。

【实验步骤】

1. 标准曲线的制作 取试管 6 支,按表 2-3-1 进行编号,加入试剂后混匀,放置 2min 后比色。取波长 595nm,用 1 号管调零,分别读取各管吸光度值。以各管蛋白质含量为横坐标、吸光度值为纵坐标绘制标准曲线。

表 2-3-1　考马斯亮蓝法标准曲线的制作

试剂	1	2	3	4	5	6
蛋白质标准液/ml	0	0.2	0.4	0.6	0.8	1.0
蒸馏水/ml	1.0	0.8	0.6	0.4	0.2	0
考马斯亮蓝 G250/ml	5	5	5	5	5	5
蛋白质含量/μg	0	20	40	60	80	100

2. 样品中蛋白质含量的测定　血清用蒸馏水稀释 200 倍,按表 2-3-2 操作。

表 2-3-2　考马斯亮蓝法样品试管溶液的配制

试剂	空白管	测定管
血清/ml	0	0.1
蒸馏水/ml	1.0	0.9
考马斯亮蓝 G250/ml	5	5

将各管混匀,在 595nm 波长处比色,以空白管调零,读取测定管的吸光度值。

【实验结果】

从标准曲线中查出测定管的蛋白质含量,除以 0.1,即得每毫升血清中蛋白质含量(μg)。

【注意事项】

比色测定应在出现蓝色后 1h 内完成。

【思考题】

考马斯亮蓝 G250 法测定蛋白质含量的原理是什么?

二、双缩脲法

【实验目的】

1. 掌握双缩脲法定量测定蛋白质的原理与方法。
2. 熟悉分光光度计的工作原理和操作方法。

【实验原理】

蛋白质含有 2 个以上的肽键($-CO-NH-$),所以有双缩脲反应。在碱性溶液中蛋白质与 Cu^{2+} 形成紫红色络合物,其颜色的深浅与蛋白质的含量成正比,而与蛋白质的相对分子质量及氨基酸成分无关,故可用来测定蛋白质含量。双缩脲法最常用于需要快速但并不精确的测定。硫酸铵不干扰此呈色反应,有利于对蛋白质纯化早期步骤的测定。干扰此测定的物质包括在性质上是氨基酸或肽的缓冲液,如 Tris(三羟甲基氨基甲烷)缓冲液。Cu^{2+} 容易被还原,有时出现红色沉淀。

【实验器材】

722 型分光光度计、试管、洗耳球、吸量管（0.5ml、1ml、5ml）。

【实验试剂】

1. 标准酪蛋白溶液（10mg/ml）　酪蛋白要预先用微量凯氏定氮法测定蛋白质含量，根据其纯度称量，用 0.05mol/L 氢氧化钠溶液配制成标准溶液。亦可用 10mg/ml 牛血清清蛋白溶液。

2. 双缩脲试剂　取 1.50g 硫酸铜（$CuSO_4 \cdot 5H_2O$）和 6.0g 酒石酸钾钠（$NaKC_4H_4O_6 \cdot 4H_2O$），用 500ml 水溶解，在搅拌下加入 300ml 10% 氢氧化钠溶液，用水稀释到 1 000ml，存放于塑料瓶中。此试剂可长期保存。若储存瓶中有黑色沉淀出现，则须重新配制。

【实验步骤】

1. 标准曲线的制作　取 12 支试管，分成两组，分别加入 0ml、0.2ml、0.4ml、0.6ml、0.8ml、1.0ml 的标准酪蛋白溶液，用蒸馏水补至 1ml。然后各加入 4ml 双缩脲试剂，充分摇匀后在室温（20~25℃）下放置 30min，于 540nm 处进行比色。取两组测定的平均值，以酪蛋白的含量为横坐标，吸光度值为纵坐标，绘制标准曲线。

2. 用同样的方法测定未知样品，注意样品浓度每毫升不超过 10mg，否则要适当稀释。

【实验结果】

从标准曲线中查出样品管的蛋白质含量。

【思考题】

1. 双缩脲法测定蛋白质含量的原理是什么？
2. 哪些物质对该法测定蛋白质含量有干扰？

三、Folin-酚试剂法

【实验目的】

1. 掌握 Folin-酚试剂法定量测定蛋白质的原理与方法。
2. 熟悉分光光度计的工作原理和操作方法。

【实验原理】

Folin-酚试剂法又称劳里法（Lowry 法），是双缩脲法的发展。首先在碱性溶液中形成 Cu^{2+}-蛋白质复合物，然后该复合物还原磷钼酸-磷钨酸试剂（Folin 试剂），产生钼蓝和钨蓝的混合物（深蓝色）。此测定法较双缩脲法灵敏，但费时较长。对双缩脲反应有干扰的离子同样容易干扰劳里反应。所测蛋白质样品中若含酚类及柠檬酸，均有干扰作用。浓度较低的尿素（0.5%）、胍（0.5%）、硫酸钠（1%）、硝酸钠（1%）、三氯乙酸（0.5%）、乙醇（5%）、乙醚（5%）、丙酮（0.5%）等对显色无影响。含硫酸铵的溶液只需加浓碳酸钠-氢氧化钠溶液即可显色测定。

测定时，加 Folin 试剂要特别小心，因为 Folin 试剂仅在酸性 pH 条件下稳定，但上述还原反应只是在 pH 10 的情况下发生，故当 Folin 试剂加入到碱性的 Cu^{2+}-蛋白质复合物溶液中时必须立即混匀，以便在磷钼酸-磷钨酸试剂被破坏之前使还原反应即刻完成。

【实验器材】

722 型分光光度计、试管、洗耳球、吸量管（0.5ml、1ml、5ml）。

【实验试剂】

1. 标准蛋白质溶液　可用结晶牛血清清蛋白或酪蛋白，预先经微量凯氏定氮法测定蛋白质含量，根据其纯度配制成 250μg/ml 的溶液。

2. Folin-酚试剂的配制（所用试剂均为分析纯）

试剂甲：①4% 碳酸钠（Na_2CO_3）溶液；②0.2mol/L 氢氧化钠溶液；③1% 硫酸铜（$CuSO_4 \cdot 5H_2O$）溶液；④2% 酒石酸钾钠溶液。将①与②等体积混合配成碳酸钠-氢氧化钠溶液，将③与④等体积混合配成硫酸铜-酒石酸钾钠溶液。然后配成的两种溶液按 50：1 的比例混合，即为 Folin-酚试剂甲。该试剂只能保存 1d。

试剂乙（Folin 试剂）：在 2 000ml 的磨口回流装置内加入 100g 钨酸钠（$Na_2WO_4 \cdot 2H_2O$）、25g 钼酸钠（$Na_2MoO_4 \cdot 2H_2O$）、700ml 蒸馏水，再加入 50ml 85% 磷酸及 100ml 浓盐酸，充分混合后以小火回流 10h。再加入 150g 硫酸锂（$LiSO_4$）、50ml 蒸馏水及数滴液体溴，然后开口继续沸腾 15min，以便驱除过量的溴。冷却后定容到 1 000ml，过滤，滤液微呈绿色，置于棕色试剂瓶中，放入冰箱保存；使用时用标准氢氧化钠溶液滴定，以酚酞为指示剂，而后适当稀释（约 1 倍），使最后浓度为 1mol/L 酸，此为 Folin-酚试剂乙。Folin-酚试剂乙放于冰箱中可长期保存。

【实验步骤】

1. 样品测定　取 1ml 样品溶液（含 20~250μg 多肽或蛋白质），加入 5ml 试剂甲，混匀后 20~25℃放置 10min。再加入 0.5ml 试剂乙，立即振摇均匀，在 20~25℃保温 30min，然后于 500nm 处比色，以 1ml 蒸馏水为空白对照。

2. 标准曲线的制作　取 14 支试管分成两组，分别加入 0ml、0.1ml、0.2ml、0.4ml、0.6ml、0.8ml、1.0ml 标准蛋白质溶液（250μg/ml），用蒸馏水补足到 1ml，然后按步骤 1 进行操作，测定吸光度值。取两组测定的平均值，以蛋白质浓度为横坐标、吸光度值为纵坐标绘制标准曲线。

【实验结果】

从标准曲线中查出样品管的蛋白质含量。

【思考题】

1. Folin-酚试剂法测定蛋白质含量的原理是什么？
2. 哪些物质对该法测定蛋白质含量有干扰？

四、紫外分光光度法

【实验目的】

1. 掌握紫外分光光度计测定蛋白质的操作技术及结果计算。
2. 了解紫外分光光度法测定蛋白质的原理。

【实验原理】

蛋白质分子中常含有色氨酸、酪氨酸,在紫外 280nm 波长处有最大吸收峰,其吸收值与蛋白质浓度成正比,故可用 280nm 波长吸收值大小测定蛋白质含量。

【实验器材】

紫外分光光度计、石英比色皿、试管、洗耳球、吸量管(0.5ml、1ml、2ml、5ml)。

【实验试剂】

1. 蛋白质标准液(1.0mg/ml) 取已知浓度的蛋白质溶液,根据用量用容量瓶准确稀释至 1.0mg/ml。
2. 未知浓度蛋白质溶液 用酪蛋白配制,浓度控制在 1.0~2.5mg/ml 范围内。

【实验步骤】

1. 标准曲线的绘制 取 8 支洁净干燥试管,按表 2-3-3 编号并加入试剂。

表 2-3-3 紫外分光光度法标准曲线的绘制

试剂	0	1	2	3	4	5	6	7
蛋白质标准液/(1.0mg·ml^{-1})	0	0.5	1.0	1.5	2.0	2.5	3.0	4.0
蒸馏水/ml	4.0	3.5	3.0	2.5	2.0	1.5	1.0	0
蛋白质浓度/(mg·ml^{-1})	0	0.125	0.25	0.375	0.5	0.625	0.75	1.0
A_{280}								

将各试管混匀,于 280nm 比色,以 0 号管调零,分别测定各管吸光度。以吸光度值为纵坐标、蛋白质浓度为横坐标制作标准曲线。

2. 样品测定 取待测样品 1.0ml,加蒸馏水 3.0ml,混匀,测其吸光度,查标准曲线求得样品中蛋白质的浓度。

3. 样品中核酸干扰的校正 若样品中含有核酸(嘌呤、嘧啶),会出现较大的干扰,因为嘌呤、嘧啶在 280nm 波长处也有较强的吸收。核酸在 260nm 处吸收更强,蛋白质相反,在 280nm 处的吸收大于 260nm 处。利用此性质，通过计算可以适当校正核酸对蛋白质测定的干扰。即将待测样品在 280nm 和 260nm 波长处分别测出其吸光度值 A_{280} 和 A_{260}，计算出 A_{280}/A_{260} 比值，从表 2-3-4 中查出校正因子 f 数值并代入下述公式，即可计算出待测样品中校正的蛋白质含量：

$$蛋白质含量（mg/ml）=f×1/d×A_{280}×D$$

式中：A_{280} 为待测样品在 280nm 处的吸光度；d 为石英杯厚度（cm）；D 为待测样品的稀释倍数。

表 2-3-4　A_{280}/A_{260} 的校正值

A_{280}/A_{260}	核酸/%	校正因子 f	A_{280}/A_{260}	核酸/%	校正因子 f
1.75	0.00	1.116	0.846	5.50	0.656
1.63	0.25	1.081	0.822	6.00	0.632
1.52	0.50	1.054	0.804	6.50	0.607
1.40	0.78	1.023	0.784	7.00	0.585
1.36	1.00	0.994	0.767	7.50	0.565
1.30	1.25	0.970	0.753	8.00	0.545
1.25	1.50	0.944	0.730	9.00	0.508
1.16	2.00	0.899	0.705	10.00	0.478
1.09	2.50	0.852	0.671	12.00	0.422
1.03	3.00	0.814	0.644	14.00	0.377
0.979	3.50	0.776	0.615	17.00	0.322
0.939	4.00	0.743	0.595	20.00	0.278
0.874	5.00	0.682			

【注意事项】

1. 玻璃和塑料比色皿在紫外线范围有光吸收，所以使用紫外分光光度法进行蛋白质定量时不能用玻璃或塑料比色皿。

2. 由于蛋白质吸收峰常因 pH 的改变而有变化，所以应注意溶液的 pH，测定样品时的 pH 应与测定标准曲线的 pH 一致。

【思考题】

1. 紫外分光光度法测定蛋白质含量的原理是什么？
2. 哪些物质对该法测定蛋白质含量有干扰？

五、BCA 法

【实验目的】

1. 掌握 BCA 法定量测定蛋白质的原理。

2. 熟悉微量移液器的使用。

【实验原理】

在碱性条件下，蛋白质将 Cu^{2+} 还原为 Cu^+，Cu^+ 与二喹啉甲酸（bicinchoninic acid，BCA）试剂形成紫色络合物，在 562nm 处测定其吸收值，并与标准曲线对比，即可计算待测蛋白质的浓度。

【实验器材】

722 型分光光度计、试管、洗耳球、吸量管、微量移液器、恒温水浴箱。

【实验试剂】

1. 蛋白质标准液　结晶牛血清清蛋白根据其纯度用生理盐水配制成 1.5mg/ml 蛋白质标准液（结晶牛血清清蛋白的纯度可经凯氏定氮法测定）。

2. 试剂 A　1% BCA 二钠盐、2% 无水碳酸钠、0.16% 酒石酸钠、0.4% 氢氧化钠、0.95% 碳酸氢钠混合并调 pH 至 11.25。

3. 试剂 B　4% 硫酸铜。

4. BCA 工作液　将试剂 A 100ml 与试剂 B 2ml 混合，即为 BCA 工作液。

【实验步骤】

取试管 7 支编号，其中 6 号管为样品管，按表 2-3-5 操作。

表 2-3-5　BCA 法操作步骤

管号	0	1	2	3	4	5	6
蛋白质标准液/µl	0	20	40	60	80	100	0
蒸馏水/µl	100	80	60	40	20	0	0
待测样品/µl	0	0	0	0	0	0	100
BCA 工作液/ml	2	2	2	2	2	2	2

将各试管混匀，置于 37℃ 保温 30min，冷却至室温后，于 562nm 处以 0 号管调零，分别测定各管吸光度值。

【实验结果】

以吸光度为纵坐标、蛋白质浓度为横坐标制作标准曲线。以样品管吸光度值查对标准曲线，得出待测样品蛋白质浓度。

【注意事项】

1. 配制好的 BCA 工作液在室温下 24h 内可保持稳定。

2. 加入 BCA 工作液后也可在室温下放置 2h。BCA 法测定蛋白质浓度时，吸光度值会随着时间的增加而升高。

3. 待测样品浓度在 50~2 000μg/ml 范围内有较好的线性关系。

4. BCA 法不受绝大部分样品中化学物质的影响,但受螯合剂和略高浓度还原剂的影响,应确保 EDTA 低于 10mmol/L,无 EGTA[乙二醇双(2-氨基乙醚)四乙酸],二硫苏糖醇、β-巯基乙醇低于 1mmol/L。

5. 不适用 BCA 法时建议使用考马斯亮蓝法测定蛋白质浓度。

【思考题】

1. BCA 法测定蛋白质含量的原理是什么?
2. BCA 法受样品中哪些化学物质的影响?

(陆 璐)

实验四　血清清蛋白、γ-球蛋白的分离、提纯和定量

【实验目的】

1. 掌握在不同 pH 条件下用盐析、层析等技术分离、提纯血清清蛋白、γ-球蛋白及定量测定的方法。
2. 熟悉蛋白质分离、纯化及定量分析的原理。

【实验原理】

蛋白质的分离、纯化及含量测定是研究蛋白质结构和生物学功能的重要手段。不同的蛋白质理化性质不同,分子量、溶解度以及在一定条件下带电荷的多少也不一样,可据此对蛋白质进行分离和纯化。本实验拟采用盐析、凝胶和离子交换层析的方法分离、纯化血清清蛋白、γ-球蛋白,并用紫外吸收法和双缩脲法对纯化后的蛋白质进行定量分析。其原理如下:

1. 粗提取(盐析法)　在蛋白质溶液中加入大量中性盐,破坏蛋白质的胶体性质,使蛋白质从水溶液中沉淀下来,称为盐析。蛋白质颗粒表面带有的相同电荷和水化膜是维持蛋白质胶体性质的两个重要因素,当其中任何一个因素受到破坏,都会降低蛋白质胶体的稳定性,使蛋白质分子凝聚而发生沉淀。各种蛋白质的颗粒大小、所带电荷的多少以及亲水性都不相同,用盐析的方法处理蛋白质溶液,所需的最低盐浓度也不一样,可利用不同浓度的盐溶液分别沉淀析出不同分子量的蛋白质,从而对蛋白质进行初步分离。

2. 脱盐　用盐析法分离得到的蛋白质中含有大量的中性盐,会妨碍蛋白质的进一步纯化,所以必须首先去除这些中性盐。常用的方法有透析法、超滤法、凝胶层析法等。本实验采用的是凝胶层析法,即利用所得蛋白质与无机盐之间分子量的差异,当溶液通过葡聚糖凝胶 G-25 凝胶柱时,溶液中直径大于凝胶网孔的大分子物质不能进入网孔,在随流动相向下移动的过程中流程短、流速快,首先流出层析柱,而小分子物质直径小于凝胶网孔,能自由出入网孔,洗脱时间长,后流出层析柱,从而将分子量大小不同的物质彼此分开,达到分离的目的。

3. 纯化　离子交换是溶液中的离子和交换剂上的离子之间进行的可逆交换过程。带正电荷的交换剂称为阴离子交换剂,带负电荷的交换剂称为阳离子交换剂。本实验采用的 DEAE-纤维素是一种阴离子交换剂,溶液中带负电荷的离子可与之进行反复的交换结合,带正电荷的离子则不能结合而被洗脱下来,从而达到分离纯化的目的。脱盐后的蛋白质溶液尚含有各种球蛋白,利用它们等电点的不同可进行分离。血清中各种蛋白质的 pI 各不相同,在同一乙酸铵缓冲液中所带电荷也不相同,可通过 DEAE 离子交换层析将血清清蛋白和 γ-球蛋白分离出来。

4. 纯度鉴定　检测用上述方法分离得到的清蛋白和 γ-球蛋白是否纯净、单一,以正常血清样品作为对照,采用乙酸纤维素薄膜电泳进行纯度鉴定。比较两者电泳图谱可定性判断纯化的清蛋白和 γ-球蛋白的纯度。

5. 定量测定　清蛋白、γ-球蛋白的定量测定可采用多种方法,本实验采用双缩脲法或紫外吸收法。

(1) 双缩脲法:具有两个或两个以上肽键的化合物可在碱性溶液中与 Cu^{2+} 形成紫色化合物,此呈色反应称为双缩脲反应。溶液颜色的深浅与该化合物的浓度成正比。紫色化合物的最大吸收峰在 540nm。蛋白质有多个肽键,所以具有双缩脲反应,可通过测定紫色化合物在 540nm 处的吸光度推算出其浓度。

(2) 紫外吸收法:由于蛋白质中酪氨酸和色氨酸残基的苯环含有共轭双键,在 280nm 处有最大吸收峰,吸光度与浓度成正比,利用此性质可进行蛋白质定量测定。

【实验器材】

层析柱、三角烧瓶、玻璃棒、吸管、滴管、试管、黑色反应板、固定架、螺旋夹、离心管和离心机、721 型分光光度计、水浴箱。

【主要试剂】

1. 0.3mol/L 乙酸铵缓冲液(NH_4Ac, pH 6.5)　取乙酸铵 23.13g 加入蒸馏水 800ml 中溶解,滴入稀氨水或稀乙酸液混合均匀,准确调节 pH 至 6.5,再加蒸馏水至 1 000ml。

2. 0.06mol/L NH_4Ac 缓冲液(pH 6.5)　取 0.3mol/L 乙酸铵缓冲液用蒸馏水 5 倍稀释。

3. 0.02mol/L NH_4Ac 缓冲液(pH 6.5)　取 0.06mol/L NH_4Ac 溶液用蒸馏水 3 倍稀释。

上述 3 种缓冲液必须准确配制,并用 pH 计准确调整 pH。由于乙酸铵是挥发性盐类,故溶液配制时不得加热,配好后必须密封保存,防止 pH 和浓度发生改变,否则将影响所分离的蛋白质纯度。

4. 1.5mol/L NaCl-0.3mol/L NH_4Ac 溶液　取 NaCl 87.7g,用 0.3mol/L 乙酸铵(pH 6.5)溶液溶解,定容至 1 000ml。

5. 饱和硫酸铵溶液　取固体硫酸铵 850g 加入 1 000ml 蒸馏水中,在 70~80℃下搅拌溶解,室温中放置过夜,瓶底析出白色结晶,上清液即为饱和硫酸铵溶液。

6. 0.92mol/L(20%)磺基水杨酸。

7. 双缩脲试剂　精确称取硫酸铜 3.0g、酒石酸钾钠 9.0g、碘化钾 5.0g,分别溶于 25ml 蒸馏水中。将酒石酸钾钠和碘化钾溶液倒入 1 000ml 容量瓶中,加入 6.0mol/L NaOH

100ml，混匀。再加入硫酸铜溶液，边加边摇，最后加水定容至 1 000ml，储存于塑料瓶内。此试剂可长期保存，如储存瓶内有黑色沉淀出现，则需重新配制。

8. 蛋白质标准液　用微量凯氏定氮法准确测出牛血清清蛋白的蛋白质含量，然后用 15% 氯化钠-麝香草酚溶液稀释成每 1ml 溶液中蛋白质含量为 6.0mg。此蛋白质标准液 4℃可保存 8 个月。

9. 健康人血清。

10. 葡聚糖凝胶 G-25　称取葡聚糖凝胶 G-25（粒度 50~100 目）干胶（每 100ml 凝胶床需干胶 25g），每克干胶加入蒸馏水约 50ml，轻轻拨匀，置于沸水浴中 1h，并经常摇动使气泡逸出，取出冷却。凝胶沉淀后倾去含有细微悬浮物的上层液，加入 2 倍量 0.02mol/L NH$_4$Ac（pH 6.5）缓冲液混匀。静置片刻，待凝胶颗粒沉降后倾去含细微悬浮物的上层液，再用 0.02mol/L NH$_4$Ac 重复处理一次。

11. DEAE-纤维素　按 100ml 柱床体积称取 DEAE-纤维素 14g，加入 0.5mol/L HCl，搅拌均匀，放置 30min 后加约 10 倍量的蒸馏水，搅拌均匀，放置片刻，待纤维素下沉后弃去含细微悬浮物的上层液。如此反复洗涤 2~3 次后，置垫有细尼龙滤布的布氏漏斗中抽滤。用蒸馏水充分滤洗，直至流出液 pH 约为 4.0。然后将 DEAE-纤维素置于烧杯中，加入 0.5mol/L NaOH（每克纤维素加 15ml）处理一次，并以蒸馏水充分滤洗，直至流出液 pH 约为 7.0。

【操作步骤】

1. 葡聚糖凝胶 G-25 层析柱及 DEAE-纤维素离子交换层析柱

（1）葡聚糖凝胶 G-25 的装柱与平衡：摇匀已处理好的葡聚糖凝胶 G-25，小心加入层析柱中，至凝胶沉淀高度为 10~15cm（注意：凝胶装填要均匀，若分多次加入凝胶，应在加入凝胶前将柱内凝胶顶部搅动悬起，再将凝胶液倾入，凝胶柱床表面应平整，且液面始终高于凝胶面，凝胶柱床内不得有气泡和断层）。经 0.02mol/L NH$_4$Ac（pH 6.5）缓冲液流洗平衡（如重复使用，注意用 BaCl$_2$ 检测是否存在 SO$_4^{2-}$，如有 SO$_4^{2-}$，应冲洗到无 SO$_4^{2-}$ 存在，然后继续洗涤 10~15ml），关紧下端活塞，保持液面高于凝胶面，待用。

（2）DEAE-纤维素离子交换层析柱的装柱与平衡：经酸碱处理过的 DEAE-纤维素置于烧杯中，加入 0.02mol/L NH$_4$Ac（pH 6.5）缓冲液，并用乙酸调节 pH 至 6.5，弃上清液，用此 DEAE-纤维素装柱。在层析柱下端出水口套上硅胶管，用螺旋夹拧紧，然后将上述处理好的纤维素悬液倾入柱内，再拧松螺旋夹，使液体流出，直至所需的柱床高度约为 6cm 为止。待液面接近纤维素柱床表面，将螺旋夹拧紧待用，装柱后层析柱接上恒压储液瓶，用 0.02mol/L NH$_4$Ac（pH 6.5）流洗平衡。

（3）再生及保存

1）葡聚糖凝胶 G-25：每次用后以所需的缓冲液洗涤平衡后即可再用。久用后，若凝胶床表层有沉淀物等杂质滞留，可将表面一层凝胶粒吸出，再添补新的凝胶；若凝胶床内出现界面、气泡，或流速明显减慢，应将凝胶粒倒出，重新装柱。为防止凝胶霉变，暂不用时应用含 0.02% NaN$_3$ 缓冲液洗涤后放置；久不用时宜将凝胶粒由柱内倒出，加 NaN$_3$ 至 0.02%，湿态下保存于 4℃，但应严防低于 0℃冻结而损坏凝胶颗粒。

2）DEAE-纤维素：DEAE-纤维素柱用过一次后，经 1.5mol/L NaCl-0.3mol/L NH$_4$Ac 缓

冲液流洗，再用 0.02mol/L NH₄Ac（pH 6.5）洗涤平衡后，可重复使用。如暂不使用，应以湿态保存在含 1% 正丁醇缓冲液中，以防霉变。

2. 硫酸铵盐析

（1）取离心管一个，加入 0.8ml 人或动物血清，边摇边缓慢滴入饱和硫酸铵溶液 0.8ml，混匀后室温下放置 10min，离心 10min（4 000r/min）。

（2）用滴管小心吸出上清液，置于试管中，作为纯化清蛋白之用。

（3）沉淀中加入 0.6ml 蒸馏水，振摇使之溶解，作为纯化 γ-球蛋白之用。

3. 葡聚糖凝胶柱层析除盐

（1）上样和洗脱：①上样前打开活塞，将凝胶上的液面放至与凝胶面相切，用长滴管吸取 γ-球蛋白溶液，沿层析柱内表面加样（注意：不要破坏凝胶床表面的平整）；②打开活塞，使 γ-球蛋白样品进入凝胶床，至液面降至凝胶床表面为止（液面不得降到凝胶床面以下，以下的操作均如此）；③小心用 2ml 0.02mol/L NH₄Ac（pH 6.5）缓冲液洗涤层析柱壁，将其放入凝胶床内，重复 3 次，以洗净沾在管壁上的蛋白质样品液。

（2）收集：①继续用 0.02mol/L NH₄Ac（pH 6.5）缓冲液流洗，同时应注意流出的液体量；②在反应板凹孔内每孔加 2 滴 0.92mol/L 磺基水杨酸，随时检查流出液中是否含有蛋白质沉淀，如有则表示已有 γ-球蛋白流出（当凝胶床体积为 25ml，流出的液体量为 7~9ml 时，就可能有蛋白质流出）；③用事先已经编号的干净小试管，每管收集凝胶洗脱液 10 滴，连续收集 5 管。

（3）检测：①准备干净的反应板 2 块，每块反应板各取 5 孔，依次加入各管收集的液体 1 滴（注意：在取不同试管内的 γ-球蛋白时要清洗滴管，以防相互污染）；②在一块反应板每孔加入 0.92mol/L 磺基水杨酸 2 滴，根据白色混浊程度检测各管蛋白的多少；③另一块反应板每孔加入 1 滴 1%BaCl₂，检测有无 SO₄²⁻，有 SO₄²⁻的弃掉；④只留下有蛋白而无 SO₄²⁻的几管，取其中含蛋白质浓度最高的几管合并。

注意：清蛋白取上清上样；上样、收集、检测方法同 γ-球蛋白；清蛋白上样前必须再生葡聚糖凝胶 G-25，再生方法同 γ-球蛋白。

4. DEAE-纤维素离子交换层析纯化

（1）血清 γ-球蛋白分离与纯化过程

1）调节层析柱缓冲液面：经再生好的 DEAE-纤维素层析柱，取下恒压储液瓶管塞，小心控制柱下端螺旋夹，使柱上缓冲液液面刚好下降到纤维素床表面。柱下端用 10ml 刻度离心管收集液体，以便了解加样后液体的流出量。

2）上样：将除盐后收集的球蛋白溶液缓慢加到纤维素柱上，调节层析柱下端的螺旋夹，使样品进入纤维素柱床，至液面降到纤维素柱床表面为止。

3）层析：小心用 1ml 0.02mol/L NH₄Ac 缓冲液（pH 6.5）洗涤沾在柱壁上的蛋白质样品液。

4）洗脱：待样品进入纤维素柱床内，继续用 0.02mol/L NH₄Ac 缓冲液（pH 6.5）流洗，同时注意流出液量。

5）检测及收集蛋白质：流洗时随时用 0.92mol/L 磺基水杨酸检查流出液中是否含蛋白质（方法同前），当有蛋白质出现时，立即连续收集 3 管，每管 10 滴。被 DEAE-纤维素吸附的蛋白质即为纯化的 γ-球蛋白，取其中蛋白质浓度最高的一管留作鉴定用。

（2）血清清蛋白的分离与纯化过程

1）调节层析柱缓冲液面：此时 DEAE-纤维素层析柱不必再生，可直接用于纯化清蛋白。小心控制下端螺旋夹，使柱上缓冲液面刚好下降至纤维素床表面，柱下端用 10ml 刻度离心管收集液体，以便了解加样后液体流出量。

2）上样：将除盐后收集的清蛋白溶液缓慢加到纤维素柱上，调节层析柱下端的螺旋夹，使样品进入纤维素柱床，至液面降到纤维素柱床表面为止。

3）洗层析柱：将除盐的粗制清蛋白溶液上柱后，改用 0.06mol/L NH₄Ac 缓冲液（pH 6.5）洗脱，小心用 1ml 该缓冲液洗涤沾在柱壁上的蛋白质样品液。

4）洗脱：待样品进入纤维素柱床内，继续用 0.06mol/L NH₄Ac 缓冲液（pH 6.5）流洗，同时注意流出液量。流出约 6ml（其中含 α-球蛋白及 β-球蛋白）后，将柱上的缓冲液面降至与纤维素表面平齐，改用 0.3mol/L NH₄Ac 缓冲液（pH 6.5）洗脱。

5）检测及收集蛋白质：用 0.92mol/L 磺基水杨酸检查流出液是否含有蛋白质（方法同前）。由于纯化的清蛋白仍然结合有少量胆色素等物质，故肉眼可见一层浅黄色的成分被 0.3mol/L NH₄Ac 缓冲液（pH 6.5）洗脱下来。改用 0.3mol/L NH₄Ac 缓冲液（pH 6.5）洗脱约 2.5ml 时即可在流出液中检出蛋白质，立即连续收集 2 管，每管 10 滴，此即为纯化的清蛋白液，留作纯度鉴定用。

5. 纯度鉴定　实验步骤同乙酸纤维素薄膜电泳。

6. 定量测定

（1）双缩脲法：取血清 0.1ml，加 0.9% 氯化钠溶液 0.9ml 混匀（1：10 稀释），作为测定管 1，清蛋白作为测定管 2，γ-球蛋白作为测定管 3，取 5 支试管编号，按表 2-4-1 加入试剂，混匀。

表 2-4-1　双缩脲法定量测定步骤

试剂	试管				
	空白管	标准管	测定管 1	测定管 2	测定管 3
1：10 稀释血清	0.0	0.0	1.0	0.0	0.0
清蛋白液	0.0	0.0	0.0	1.0	0.0
γ-球蛋白液	0.0	0.0	0.0	0.0	1.0
蛋白质标准液	0.0	1.0	0.0	0.0	0.0
0.9% NaCl	2.0	1.0	1.0	1.0	1.0
双缩脲试剂	4.0	4.0	4.0	4.0	4.0

混匀后置 37℃水浴中保温 20min，以空白管调零点，在 540nm 波长处比色，读取各管吸光度值。

结果计算：

测定管蛋白质浓度（mg/ml）=（测定管吸光度/标准管吸光度）×6.0

（2）紫外吸收法

1）标准曲线的绘制：取 8 支试管，分别加入 0.0ml、0.5ml、1.0ml、1.5ml、2.0ml、2.5ml、3.0ml、4.0ml 标准蛋白质溶液（1mg/ml），用蒸馏水补足 4ml，混匀。在 280nm 处测定各管

吸光度值。以蛋白质浓度为横坐标、吸光度为纵坐标绘出标准曲线。

2）样品测定：取收集的蛋白质溶液，按上述方法测定吸光度值，即可从标准曲线上查出待测蛋白质浓度并记录结果。

【注意事项】

1. 所用血清应新鲜、无沉淀物。如有沉淀，须再次离心。
2. 各种 NH_4Ac 缓冲液必须准确配制，并用 pH 计准确调整 pH 至 6.5。
3. 上样时滴管应沿柱上端内壁加入样品，动作轻慢，勿将柱床冲起。
4. 流洗时注意收集样品，勿使样品跑掉。
5. 层析时注意层析柱不要流干、进入气泡。
6. 层析柱必须再生平衡。
7. 由于蛋白质的紫外吸收峰常因 pH 的改变而改变，故应用紫外吸收法时要注意溶液的 pH。

（韦 岩）

实验五　凝胶过滤层析分离血红蛋白与核黄素

【实验目的】

1. 掌握凝胶过滤层析的基本原理。
2. 熟悉凝胶过滤层析的操作过程。
3. 学会使用离心机及微量移液器。

【实验原理】

葡聚糖凝胶是立体网状结构的胶体粒子，当胶体粒子网孔吸满水后凝胶膨胀呈柔软而富于弹性的半固体状态。由于被分离的生物分子大小（直径）和形状不同，洗脱时大分子物质因直径大于凝胶网孔，不能进入凝胶内部，只能沿着凝胶颗粒间的孔隙随溶剂向下移动，流程短，移动速度快，首先流出层析柱；小分子物质因直径小于凝胶网孔，能自由进出凝胶颗粒网孔内部，洗脱时流程长，移动速度慢，最后流出层析柱。

本实验用血红蛋白（红色，分子量为 64 500）与核黄素（黄色，分子量为 376）的混合物，通过交联葡聚糖凝胶 G-50 层析柱，以蒸馏水为洗脱剂洗脱，血红蛋白分子量大先洗脱，核黄素分子量小后洗脱。

【实验器材】

低速离心机、层析柱（1cm×20cm）、微量移液器、试管、铁架台、烧杯。

【实验试剂】

交联葡聚糖凝胶 G-50、草酸钾或肝素抗凝血、生理盐水、核黄素（又名维生素 B_2）饱和水溶液。

【操作步骤】

1. 凝胶的制备　将 1g 葡聚糖凝胶浸入 30ml 蒸馏水中,于室温下溶胀过夜待用;也可置于沸水浴中溶胀 1h 待用。

2. 装柱　取一支 1cm×20cm 规格的层析柱,出口端底部有烧结玻璃砂芯,将层析柱垂直固定在铁架台上,关闭柱下口开关。将溶胀好的凝胶放在烧杯中,使凝胶表面上的水层与凝胶体积相等。用玻璃棒搅匀凝胶液,顺玻璃棒灌入柱内。然后打开柱下口开关排水,上口不断加入搅匀的凝胶溶液,可见凝胶连续均匀地沉降,逐步形成凝胶柱。当达到所需高度(约 16cm)时,立即关闭下口,待凝胶自然沉降形成凝胶柱床。凝胶柱床表面应覆盖 1~2cm 高的水层,以防凝胶柱床表面干枯。若发现凝胶柱有纹路、分层等现象时,要重新装柱,以免影响层析效果。

3. 样品的制备　①血红蛋白:取草酸钾或肝素抗凝血约 2ml 于离心管中,3 000r/min 离心 5min,弃上层血浆,用生理盐水洗血细胞两次,每次 3 000r/min 离心 5min,弃上层生理盐水,将血细胞用 5 倍体积的蒸馏水稀释备用;②核黄素饱和水溶液;③取血红蛋白稀释液和核黄素饱和水溶液各 100μl 混合,即为上样样品。

4. 上样与洗脱　打开层析柱下口开关,放出凝胶柱床上的水,使液面与凝胶表面相平,但切忌液面低于凝胶柱床表面。然后将样品加在凝胶柱床表面,打开柱下口开关,控制流速,使样品慢慢流入凝胶柱内。当样品液面与凝胶柱面相平时,在凝胶柱面上加一层(3~5cm)蒸馏水,接上洗脱瓶开始洗脱,直至两条色带分开为止。洗脱过程中保持恒定的流速。

【实验结果】

红色的血红蛋白先洗脱,黄色的核黄素后洗脱。

【注意事项】

装柱时应避免凝胶柱出现纹路、分层等现象。

【思考题】

常用的层析方法有哪些?其原理是什么?

(徐世明)

实验六　离子交换层析法分离混合氨基酸

【实验目的】

1. 熟悉层析的基本概念与分类。
2. 掌握离子交换层析的基本原理及用途。
3. 了解离子交换层析法分离混合氨基酸的基本步骤及注意事项。

【实验原理】

离子交换层析是利用离子交换剂对各种离子的亲和力不同分离混合物中各种离子的层析技术。聚乙烯强酸型阳离子交换树脂可用于分离氨基酸。它含有带负电荷的磺酸基团,能与带正电荷的阳离子发生可逆的离子交换反应。当混合氨基酸样品溶液为酸性时,氨基酸主要以阳离子形式存在,由于各种氨基酸的等电点不同,所带电荷情况不同,上柱后与树脂的亲和力也就不同,故选择适当 pH 和离子强度的缓冲液可将它们依次洗脱。酸性较大的氨基酸先被洗脱下来,接着是中性氨基酸,最后是碱性氨基酸。

本实验分离混合样品中的谷氨酸(pI=3.22)、苯丙氨酸(pI=5.48)和赖氨酸(pI=9.74),使用 pH=5.28 的柠檬酸缓冲液为洗脱液。当 pH=5.28 时,谷氨酸带负电荷,不与树脂结合,首先被洗脱出来;赖氨酸带正电荷,与树脂结合较紧,洗脱最慢;苯丙氨酸带正电荷较弱,与树脂的结合力介于前两者之间,所以洗脱顺序介于两者之间。洗脱液中的氨基酸与茚三酮-三氯化钛($TiCl_3$)溶液发生呈色反应,通过比色可进行定量分析。

【实验器材】

玻璃层析柱(20cm×0.6cm)、恒流泵(或恒压瓶)、恒温水浴锅、分光光度计。

【实验试剂】

1. 树脂　Zerolit 225 型(相当于国产强酸 732 型树脂)阳离子交换树脂,浮选流速为 480ml/min。

2. pH 5.28 柠檬酸缓冲洗脱液　取柠檬酸($C_6H_8O_7 \cdot H_2O$)28.5g、NaOH 18.6g 溶于 300ml 蒸馏水中,加 HCl(12mol/L)10.5ml,最后用蒸馏水定容至 1 000ml。

3. 混合样品液　精确称取谷氨酸 14.70mg、苯丙氨酸 16.50mg、赖氨酸 14.60mg,溶于 0.2mol/L HCl 10.0ml 中,充分溶解,混匀后各成分氨基酸的浓度为 5mmol/L,冰箱保存。

4. 60% 乙醇溶液。

5. 显色液　1% 茚三酮-$TiCl_3$ 溶液。

(1) 称取无水乙酸钠 48.9g、柠檬酸 0.6g,溶于蒸馏水 11ml 中,再加冰乙酸 19ml,然后用蒸馏水定容至 150ml,用柠檬酸钠调 pH 至 5.5。

(2) 称取茚三酮 10g,溶于乙二醇 350ml 中,加 $TiCl_3$ 3.7ml,通 N_2 混匀,存冰箱中。

【操作步骤】

1. 树脂的处理　对于市售干树脂,先经水充分溶胀后,经浮选得到颗粒大小适合的树脂。然后加 3 倍量 2mol/L HCl 溶液,在水浴中不断搅拌加热到 80℃,30min 后自水浴中取出,倾去酸液,用蒸馏水洗至中性。再用 3 倍量 2mol/L NaOH 溶液,操作方法同上,洗树脂30min 后,用蒸馏水洗至中性。这样用酸碱反复轮洗,直到溶液无黄色为止。以 1mol/L NaOH 溶液转树脂为钠型,用蒸馏水洗至中性备用。为防止细菌生长,过剩的树脂浸入 1mol/L NaOH 溶液中保存。

2. 装柱　取玻璃层析柱(20cm×0.6cm)一支,垂直装好,用夹子夹紧柱底出口处橡胶管, 在柱内加入 2~3cm 高的柠檬酸缓冲液。将搅拌成悬浮状的树脂沿柱内壁缓慢倒入, 防止气泡产生。待树脂在柱底部逐渐沉积 2~3cm 高时, 用吸管吸去柱内上层清液, 慢慢打开柱底出口, 继续加入树脂悬液, 直至树脂高度达到 16~18cm 为止。

3. 平衡　层析柱装好后, 再缓慢沿管壁加满缓冲液, 接上恒流泵 (或恒压瓶), 用柠檬酸缓冲液以 5 滴/min 的流速平衡 40min 左右, 直至流出液的 pH 与缓冲液的 pH 相等为止。

4. 加样　加样前收集 1.5ml 平衡液作测定空白管。移去层析柱上连接泵的橡胶管, 用滴管吸去上层缓冲液, 打开柱底出口, 小心使柱内液面流下恰好至树脂表面时立即关闭出口 (注意: 不要使液面下降至树脂表面下)。用加样器吸取氨基酸混合样品 20μl, 沿靠近树脂表面的管壁慢慢加入, 以免冲坏树脂表面。

5. 洗脱　加样后缓慢地打开柱底管夹, 使液面尽可能缓慢地流下至与树脂表面恰好平齐, 马上关闭柱底出口, 然后再用滴管吸取适量洗脱液清洗柱内壁 2~3 次 (每次用量约 0.5ml), 小心加缓冲液离柱顶部 1cm 为止, 然后接上连接恒流泵的橡胶管, 以 5 滴/min 开始洗脱。

6. 收集　层析柱洗脱液用自动部分收集器按每 10min 收集 1 管 (约 1.5ml), 收集 13~16 管。亦可用刻度试管进行手工收集。

7. 测定　将收集的洗脱液各管编号后, 在每管内加入茚三酮显色液 0.5ml, 摇匀后在 100℃ 水浴中加热 15min, 然后冷却到 40℃ 左右, 加入 60% 乙醇 1.5ml 定容, 摇匀后于 1h 内在 570nm 处比色。

8. 结果计算和分析　以平衡液为空白管, 记录各管吸光度读数。以吸光度为纵坐标、收集的管数或体积为横坐标, 绘制洗脱曲线。

【注意事项】

1. 在柠檬酸缓冲液中加入 0.1% 酚溶液, 可防止缓冲液生霉。

2. 在室温较高的夏季, 配制缓冲液用的蒸馏水必须是新鲜蒸馏水, 配前煮沸, 配好后在 4℃ 保存。

3. 在装柱时应防止柱内液体流干而使装柱失败。装层析柱要均匀, 没有气泡、节痕和界面, 树脂顶面平整, 否则要重装柱。

4. 调节流速时要先排出恒流泵与柱间连接管内的所有气泡, 以免影响流速。

5. 样品体积不要过大, 含量不能超过层析柱内离子交换能力, 否则影响分离效果。

6. 样品要集中和均匀分布, 并不被柱上缓冲液定容。为此, 要先将离子交换剂顶上的缓冲液放出 (但不能让空气进入交换剂内), 再将样品均匀地滴到交换剂面上。为防止破坏柱床面, 可沿管壁四周缓慢加入, 再用少量缓冲液清洗柱内壁。

【思考题】

1. 层析的基本概念是什么?
2. 离子交换层析的基本原理是什么?

(魏尧悦)

第三章 | 酶学实验

实验一 酶的特异性

【实验目的】

1. 掌握验证酶的特异性的实验原理。
2. 熟悉验证酶的特异性的基本实验操作。
3. 培养学生观察现象和分析问题的能力。

【实验原理】

酶的催化作用具有高度的特异性,即酶对底物有严格的选择性。淀粉酶能催化淀粉水解,生成麦芽糖和少量葡萄糖。麦芽糖和葡萄糖均属于还原性糖,能使班氏试剂中的二价铜离子（Cu^{2+}）还原为一价亚铜离子（Cu^+）,生成砖红色的氧化亚铜（Cu_2O）沉淀。但淀粉酶不能催化蔗糖水解,蔗糖本身又不具有还原性,故不能与班氏试剂产生颜色反应。本实验通过在不同溶液中加入班氏试剂共热,观察是否产生砖红色的氧化亚铜（Cu_2O）沉淀,判断唾液淀粉酶对两种底物是否均能产生催化作用,从而验证酶的特异性。

【实验器材】

试管、滴管、试管架、恒温水浴箱、沸水浴。

【实验试剂】

1. 1% 淀粉溶液　取可溶性淀粉 1g 加入 5ml 蒸馏水,调成糊状,再加 80ml 蒸馏水,加热并不断搅拌,使之充分溶解,冷却后用蒸馏水稀释到 100ml。

2. 1% 蔗糖溶液　称取蔗糖 1g 加入蒸馏水至 100ml。

3. 0.2mol/L Na_2HPO_4 溶液　称取 28.40g Na_2HPO_4 溶于 1 000ml 蒸馏水中。

4. pH 6.8 缓冲液　取 0.2mol/L Na_2HPO_4 溶液 772ml、0.1mol/L 柠檬酸溶液 228ml,混合后即成。

5. 班氏试剂　溶解结晶硫酸铜（$CuSO_4 \cdot 5H_2O$）17.3g 于 100ml 热蒸馏水中,冷却后稀释至 150ml,此为第一液。取柠檬酸钠 173g 和无水碳酸钠 100g 加入蒸馏水 600ml,加热溶解,冷却后稀释至 850ml,此为第二液。将第一液缓慢倒入第二液中混匀即成。

【操作步骤】

1. 稀释唾液的制备　用清水漱口数次后含蒸馏水约 30ml,做咀嚼运动,2min 后吐入烧杯中,用数层纱布过滤后待用(内含淀粉酶)。
2. 煮沸唾液的制备　取出一部分上述稀释唾液放入沸水中,煮沸 5min,取出待用,使唾液淀粉酶变性失活。
3. 取试管 3 支并编号,按表 3-1-1 操作。

表 3-1-1　操作步骤

管号	pH 6.8 缓冲液/滴	1% 淀粉溶液/滴	1% 蔗糖溶液/滴	稀释唾液/滴	煮沸唾液/滴
1	20	10	—	5	—
2	20	10	—	—	5
3	20	—	10	5	—

各管混匀,置 37℃水浴箱中保温 15min,取出各管分别加班氏试剂 20 滴,摇匀,置于沸水浴中煮沸 5~10min,观察各管颜色变化,并分析实验结果。

【注意事项】

1. 唾液要自然流出,不可混入唾沫。
2. 试管要冲洗干净,否则影响实验结果。
3. 加入酶液后,要充分摇匀。

【临床应用】

酶催化具有高效性和特异性,使临床酶学诊断方法更可靠、简便、快捷,在临床诊断中已被广泛应用于靶向诊断、治疗疾病以及药物生产。

【思考题】

1. 何谓酶的特异性?
2. 观察 3 支试管颜色的变化,解释其原因。
3. 本实验中将唾液煮沸的目的是什么?

(夏春梅)

实验二　温度、pH、抑制剂及激活剂对淀粉酶活性的影响

【实验目的】

1. 掌握影响唾液淀粉酶活性的因素。
2. 熟悉各影响因素的验证原理和验证方法。

3. 培养学生观察现象和分析问题的能力。

【实验原理】

酶是生物体内具有催化功能的生物大分子，其催化作用受温度的影响很大。反应速度达到最大值时的温度称为此酶作用的最适温度。

酶的活性受环境 pH 的影响极为显著。酶表现其活性最高时的 pH 称为最适 pH。低于或高于最适 pH 时，酶的活性逐渐降低。不同酶的最适 pH 不同，如胃蛋白酶的最适 pH 为 1.5~2.5，胰蛋白酶的最适 pH 为 8.0。

能使酶的活性增加的物质称为激活剂；使酶的活性降低的物质称为抑制剂。

本实验以唾液淀粉酶为实验对象，此酶只能催化淀粉水解，终产物为麦芽糖。淀粉水解程度不同，遇碘呈色反应不同，可以通过呈色反应的颜色变化情况了解淀粉水解的程度，从而判断唾液淀粉酶活性的大小。

淀粉水解过程： 淀粉→ 紫色糊精→ 红色糊精→ 无色糊精→ 麦芽糖
遇碘呈色： 蓝色→ 紫色→ 红色→ 浅黄→ 无色

中间可能出现其他过渡色，如蓝紫色、棕红色等。

【实验器材】

恒温水浴箱、电炉、冰水浴箱、反应板（或试管）、移液器（或刻度离心管）。

【实验试剂】

1. 1% 淀粉溶液　取可溶性淀粉 1g，加 5ml 蒸馏水，调成糊状，再加 80ml 蒸馏水，加热并不断搅拌，使其充分溶解，冷却后用蒸馏水稀释到 100ml。

2. 1：10 稀释新鲜唾液。

3. I_2-KI 溶液　将碘 10g 及碘化钾 20g 定容至 100ml 蒸馏水中为储存液。使用前稀释 10 倍。

4. 1% NaCl 溶液。

5. 1% $CuSO_4$ 溶液。

6. 1% Na_2SO_4 溶液。

7. 不同 pH 磷酸氢二钠-柠檬酸缓冲液　取 71.64g $Na_2HPO_4 \cdot 12H_2O$ 溶于少量蒸馏水中，移入 1 000ml 容量瓶内，稀释至刻度，为 A 液；取 38.48g 柠檬酸溶于少量蒸馏水中，移入 1 000ml 容量瓶内，稀释至刻度，为 B 液。按表 3-2-1 分别吸取一定量的 A 液和 B 液混匀，即配制出所需的不同 pH 的缓冲液。

表 3-2-1　不同 pH 磷酸氢二钠-柠檬酸缓冲液的配制

pH	5.0	6.0	6.8	7.4	8.0
A/ml	10.30	12.63	15.45	18.17	19.45
B/ml	9.70	7.37	4.55	1.83	0.55

【操作步骤】

1. 温度对唾液淀粉酶活性的影响 取试管 5 支并编号，按表 3-2-2 操作。

表 3-2-2　温度对唾液淀粉酶活性的影响

管号	1% 淀粉溶液/ml	pH 6.8 缓冲液/ml	保温 5min	1:10 稀释唾液/ml	保温 8min	保温 8min	碘液/滴
1	2.0	2.0	37℃	1.0	37℃	37℃	1
2	2.0	2.0	100℃	1.0	100℃	100℃	1
3	2.0	2.0	100℃	1.0	100℃	37℃	1
4	2.0	2.0	0℃	1.0	0℃	0℃	1
5	2.0	2.0	0℃	1.0	0℃	37℃	1

观察、记录各管颜色变化，并分析实验结果。

2. pH 对唾液淀粉酶活性的影响 取试管 5 支并编号，按表 3-2-3 操作。

表 3-2-3　pH 对唾液淀粉酶活性的影响

管号	1% 淀粉溶液/ml	缓冲溶液/ml	pH	1:10 稀释唾液/ml	碘液/滴
1	2.0	2.0	5.0	1.0	1
2	2.0	2.0	6.0	1.0	1
3	2.0	2.0	6.8	1.0	1
4	2.0	2.0	7.4	1.0	1
5	2.0	2.0	8.0	1.0	1

将各试管混匀。在反应板的孔中加 1 滴碘液，每隔 30s 从 3 号试管取 1 滴混合液与碘反应，当呈棕红色时向各试管迅速加碘液 2 滴，混匀，记录时间，观察并记录结果。

3. 激活剂和抑制剂对唾液淀粉酶活性的影响 取试管 4 支并编号，按表 3-2-4 操作。

表 3-2-4　激活剂和抑制剂对唾液淀粉酶活性的影响

管号	1% 淀粉溶液/ml	1% NaCl 溶液/滴	1% CuSO₄ 溶液/滴	1% Na₂SO₄ 溶液/滴	蒸馏水/滴	1:10 稀释唾液/ml
1	1.0	2	—	—	—	0.5
2	1.0	—	2	—	—	0.5
3	1.0	—	—	2	—	0.5
4	1.0	—	—	—	2	0.5

将各试管混匀，置于室温（记录温度）下。在反应板的孔中加 1 滴碘液，每隔 30s 从 1 号管取 1 滴混合液与碘反应，当呈棕红色时向各试管迅速加碘液 2 滴，混匀，记录时间，

观察并记录结果。根据各试管的颜色变化分析哪种离子为唾液淀粉酶激活剂,哪种离子为唾液淀粉酶抑制剂。

【注意事项】

1. 若室温过低,以上反应管也可置于 37℃ 恒温水浴中保温,在此温度下酶促反应很迅速。

2. 试管要冲洗干净,否则会影响实验结果。

3. 加稀释唾液和碘液时的时间间隔要保持一致,即在反应时间相同的条件下观察反应的速度。

【临床应用】

急性胰腺炎时,血淀粉酶在发病后 2~12h 开始升高,48h 后开始下降,持续 3~5d;尿淀粉酶在发病 12~24h 开始升高,下降速度比血淀粉酶慢(3~10d 恢复正常)。因此,急性胰腺炎后期检测尿淀粉酶更有诊断价值。由于唾液腺也可产生淀粉酶,当患者无急腹症而有血淀粉酶升高时,应考虑来源于唾液腺。此外,胰源性胸腔积液、腹腔积液和胰腺假性囊肿中的淀粉酶也可明显升高。

【思考题】

1. 在激活剂和抑制剂对唾液淀粉酶活性影响的实验中加入 1% Na_2SO_4 溶液有何意义?

2. 温度和 pH 影响酶活性的原理是什么?

3. 抑制剂与酶变性剂有何不同?

(夏春梅)

实验三　琥珀酸脱氢酶的作用及其抑制

【实验目的】

1. 掌握琥珀酸脱氢酶的催化反应特点。
2. 熟悉竞争性抑制的特点。
3. 了解在无氧条件下观察琥珀酸脱氢酶作用的简单方法。

【实验原理】

对琥珀酸脱氢酶的检测是初步鉴定细胞中是否存在三羧酸循环的有效手段。琥珀酸脱氢酶可使其底物脱氢,产生的氢可通过一系列传递体最后递给氧而生成水。在缺氧的情况下,若有适当的受氢体,也可显示出脱氢酶的作用。

琥珀酸脱氢酶存在于心肌、骨骼肌、肝脏等组织中,可催化琥珀酸脱氢生成延胡索酸,同时脱下的氢可以被受氢体接受。本实验用亚甲蓝(methylene blue,MB)作为受氢体。亚甲蓝蓝色，接受琥珀酸脱下的氢后还原成无色的还原性亚甲蓝（MBH$_2$）。反应式如下：

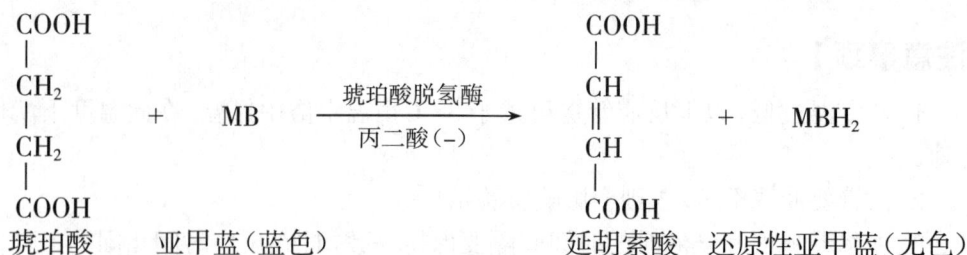

$$\underset{\text{琥珀酸}}{\begin{array}{c}\text{COOH}\\|\\\text{CH}_2\\|\\\text{CH}_2\\|\\\text{COOH}\end{array}} + \underset{\text{亚甲蓝（蓝色）}}{\text{MB}} \xrightarrow[\text{丙二酸}(-)]{\text{琥珀酸脱氢酶}} \underset{\text{延胡索酸}}{\begin{array}{c}\text{COOH}\\|\\\text{CH}\\\|\\\text{CH}\\|\\\text{COOH}\end{array}} + \underset{\text{还原性亚甲蓝（无色）}}{\text{MBH}_2}$$

竞争性抑制是指抑制剂与底物结构相似，可与底物分子竞争酶的活性中心，从而阻碍酶与底物结合形成中间产物。丙二酸与琥珀酸分子结构相似，能竞争性抑制琥珀酸脱氢酶。通过观察亚甲蓝颜色消退的程度，可以判断丙二酸对琥珀酸脱氢酶的抑制程度。

【实验器材】

家兔、恒温水浴箱、剪刀、研钵或组织匀浆机、试管、一次性滴管、纱布、量筒、烧杯。

【实验试剂】

1. 0.10mol/L 磷酸盐缓冲液（pH 7.4）　取磷酸氢二钠（Na$_2$HPO$_4$，AR）11.928g、磷酸二氢钾（KH$_2$PO$_4$，AR）2.176g，加适量蒸馏水溶解并稀释到 1 000ml，混匀。

2. 0.093mol/L 琥珀酸钠溶液　取琥珀酸钠 1.5g 溶于 100ml 蒸馏水中，混匀。

3. 0.10mol/L 丙二酸钠溶液　取丙二酸钠 1.5g 溶于 100ml 蒸馏水中，混匀。

4. 0.02% 亚甲蓝溶液　取 0.2g 亚甲蓝溶于 1 000ml 蒸馏水中，混匀。

5. 液体石蜡。

【操作步骤】

1. 酶提取液的制备　取家兔新鲜的肝脏组织 10g，剪碎置于研钵中，加入 0.10mol/L 磷酸盐缓冲液（pH 7.4）40ml，研磨成糊状，经双层纱布过滤，用干净的烧杯收集备用。

2. 取 4 支试管编号，按表 3-3-1 操作。

表 3-3-1　操作步骤

试剂	试管号			
	1	2	3	4
肝匀浆/滴	10	10	—	10
0.093mol/L 琥珀酸钠溶液/滴	10	10	10	20
0.10mol/L 丙二酸钠溶液/滴	—	10	10	10
蒸馏水/滴	20	10	20	—
0.02% 亚甲蓝溶液/滴	10	10	10	10

混匀,在各试管中加入液体石蜡 3~5 滴,置于 37℃恒温水浴箱中保温,30min 内观察各试管中颜色的变化,并解释实验结果。

【注意事项】

1. 肝匀浆要现用现制。
2. 注意各试剂加入的顺序,充分混匀后加入液体石蜡。
3. 加入液体石蜡时倾斜试管,沿管壁缓缓加入,避免气泡产生。
4. 加入液体石蜡后不要摇动试管,避免还原型亚甲蓝与空气接触而氧化变蓝。

【思考题】

1. 本实验中加入液体石蜡的作用是什么?
2. 根据观察到的实验现象说明竞争性抑制有哪些特点?

(姚 斓)

实验四　血清丙氨酸转氨酶(ALT)活性测定(赖氏法)

【实验目的】

1. 掌握丙氨酸转氨酶(谷丙转氨酶)活性测定的方法和临床意义。
2. 熟悉丙氨酸转氨酶活性测定的原理。
3. 学会使用分光光度计。

【实验原理】

丙氨酸和 α-酮戊二酸在血清丙氨酸转氨酶的催化下生成丙酮酸和谷氨酸,生成的丙酮酸与 2,4-二硝基苯肼作用生成丙酮酸-2,4-二硝基苯腙,在碱性条件下呈红棕色,与经同样处理的丙酮酸标准液比较,可求得血清丙氨酸转氨酶的活性。

【实验器材】

试管、刻度吸量管、恒温水浴箱、分光光度计。

【实验试剂】

1. 0.1mol/L pH 7.4 磷酸盐缓冲液　称取磷酸氢二钠(Na_2HPO_4, AR)11.928g,磷酸二氢钾(KH_2PO_4, AR)2.176g,加适量蒸馏水溶解并稀释到 1 000ml。

2. 丙氨酸转氨酶底物液　称取丙氨酸 1.79g 和 α-酮戊二酸 29.2mg 于烧瓶中,加入 0.1mol/L pH 7.4 磷酸盐缓冲液 80ml,煮沸溶解后冷却,用 0.4mol/L NaOH 溶液调 pH 至 7.4(约加入 0.5ml),再用 0.1mol/L pH 7.4 磷酸盐缓冲液稀释到 100ml,摇匀,加氯仿数滴,置冰箱中可保存数周。

3. 1.0mmol/L 2,4-二硝基苯肼溶液　称取 2,4-二硝基苯肼 19.8mg,用 1.0mol/L HCl

100ml 溶解后，加蒸馏水至 100ml，置于棕色瓶内，冰箱保存。

4. 0.4mol/L NaOH 溶液　称取 NaOH 1.6g 溶解于蒸馏水中，并加蒸馏水至 100ml，置具塞塑料试剂瓶中，室温可长期保持稳定。

5. 2.0mmol/L 丙酮酸标准液　精确称取丙酮酸钠（AR）22.0mg 于 100ml 容量瓶中，加 0.1mol/L pH 7.4 磷酸盐缓冲液至刻度线。此液应新鲜配制，不能久放。

【操作步骤】

1. ALT 校正曲线绘制　取 5 支试管按表 3-4-1 向各管加入相应试剂。

表 3-4-1　ALT 校正曲线绘制

加入物	0	1	2	3	4
0.1mol/L pH 7.4 磷酸盐缓冲液/ml	0.10	0.10	0.10	0.10	0.10
2.0mmol/L 丙酮酸标准液/ml	0.00	0.05	0.10	0.15	0.20
ALT 底物液/ml	0.50	0.45	0.40	0.35	0.30
1.0mmol/L 2,4-二硝基苯肼溶液/ml	0.50	0.50	0.50	0.50	0.50
混匀，置 37℃水浴，保温 30min					
0.4mol/L NaOH 溶液/ml	5.00	5.00	5.00	5.00	5.00
相当于酶活性浓度（卡门单位）	0	28	57	97	150

混匀，10min 后使用分光光度计在 505nm 波长处测量吸光度，用蒸馏水调零，读取各管吸光度值，将各管吸光度值减去 0 号管吸光度值后，以吸光度为纵坐标、各管相应的丙氨酸转氨酶单位为横坐标，绘制成标准曲线。

2. 取 2 支试管按照表 3-4-2 操作。

表 3-4-2　标本的测定

加入物	测定管	对照管
血清/ml	0.1	0.1
ALT 底物液/ml	0.5	0.0
混匀，置 37℃水浴，保温 30min		
2,4-二硝基苯肼溶液/ml	0.5	0.5
ALT 底物液/ml	0.0	0.5
混匀，置 37℃水浴，保温 10min		
0.4mol/L NaOH 溶液/ml	5.0	5.0

将上述两管分别混匀，10min 后，使用分光光度计在 505nm 波长处测量吸光度，以蒸馏水调零，读取各管吸光度值，用测定管吸光度值减去对照管吸光度值，查标准曲线或标准检测量表得 ALT 活性单位。

【注意事项】

1. 标本应空腹采血,当时进行测定或将分离的血清储存于冰箱中。

2. 酶的测定结果与酶作用时间、温度、pH 及试剂加入量等有关,在操作时应准确掌握。

3. 测定试剂更换时,要重新制作标准曲线。

【临床应用】

1. 血清 ALT 参考值为 5~25U/L。

2. ALT 广泛存在于机体的各种组织中,以肝细胞中含量最多。正常人血清中该酶活性非常低。当肝受损如急性肝炎、肝硬化等时,该酶可释放入血,致血中 ALT 活性浓度增加。因此,常把测定血清 ALT 活性作为判断肝细胞损伤的重要指标。监测 ALT 还可观察肝病病情的变化,作为预后判断。其他疾病或因素如骨骼肌损伤、心肌梗死等也可引起血清 ALT 活性升高。

【思考题】

1. 赖氏法测定血清 ALT 活性的原理是什么?

2. 血清 ALT 升高有何临床意义?

（王 齐）

第四章 | 物质代谢实验

实验一 激素对血糖浓度的影响及血糖的测定

一、血糖的测定

【实验目的】

1. 掌握使用血糖仪测定血糖的方法。
2. 了解血糖仪的工作原理。

【实验原理】

在糖尿病的治疗和自我管理中,血糖监测是重要的组成部分,检测结果可以直接反映饮食控制、运动治疗和药物治疗的效果,为药物治疗方案的调整提供依据;还可以发现无症状的低血糖,有效防止不良事件的发生,增加患者主动参与治疗糖尿病的积极性。快速血糖仪具有操作简单、对使用者技术要求低、需血量少、测试结果比较准确等特点。

血糖仪按照采血方式可以分为抹血式血糖仪和吸血式血糖仪两种。抹血式血糖仪一般采血量比较大,患者比较痛苦。如果采血偏多,还会影响测试结果;血量不足,操作就会失败,浪费试纸。吸血式血糖仪不会因为血量而出现结果偏差,操作方便。

血糖仪从工作原理上可以分为光电型血糖仪和电极型血糖仪两种。光电型血糖仪有一个光电探头,优点是价格便宜,缺点是探头暴露在空气中,易受污染而影响检测结果,误差范围在±0.8,使用寿命比较短,一般在2年之内是比较准确的。抹血式血糖仪多为光电型。电极型血糖仪的电极口内藏,可以避免污染,误差范围一般在±0.5,精度较高,在正常使用的情况下不需要校准,寿命长。

【实验器材】

微量血糖仪、采血笔、采血针、血糖试纸(放于试纸筒内)、棉棒、75%乙醇溶液。

【操作步骤】

1. 检查血糖仪功能是否正常,试纸是否过期,试纸代码是否与血糖仪相符。
2. 采血针安装在采血笔内,根据皮肤厚薄程度调好采血针的深度。

3. 用75% 乙醇溶液消毒指腹,待干。

4. 从试纸瓶中取一条试纸,手指不可触及试纸测试区,取出试纸后随手将盖筒盖紧。

5. 握住血糖试纸,灰色面朝上,将试纸灰色端插入血糖仪橙色的试纸插入口。

6. 血糖仪自动开机,显示屏上显示一个闪烁的"血滴"图案,此时方可吸入血液。

7. 将采血笔紧挨指腹,按动弹簧开关,针刺出血。

8. 立刻将试纸的血样端边缘与血液垂直接触,血液会被试纸吸收。此时不要移动,待血糖仪发出"哔"的提示音为止。

9. 此时血糖仪开始工作,检测完成后显示屏上会显示检测结果(血糖值)。

10. 将血糖试纸取下,血糖仪自动关机。

【注意事项】

1. 指尖消毒时不要使用碘伏等含碘成分的消毒剂。消毒时用的乙醇或水一定要待干透后再采血。

2. 采血部位尽量避免指腹正中间,手指两侧血管丰富、神经末梢分布较少,更适合采血。

3. 血量少或血液循环不佳者,可用温水或中性肥皂洗净双手并反复揉搓准备采血的手指,直至血运丰富。

4. 不要过分挤压手指,以免组织液挤出与血液标本相混,导致血糖测试值偏低。

5. 针刺后要在形成饱满的血滴后再靠近吸血区。

6. 不要使用静脉血加样或二次加样(某些血糖仪允许使用静脉血血样)。

7. 在血糖仪出现血滴符号后再加样。

8. 开启一瓶新试纸时要及时更换条码卡。

9. 禁止在开机状态下更换条码卡,否则可导致更新条码失败。

10. 操作时环境温度要在血糖仪正常工作温度范围内。

【临床应用】

血糖值参考结果见表 4-1-1

表 4-1-1　血糖值参考结果

分类	理想	正常	不良
空腹血糖值/(mmol·L⁻¹)	4.4~5.9	4.4~7.0	>7.0
餐后 2h 血糖值/(mmol·L⁻¹)	4.4~8.0	4.4~10.0	>11.1

注: 对孕妇的血糖控制要求更高,一般为餐后2h 血糖值小于 8.0mmol/L。

二、激素对血糖浓度的影响

【实验目的】

1. 学习家兔的采血和注射方法。

2. 验证激素(胰岛素、肾上腺素)对血糖浓度的调节作用。

【实验原理】

人与动物的血糖浓度在神经系统控制下受各种激素调节而维持恒定。其中,胰岛素能降低血糖,肾上腺素能升高血糖。葡萄糖在酶试剂的作用下生成红色的复合物,其颜色深浅与血糖浓度成正比。

【主要器材】

注射器、兔固定箱、刀片及酒精棉球、试管及试管架、吸管。

【主要试剂】

1. 胰岛素注射液(40U/ml)

2. 肾上腺素注射液(1∶1 000)

3. 酶制剂

(1)酶试剂:称取过氧化物酶200U,葡萄糖氧化酶200U,4-氨基安替比林10mg,叠氮化钠100mg,溶于磷酸盐缓冲液80ml中,用1mol/L NaOH调pH至7.0,用磷酸盐缓冲液定容至100ml,置4℃可保存3个月。

(2)酚溶液:称取重蒸馏酚100mg溶于蒸馏水100ml中,用棕色瓶储存。

(3)酶酚混合试剂:酶试剂及酚溶液等量混合,置4℃可保存1个月。

【操作步骤】

1. 动物准备与空腹采血　取禁食一夜的家兔2只,分别记录体重,用耳静脉采血,将血置于抗凝管内。

2. 注射激素并采血　皮下注射胰岛素(1.5U/kg,稀释成1ml),30min后采血,将血置于抗凝管内。皮下注射肾上腺素(0.37ml/kg,稀释成1ml),30min后采血,将血置于抗凝管内。

3. 血糖定性观察　结果填入表4-1-2。

表4-1-2　血糖定性观察

加入物	胰岛素前	胰岛素后	肾上腺素前	肾上腺素后
血浆/ml	0.1	0.1	0.1	0.1
酚酶试剂/ml	3.0	3.0	3.0	3.0
37℃水浴15min				
试管颜色变化结果				

【注意事项】

1. 采血及注射激素时应尽量使家兔保持安静。如果家兔处在不安静的情况下,肾上腺素分泌增多,血糖浓度升高,对实验结果有影响。

2. 采血后要及时分离出血浆,避免溶血。溶血时红细胞内糖类扩散到血浆中,对实验结果有影响。

3. 采血量要准确，不能采得太少而不够实验需要的血量，也不能采得太多而伤及家兔。

4. 由于血细胞不断从血浆摄取葡萄糖加以利用，所以采血后应及时进行检测，否则血糖浓度将逐渐降低。

（常陆林）

实验二　血清总胆固醇的测定（胆固醇氧化酶法）

【实验目的】

1. 掌握血清总胆固醇测定的原理和方法。
2. 熟悉血清总胆固醇测定的临床应用。
3. 学会使用分光光度计。

【实验原理】

血清中总胆固醇包括游离胆固醇和胆固醇酯两部分，胆固醇酯可被胆固醇酯酶（cholesterol esterase，CHE）水解为游离胆固醇和游离脂肪酸，游离胆固醇在胆固醇氧化酶（cholesterol oxidase，COD）的作用下生成 Δ^4-胆甾烯酮和 H_2O_2，H_2O_2 经过氧化物酶（peroxidase，POD）催化分解出氧，使无色的 4-氨基安替比林（4-AAP）与酚（三者合称 PAP）偶联生成红色醌亚胺。醌亚胺的最大吸收峰在 505nm 处，吸光度与标本中的胆固醇含量成正比，与经过同样处理的胆固醇标准品进行比较，可计算出样品中胆固醇含量。

【实验器材】

分光光度计（终点法检测胆固醇的基本参数：波长 505nm；反应时间 5min；反应温度 37℃；光径 10mm；样品/试剂为 1/100）。

【实验试剂】

1. 试剂盒组成及参考浓度　胆固醇液体酶试剂组成：

GOOD 缓冲液（pH6.7）	50mmol/L
胆固醇酯酶	≥200U/L
胆固醇氧化酶	≥100U/L
过氧化物酶	≥3 000U/L
4-氨基安替比林	0.3mmol/L
苯酚	5mmol/L

2. 胆固醇标准溶液[5.17mmol/L（200mg/100ml）]　精确称取胆固醇 200mg，用异丙醇配成 100ml 溶液，分装后 4℃保存，临用前取出。也可用定值的参考血清作为标准。测定前根据说明书配制工作液。

【操作步骤】

取 3 支试管编号后，分别加入试剂，按表 4-2-1 操作。

表 4-2-1　操作步骤

加入物	空白管	标准管	测定管
血清/μl	—	—	20
胆固醇标准液/μl	—	20	—
蒸馏水/μl	20	—	—
酶试剂/μl	2 000	2 000	2 000

混匀后，置 37℃水浴中保温 5min，分光光度计波长 505nm，以空白管调零，分别读取标准管和测定管的吸光度。血清总胆固醇含量的计算公式为：

$$血清总胆固醇（mmol/L）=\frac{测定管吸光度}{标准管吸光度}×标准液浓度$$

如果使用自动生化分析仪，可根据上述测定参数在仪器上编制程序进行直接测定。

【注意事项】

1. 样品中胆固醇浓度大于 13mmol/L 时，可用生理盐水稀释后再测定。
2. 轻度溶血对测定结果无影响，明显溶血可使结果增高。

【临床应用】

成人血清总胆固醇<5.2mmol/L 为正常；5.23~5.69mmol/L 为临界升高；≥5.72mmol/L 为升高。

高胆固醇血症常见于动脉粥样硬化、家族性高胆固醇血症、肾病综合征、甲状腺功能减退等。低胆固醇血症常见于低蛋白血症、营养不良、慢性消耗性疾病、甲状腺功能亢进等。

【思考题】

1. 何为高胆固醇血症？
2. 血清总胆固醇浓度检测有何临床意义？

（邵世滨）

实验三　血清甘油三酯的测定（磷酸甘油氧化酶法）

【实验目的】

1. 掌握血清甘油三酯测定的原理和方法。
2. 熟悉血清甘油三酯测定的临床应用。
3. 学会使用分光光度计。

【实验原理】

血清中甘油三酯（triglyceride，TG）经脂蛋白脂肪酶（lipoprotein lipase，LPL）作用水解为甘油和游离脂肪酸（free fatty acid，FFA），甘油在 ATP 和甘油激酶（glycerokinase，GK）的作用下生成甘油-3-磷酸（G-3-P），G-3-P 经甘油磷酸氧化酶（glycerophosphate oxidase，GPO）催化生成磷酸二羟丙酮和过氧化氢（H_2O_2），H_2O_2 在过氧化物酶（peroxidase，POD）作用下与 4-氨基安替比林（4-AAP）及 4-氯酚显色，生成红色醌类化合物（Trinder 反应），其显色程度与甘油三酯的浓度成正比，与经过同样处理的甘油三酯校准品进行比较，即可计算出样品中甘油三酯含量。反应式如下：

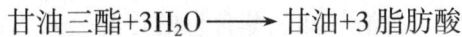

$$甘油三酯 + 3H_2O \longrightarrow 甘油 + 3\,脂肪酸$$
$$甘油 + ATP \longrightarrow G\text{-}3\text{-}P + ADP$$
$$G\text{-}3\text{-}P + O_2 \longrightarrow 磷酸二羟丙酮 + H_2O_2$$
$$2H_2O_2 + 4\text{-}AAP + 4\text{-}氯酚 \longrightarrow 醌亚胺（红色） + HCl + 2H_2O$$

血清或血浆作为检测标本，均须取血后及时分离，以免红细胞膜磷脂在磷脂酶的作用下产生游离甘油增多，或者抗凝剂存在时红细胞内水分溢出稀释血浆（清），降低甘油三酯值，一般在 4℃存放不宜超过 3d。血浆作为标本时，通常使用 EDTA K_2（1mg/ml）作抗凝剂。

【主要器材】

分光光度计。终点法检测甘油三酯的基本参数为：波长 500nm；反应时间 5min；反应温度 37℃；光径 10mm；样品/试剂为 1/100。

【实验试剂】

1. 试剂一　甘油三酯液体稳定酶试剂组成：

GOOD 缓冲液（pH7.2）	50mmol/L
脂蛋白脂肪酶	≥4 000U/L
甘油激酶	≥40U/L
甘油磷酸氧化酶	≥500U/L
过氧化物酶	≥2 000U/L
ATP	2.0mmol/L
硫酸镁	15mmol/L
4-AAP	0.4mmol/L
4-氯酚	4.0mmol/L

2. 试剂二　甘油三酯标准液 2.26mmol/L（200mg/100ml）：测定前根据试剂盒说明书配制工作液。

【实验步骤】

取 3 支试管编号后分别加入试剂，按表 4-3-1 操作。

表 4-3-1　实验步骤

加入物	空白管	标准管	测定管
血清/μl	—	—	20
甘油三酯标准液/μl	—	20	—
蒸馏水/μl	20	—	—
酶试剂/μl	2 000	2 000	2 000

混匀后，置 37℃水浴中，保温 5min，分光光度计波长 500nm，以空白管调零，分别读取标准管和测定管的吸光度。血清甘油三酯含量的计算公式为：

$$血清甘油三酯（mmol/L）=\frac{测定管吸光度}{标准管吸光度}×标准液浓度$$

如果使用自动生化分析仪，可根据上述测定参数在仪器上编制程序，进行直接测定。

【注意事项】

1. 采血前 2d 内不要进食含大量脂肪的食物，早晨空腹（12h）采血。
2. 标本应新鲜，4℃放置不宜超过 3d，避免甘油三酯水解释放出甘油。
3. 所用酶试剂应在 4℃避光保存（可稳定保存 3d~1 周），当出现红色时不可再用。试剂空白管的吸光度应≤0.05。
4. 本实验方法的线性上限为 11.4mmol/L，若所测甘油三酯值超过了 11.0mmol/L，可用生理盐水稀释后再测，结果乘以稀释倍数。
5. 若使用的标准液是定值质控血清，应根据厂家提供的数值进行计算。

【临床应用】

1. 参考值　正常成人为 0.45~1.69mmol/L（40~150mg/100ml）。
2. 血清甘油三酯增高　血清甘油三酯水平与种族、年龄、性别以及生活习惯（如饮食、运动等）有关。甘油三酯升高是引起动脉粥样硬化及冠心病的独立危险因子，高甘油三酯还可使血液凝固性增高，抑制纤维蛋白溶解，促进血栓形成。
3. 血清甘油三酯降低　比较少见。营养不良或吸收不良综合征、甲状腺功能亢进、肾上腺皮质功能减退和肝功能严重损伤时可引起甘油三酯降低。

【思考题】

1. 何为高甘油三酯血症？
2. 血清甘油三酯浓度检测有何临床意义？

（邵世滨）

实验四　血清低密度脂蛋白的测定（表面活性剂清除法）

【实验目的】

1. 掌握血清低密度脂蛋白测定的原理和方法。
2. 熟悉血清低密度脂蛋白测定的临床应用。
3. 学会使用半自动生化分析仪。

【实验原理】

本实验血清低密度脂蛋白（LDL）的测定是采用液体双试剂，分两步对血清中不同脂蛋白进行反应。其中试剂I中的表面活性剂I能改变LDL以外的脂蛋白（HDL、CM和VLDL等）结构并使之解离，所释放出来的微粒化胆固醇（酯）分子与胆固醇酯酶和胆固醇氧化酶反应，但产生的H_2O_2在缺乏偶联剂时被消耗而不显色，此时LDL颗粒仍是完整的。然后加入试剂II（含表面活性剂II和偶联剂DSBmT），可使LDL颗粒解离释放胆固醇，参与Trinder反应而显色。此时其他脂蛋白的胆固醇分子已在第一步被清除，故显色深浅与低密度脂蛋白含量成正比。

该法因标本需要量少，无须预先沉淀处理，可直接用自动生化分析仪测定，目前在临床上使用最为广泛。

【实验试剂】

1. 试剂I

4-氨基安替比林	0.5mmol/L
胆固醇氧化酶	1.2U/ml
胆固醇酯酶	3U/ml
过氧化物酶	0.5U/ml
GOOD缓冲液	pH 6.3
表面活性剂I	适量

2. 试剂II

偶联剂DSBmT	1.0mmol/L
表面活性剂II	适量
GOOD缓冲液	pH 6.3

3. 参考物。

应用时应按照仪器和试剂盒说明书采用双试剂、双波长测定，根据反应进程曲线确定读数时间，根据试剂盒要求采取1点或2点定标。

【操作步骤】

取3支试管编号后分别加入试剂，按表4-4-1操作。

表 4-4-1　操作步骤

加入物	空白管	标准管	测定管
试剂Ⅰ/μl	350	350	350
血清/μl	—	—	3
标准液/μl	—	3	—
蒸馏水/μl	3	—	—

混匀，于 37℃保温 5min，在主波长 546nm 和副波长 660nm 下以空白管调零，分别读取各管吸光度（$A_{1\,546}$、$A_{1\,660}$）。然后，各管加试剂Ⅱ 100μl，再次混匀，于 37℃保温 5min，再在主波长 546nm 和副波长 660nm 下读取各管吸光度（$A_{2\,546}$、$A_{2\,660}$）。血清低密度脂蛋白含量的计算公式为：

$$血清低密度脂蛋白（mmol/L）=\frac{测定管吸光度}{标准管吸光度}\times标准液浓度$$

$$\Delta A=(A_{2\,546}-A_{2\,660})-(A_{1\,546}-A_{1\,660})$$

【注意事项】

使用匀相测定试剂时，应注意试剂盒配套用校正物准确定值。

【性能指标】

线性范围：≥0.01mmol/L。

回收率：90%~110%。

总误差：≤2%。

变异系数：CV≤4%。

相关系数：与参考方法进行方法学比较达 0.95。

特异性：高 HDL、VLDL 对测定基本无明显影响。

【临床应用】

1. 参考值　成人为 2.07~3.11mmol/L（80~120mg/100ml）。

2. 血清低密度脂蛋白水平随年龄增加而升高。高脂高热量饮食、运动少和精神紧张等也可使低密度脂蛋白水平升高。

3. 低密度脂蛋白是一种致动脉粥样硬化脂蛋白，血中水平越高，动脉粥样硬化的危险性越大；其水平与冠心病的发病率呈成正相关。低密度脂蛋白水平增高与总胆固醇增高的意义相同，是判断高脂血症、预防动脉粥样硬化的重要指标，但低密度脂蛋白水平更能说明胆固醇的代谢状况。

【思考题】

血清低密度脂蛋白检测有何临床意义？

（邵世滨）

实验五　酮体的生成和利用

【实验目的】

1. 掌握验证酮体生成实验的原理及通过实验验证生成酮体是肝特有的功能。
2. 熟悉组织化学对比实验的方法。
3. 了解匀浆制备的基本方法。

【实验原理】

在肝脏中,脂肪酸 β-氧化不完全,经常生成乙酰乙酸、β-羟丁酸和丙酮,这三者称为酮体。酮体是机体代谢的中间产物。本实验以丁酸为底物,与新鲜肝匀浆(含有生成酮体的酶系)保温后可形成酮体。酮体可与含亚硝基铁氰化钠的酮体试剂反应产生紫红色化合物。经同样处理的肌匀浆则不产生酮体,故不产生显色反应。

【实验器材】

试管及试管架、滴管、恒温水浴箱、冰箱、烧杯、匀浆机、手术剪、研钵。

【实验试剂】

1. 0.1mol/L 磷酸盐缓冲液(pH 7.6)　取 1.235g Na_2HPO_4、0.156g NaH_2PO_4 加蒸馏水溶解,定容至 100ml。
2. 罗氏溶液　称取 0.9g NaCl、0.042g KCl、0.024g $CaCl_2$、0.02g $NaHCO_3$、0.1g 葡萄糖加蒸馏水溶解,定容至 100ml,于冰箱保存备用。
3. 0.5mol/L 丁酸溶液　取 44g 丁酸溶于 0.1mol/L NaOH 溶液中,并用 0.1mol/L NaOH 溶液稀释至 100ml。
4. 显色粉　取 1g 亚硝基铁氰化钠、30g 无水碳酸钠、50g 硫酸铵置于研钵中,研成均匀的细末,密封保存备用。

【操作步骤】

1. 制备肝匀浆与肌匀浆　处死小白鼠,取肝脏与双侧大腿肌肉,剪碎,分别放入两研钵内,各加生理盐水 5ml(逐渐加入),研成匀浆,最后以 4 倍量的生理盐水稀释,混匀,制成匀浆液(注意:制备过程中不要相互污染!)。
2. 取 4 只试管编号分别加入试剂,按表 4-5-1 操作。

表 4-5-1　操作步骤

管号	1	2	3	4
pH 7.6 磷酸盐缓冲液/滴	15	15	15	15
罗氏溶液/滴	15	15	15	15

管号	1	2	3	4
0.5mol/L 丁酸/滴	30	0	30	30
蒸馏水/滴	0	30	20	0
肝匀浆液/滴	20	20	0	0
肌匀浆液/滴	0	0	0	20

以上各管混匀，37℃恒温水浴中保温 30min，再取出，每管加入约 0.1g（约 1 小匙）显色粉，轻轻摇匀，立即观察结果并记录。

【注意事项】

1. 匀浆必须新鲜且浓度不能太稀，否则酶活性太低而影响结果。
2. 肝脏、肌肉组织中的血液应尽量洗净。
3. 显色粉必须干燥保存，一旦受潮会导致实验失败。

【临床应用】

酮体是机体代谢的中间产物，在正常情况下产量甚微。在长时间饥饿、低糖高脂膳食、糖尿病时，机体大量动员脂肪氧化，酮体生成增加。当肝组织生成酮体的量超过肝外组织的利用能力时，可出现酮血症，导致酮症酸中毒。

【思考题】

1. 观察各管颜色变化的差异并分析原因。
2. 为什么糖尿病患者可能出现血中酮体含量升高甚至发生酮症酸中毒？

（王 齐）

实验六　血清尿素的测定（尿素酶-波氏比色法）

【实验目的】

1. 掌握尿素酶-波氏比色法测定血清尿素的原理和方法。
2. 熟悉尿素在体内的生理功能、代谢变化及其临床应用。
3. 学会使用分光光度计或半自动生化分析仪。

【实验原理】

尿素是体内氨的主要代谢产物。尿素在脲酶的催化下水解生成氨和二氧化碳，氨在碱性介质中与苯酚及次氯酸反应生成蓝色的吲哚酚，其生成量与尿素含量成正比，在 560nm 波长处测定吸光度值，可计算血清尿素含量。

【实验器材】

分光光度计。终点法检测尿素的基本参数：波长 560nm；反应时间 10min；反应温度 37℃；光径 10mm；样品/试剂为 1/50。

【实验试剂】

1. 血清尿素测定试剂盒组成及参考浓度

冻干粉 磷酸盐缓冲液	pH 8.0
尿素酶	≥5 000U/L
显色剂Ⅰ	次氯酸钠 10% 水溶液
	氢氧化钠 10% 水溶液
显色剂Ⅱ	苯酚 5% 水溶液
	亚硝基铁氰化钠 0.2%

2. 尿素标准液（5mmol/L） 精确称取 60~65℃干燥恒重的尿素（MW：60.06）0.6g，溶于无氨去离子水，定容至 100ml，加 0.1g 叠氮化钠防腐，分装后 4℃保存。临用前取出 5ml，用无氨去离子水稀释至 100ml。也可用定值的参考血清作为标准，测定前根据说明书配制工作液。

【操作步骤】

取 3 支试管编号后分别加入试剂，按表 4-6-1 操作。

表 4-6-1 操作步骤

加入物	空白管	标准管	测定管
血清/μl	—	—	10
尿素标准液/μl	—	10	—
无氨去离子水/μl	10	—	—
工作试剂/μl	500	500	500
充分混匀，37℃水浴 10min			
显色剂I/μl	1 000	1 000	1 000
显色剂II/μl	1 000	1 000	1 000

充分混匀，置 37℃水浴 10min。以空白管调零，使用分光光度计分别检测 560nm 波长下标准管和测定管的吸光度。血清尿素含量的计算公式为：

$$血清尿素（mmol/L）=\frac{测定管吸光度}{标准管吸光度}\times 标准液浓度$$

如果使用自动生化分析仪，可根据上述测定参数在仪器上编制程序，进行直接测定。

【注意事项】

1. 样品中尿素浓度>14mmol/L 时，可用生理盐水稀释后再重新测定，结果乘以稀释倍数。

2. 测定时必须使用试剂空白溶液调零，不可用蒸馏水代替。

3. 空气中的氨对试剂或玻璃器皿污染、铵盐抗凝剂的使用均会引起测定结果偏高。高浓度氟化物可抑制尿素酶，引起结果偏低。

【临床应用】

1. 参考值　男性：20~59 岁为 3.1~8.0mmol/L；60~79 岁为 3.6~9.5mmol/L。女性：20~59 岁为 2.6~7.5mmol/L；60~79 岁为 3.1~8.8mmol/L。

2. 临床意义

(1) 血清尿素升高：高蛋白饮食可引起血清尿素浓度生理性升高。病理性因素导致的血尿素升高可分为肾前性、肾性及肾后性三种。肾前性常见于失水引起血液浓缩、尿素潴留。肾性多见于肾功能障碍，尿素排出受阻。肾后性多见于尿路阻塞、血液尿素含量增加。临床上血清尿素测定常作为肾功能状况的辅助诊断指标之一。

(2) 血清尿素降低：对临床诊断的意义较小，偶见于暴发性肝衰竭、中毒性肝炎等。

【思考题】

1. 试剂或空气中的氨及铵盐抗凝剂为什么会导致血清尿素的测定结果偏高？

2. 说一说血清尿素测定实验的临床应用。

（吕荣光）

实验七　维生素 C 含量的测定（2,4-二硝基苯肼比色法）

【实验目的】

1. 掌握维生素 C 含量测定的原理和方法。

2. 熟悉天然维生素 C 的结构功能及存在形式。

【实验原理】

维生素 C 又名抗坏血酸，总抗坏血酸包括还原型抗坏血酸、脱氢抗坏血酸和二酮古洛糖酸。其中还原型抗坏血酸和脱氢抗坏血酸之间可以相互转变，且都具有生物活性；在 pH 5.0 以上时，脱氢抗坏血酸的分子构造易重新排列，内酯环裂开，生成没有活性的二酮古洛糖酸。

本实验样品中还原型抗坏血酸可被活性炭氧化为脱氢抗坏血酸，脱氢抗坏血酸和二酮古洛糖酸能与 2,4-二硝基苯肼作用生成红色二硝基苯腙（脎）。脎的含量与总抗坏血酸含量成正比。将脎溶于硫酸，再与同样处理的维生素 C 标准液比色，可对样品中总坏血酸进行定量。

【实验器材】

恒温水浴锅、分光光度计、天平、研钵、容量瓶、吸量管、漏斗、滤纸、铁架台、玻璃棒、试管。

【实验试剂】

1. 4.5mol/L H_2SO_4　小心将 250ml 浓 H_2SO_4（比重 1.84）加入到 700ml 蒸馏水中，冷却后用水稀释至 1 000ml。

2. 85% H_2SO_4　小心将 900ml 浓 H_2SO_4（比重 1.84）加入到 100ml 蒸馏水中，搅拌均匀。

3. 2% 2,4-二硝基苯肼溶液　将 2g 2,4-二硝基苯肼溶解于 100ml 4.5mol/L H_2SO_4 内，过滤使用。不用时可储存于冰箱，每次用前须过滤。

4. 1% 草酸溶液　将 10g 草酸（$H_2C_2O_4$）溶解于 700ml 蒸馏水中，再加蒸馏水稀释至 1 000ml。

5. 10% 硫脲溶液　将 50g 硫脲溶解于 500ml 1% 草酸溶液中。

6. 抗坏血酸标准储存液（1g/L）　将 100mg 纯抗坏血酸溶解于 100ml 1% 草酸中。

7. 抗坏血酸标准应用液（0.01g/L）　取储存液 1.0ml，用 1% 草酸溶液稀释至 100ml。

8. 活性炭　将 100g 活性炭加入 750ml 1mol/L 盐酸中，水浴回流 1~2h，过滤，用蒸馏水洗涤数次，至滤液中无铁离子（Fe^{3+}）为止，然后置于 110℃烘箱中烘干。

【操作步骤】

1. 制备样品　称取样品（新鲜蔬菜或水果）2~5g 置于研钵中，加适量 1% 草酸溶液快速研磨 5min，将提取液收集至 50ml 容量瓶中。如此重复提取 2~3 次，最后加 1% 草酸溶液定容至 50ml。

2. 氧化处理　取 10ml 提取液倒入干燥锥形瓶中，加入半匙（约 2g）活性炭，充分振摇约 1min 后过滤，滤液备用。另取 10ml 抗坏血酸标准应用液置于另一干燥锥形瓶中，同法处理。

3. 呈色反应　取试管 3 支，编号后按表 4-7-1 操作。

表 4-7-1　操作步骤

试剂	空白管	标准管	测定管
样品滤液/ml	2.5	—	2.5
标准滤液/ml	—	2.5	—
10% 硫脲/滴	1	1	1
2% 2,4-二硝基苯肼/ml	—	1.0	1.0
混匀，置沸水浴中 10min，冰水浴冷却			
2% 2,4-二硝基苯肼/ml	1.0	—	—
85% H_2SO_4/ml	3.0	3.0	3.0
混匀，静置 10min			

以空白管调零,于500nm波长处比色,分别读取标准管和测定管的吸光度。

4. 结果计算

$$100g\text{样品中维生素}C\text{的毫克数}=\frac{\text{测定管吸光度}}{\text{标准管吸光度}}\times0.01\times2.5\times\frac{50}{2.5}\times\frac{100}{2}$$

【注意事项】

1. 大多数植物组织内含有能破坏抗坏血酸的氧化酶,故研磨样品时要迅速。
2. 加85% H_2SO_4 时,须将试管置于冷水中逐滴慢加,边加边摇边冷却。

【思考题】

1. 维生素C有哪些临床应用?
2. 维生素C含量测定实验中研磨样品时为什么要加入草酸?

(魏尧悦)

实验八　血清总胆红素和结合胆红素测定(改良 J-G 法)

【实验目的】

1. 掌握血清胆红素测定的原理和方法。
2. 熟悉血清胆红素的正常值参考范围及临床应用。
3. 学会分光光度计的使用。

【实验原理】

血清中结合胆红素可直接与重氮试剂反应,生成紫红色偶氮胆红素;非结合胆红素需要在加速剂咖啡因-苯甲酸钠试剂作用下,破坏游离胆红素分子内的氢键后,才能与重氮试剂反应生成偶氮胆红素。乙酸钠缓冲液可维持反应的pH,同时兼有加速作用。叠氮化钠破坏剩余重氮试剂,终止结合胆红素测定管的偶氮反应。最后加入碱性酒石酸钠,使颜色不稳定的紫红色偶氮胆红素在咖啡因存在下转化为稳定的蓝色偶氮胆红素。反应结束后,用分光光度计在600nm波长下测定吸光度值,从标准曲线上查出相应的总胆红素和结合胆红素含量。

【实验器材】

试管及试管架、移液器、记号笔、分光光度计、恒温水浴箱。

【实验试剂】

1. 咖啡因-苯甲酸钠试剂　取无水乙酸钠82g、苯甲酸钠75g、乙二胺四乙酸二钠(EDTA Na₂)1.0g溶于约500ml蒸馏水中,再加入咖啡因50g,搅拌至完全溶解(不可加热)。然后加蒸馏水稀释至1 000ml,混匀,过滤后放置在棕色试剂瓶中,室温可稳定保存6个月。

2. 5.0g/L 亚硝酸钠溶液　取亚硝酸钠 0.5g 加蒸馏水溶解并稀释至 100ml。若发现溶液呈淡黄色时，应丢弃重配。

3. 5.0g/L 对氨基苯磺酸溶液　取对氨基苯磺酸（$NH_2C_6H_4SO_3H \cdot H_2O$）5.0g 加入约 800ml 蒸馏水中，加浓盐酸 15ml，待完全溶解后，加蒸馏水至 1 000ml。

4. 重氮试剂　临用前取 5.0g/L 亚硝酸钠溶液（试剂 2）0.5ml 与 5.0g/L 对氨基苯磺酸溶液（试剂 3）20ml 混合即可。

5. 5.0g/L 叠氮化钠溶液　取叠氮化钠 0.5g，用蒸馏水溶解并稀释至 100ml。

6. 碱性酒石酸钠溶液　取氢氧化钠 75g、酒石酸钠（$Na_2C_4H_4O_6 \cdot 2H_2O$）263g，加蒸馏水溶解并稀释至 1 000ml，混匀，置塑料瓶中，室温可稳定保存 6 个月。

7. 胆红素标准液　可购买，也可按以下方法配制。

（1）稀释血清：收集不溶血、无黄疸、清晰的血清，必要时过滤，作为混合血清稀释剂。混合血清稀释剂应符合下列要求：取过滤血清 1.0ml，加生理盐水 24ml，混匀；在分光光度计中以比色杯光径 1cm、波长 414nm，用生理盐水调零，读取的吸光度应小于 0.100，波长 460nm 处读取的吸光度应小于 0.040。

（2）171μmol/L 胆红素标准液：称取符合标准的胆红素（MW：584.68）10mg，加入二甲基亚砜 1ml，用玻璃棒搅匀，加入 0.05mol/L 碳酸钠溶液 2ml，使胆红素完全溶解。移入 100ml 容量瓶中，用稀释血清洗涤数次，缓慢加入 0.1mol/L 盐酸溶液 2ml（边加边缓慢摇动，切勿产生气泡），最后用稀释血清稀释至 100ml。避光，4℃保存，3d 内有效，最好当天绘制标准曲线。

【操作步骤】

1. 取试管 3 支，标明总胆红素管、结合胆红素管和空白管，然后按表 4-8-1 操作。

表 4-8-1　操作步骤

加入物	总胆红素管	结合胆红素管	空白管
血清/ml	0.2	0.2	0.2
咖啡因-苯甲酸钠试剂/ml	1.6	—	1.6
对氨基苯磺酸溶液/ml	—	—	0.4
重氮试剂/ml	0.4	0.4	—
混匀各管，结合胆红素管置 37℃水浴箱 1min			
叠氮化钠溶液/ml	—	0.05	—
咖啡因-苯甲酸钠试剂/ml	—	1.55	
混匀各管，室温下放置 10min			
碱性酒石酸钠溶液/ml	1.2	1.2	1.2

充分混匀后，分光光度计于波长 600nm 处用空白管调零，读取总胆红素管和结合胆红素管吸光度，从标准曲线上查出相应的胆红素浓度。

2. 按表 4-8-2 稀释胆红素储存液，配制不同浓度的胆红素标准液。

表 4-8-2　不同浓度的胆红素标准液的配制

加入物	对照管	1	2	3	4	5
储存的胆红素标准液（171μmol/L）/ml	—	0.4	0.8	1.2	1.6	2.0
同一稀释血清/ml	2.0	1.6	1.2	0.8	0.4	0
相当于胆红素浓度/（μmol·L^{-1}）	0	34.2	68.4	103	137	171
mg/100ml	0	2	4	6	8	10

　　将以上各管充分混匀（但不可产生气泡），按血清总胆红素测定法操作，每一浓度做 3 个平行管，用对照管调零，读取各管的吸光度，以各浓度吸光度的均值为纵坐标、相应的胆红素浓度为横坐标做图，绘制出标准曲线。

【注意事项】

　　1. 本法在 10~37℃ 范围内测定血清总胆红素，不受温度变化的影响，2h 内呈色非常稳定。

　　2. 胆红素对光敏感，标准品及标本应尽量避光。脂血及脂溶性色素对测定有干扰，应尽量取空腹血清。

　　3. 重氮试剂在室温中不稳定，温度升高易分解，故重氮试剂应临用前新鲜配制。

　　4. 叠氮化钠能破坏重氮试剂，终止偶氮反应。用叠氮化钠作为防腐剂的质控血清可引起反应不完全，甚至不呈色。

【临床应用】

　　1. 参考值　血清总胆红素为 5.1~17.1μmol/L；血清结合胆红素为 1.7~6.8μmol/L。

　　2. 血清总胆红素测定对诊断黄疸及反映黄疸的程度有着重要的意义　在正常情况下，血清中胆红素含量很低，一般<17.1μmol/L。总胆红素在 17.1~34.2μmol/L 时，肉眼看不到黄染的现象，称为隐性黄疸；总胆红素>34.2μmol/L 时，肉眼可见皮肤、黏膜、巩膜黄染，称为显性黄疸。同时测定血清总胆红素和结合胆红素，根据其百分比可鉴别黄疸类型。溶血性黄疸时，血清总胆红素升高，以非结合胆红素升高为主，结合胆红素占总胆红素的 20% 以下；肝细胞黄疸时，结合胆红素占总胆红素的 35% 以上；阻塞性黄疸时，结合胆红素升高更明显，占总胆红素的 50% 以上。再生障碍性贫血及各种继发性贫血可见血清总胆红素降低。

【思考题】

　　1. 咖啡因-苯甲酸钠试剂在胆红素测定中的作用是什么？
　　2. 引起胆色素代谢异常的主要原因有哪些？

（刘芳君）

第五章 | 分子生物学实验

实验一　动物组织中核酸的提取、鉴定及含量测定

【实验目的】

1. 掌握用盐溶法从动物组织中提取核酸的原理和操作技术。
2. 了解核酸鉴定的原理、技术及核酸含量测定的方法。

【实验原理】

　　动物组织中的核糖核酸（RNA）和脱氧核糖核酸（DNA）大都以核蛋白的形式存在于细胞内，根据不同核蛋白在一定浓度的氯化钠溶液中的溶解度不同可以将其进行分离，然后用蛋白质变性剂去除蛋白质，使核酸释放出来，再利用核酸不溶于乙醇的性质将核酸析出，从而达到分离、提纯核酸的目的。在 0.14mol/L 氯化钠溶液中，RNA 核蛋白溶解度大，DNA 核蛋白溶解度较小；相反，在 1mol/L 氯化钠溶液中，DNA 核蛋白溶解度最大，RNA 核蛋白溶解度却很小。核蛋白分离后，用蛋白质变性沉淀剂（氯仿+异戊醇）、十二烷基硫酸钠（SDS）和热酚等去除蛋白质，释放核酸。去除蛋白质后的核酸溶液中加入 1.5~2 倍体积的 95% 乙醇，核酸便从溶液中析出。动物肝中含有核糖核酸酶（RNase）和脱氧核糖核酸酶（DNase），所以要保持低温，并防止 Mg^{2+}、Fe^{2+} 及 Co^{2+} 等激活离子。

【主要器材】

　　冷冻离心机（3 000r/min）、冰浴箱、组织捣碎机（或组织匀浆器）、剪刀、天平。

【实验试剂】

　　1. 地衣酚（3,5-二羟甲苯）试剂　取 100mg 地衣酚溶于 100ml 浓 HCl 中，再加入 100mg $FeCl_3 \cdot 6H_2O$。该溶液应在使用前配制。

　　2. 二苯胺试剂　取 1g 二苯胺（经重结晶）溶入 100ml 冰乙酸中，再加入 2.75ml 浓 H_2SO_4 摇匀，冰箱内保存备用。

　　3. 0.14mol/L 氯化钠溶液。

　　4. 1mol/L 氯化钠溶液。

　　5. 95% 乙醇。

6. 氯仿。

7. 丙酮。

8. 异戊醇。

【操作步骤】

1. 制备匀浆 将新鲜或冷冻肝组织称重后用冷 0.14mol/L 氯化钠溶液（含 0.01mol/L 柠檬酸）洗去血水，将肝剪成碎块放入组织捣碎机中，加入 2 倍体积的 0.14mol/L 氯化钠溶液（含 0.01mol/L 柠檬酸）制备匀浆。将匀浆 2 500r/min 离心 15min，离心液上层是 RNA 核蛋白，下层是细胞碎片及 DNA 核蛋白。上层液取出留待抽取 RNA。下层液用 2 倍体积冷 1mol/L 氯化钠溶液抽提 1h，待分离 DNA 核蛋白。

2. 核酸的抽提

（1）RNA 的抽提：0.14mol/L 氯化钠抽提液（含 RNA 核蛋白）加入等体积氯仿和 1/40 体积（3~4 滴）异戊醇，置带塞离心管中，振摇 15min，此时提取液为乳白色混悬液。以 2 000r/min 离心 10min，离心物呈 3 层，用滴管吸出上清液，在低温下加入 1.5~2 倍体积冷 95% 乙醇并轻轻搅拌。低温放置 10min，弃去上清液，即得 RNA 颗粒状沉淀，待定性。

（2）DNA 的抽提：将抽提 1h 的 1mol/L 氯化钠匀浆悬液以 2 500r/min 离心 10min，弃去沉淀，将上清液倒入加盖的离心管中，加入等体积氯仿及 1/40 体积（3~4 滴）异戊醇，振摇 15min，离心 10min。再将上清液加入 2 倍体积的冷 95% 乙醇，边加边摇，低温放置 10min 后，2 500r/min 离心 10min，即得 DNA 纤维状沉淀，待定性。

3. 定性实验

（1）RNA 的呈色反应：取 2 支干净试管，一管加入 1.5ml RNA 溶液（将 RNA 颗粒状沉淀溶于 4ml 0.14mol/L 氯化钠溶液中即为 RNA 提取液），另一管加入蒸馏水 1.5ml，向两管中加入 3ml 地衣酚试剂，于沸水中加热 10min，溶液由黄色变成绿色为阳性反应。

（2）DNA 的呈色反应：取 2 支干净试管，一管加入 1.5ml DNA 溶液（将 DNA 纤维状沉淀溶于 2ml 1mol/L 氯化钠溶液中即为 DNA 提取液），另一管中加入蒸馏水 1.5ml，向两管中加入 3ml 二苯胺试剂，于沸水中加热 10min，溶液由乳白色变成蓝色为阳性反应。

【注意事项】

1. 在提取、分离及纯化核酸时，为了保持核酸的完整性、防止核酸变性降解，操作过程必须防止过酸或过碱，全部过程应在低温下（0℃左右）进行，必要时加入抑制剂抑制核酸酶的作用。

2. 加氯仿、异戊醇后振摇要充分，但又不能太剧烈，以防核酸断裂。

3. 离心后注意上清液和沉淀的取舍。

4. 提取核酸的一般原则是用机械方法或酶学方法（溶菌酶）使细胞破碎，然后用蛋白质变性剂（如苯酚）、去垢剂（如十二烷基硫酸钠）等处理，使蛋白质沉淀，最后用乙醇将核酸沉淀。

5. 所得的 DNA 若有一定程度的解聚，不会影响鉴定。

6. 核酸是由戊糖、磷酸和碱基组成的，要快速简单地鉴定出 RNA 和 DNA，可采用呈色反应（地衣酚反应、二苯胺反应）。

【临床应用】

核酸提取是临床样品聚合酶链反应（PCR）检验最为关键的部分，也是手工操作的主要部分，可用于临床疾病诊断。

一、紫外吸收法测定核酸含量

【实验原理】

DNA 和 RNA 都有吸收紫外线的性质，其吸收高峰在 260nm 波长处。吸收紫外线的性质是嘌呤环和嘧啶环的共轭双键所具有的，所以嘌呤和嘧啶以及一切含有它们的物质，如核苷、核苷酸或核酸，都有吸收紫外线的特性。核酸和核苷酸的消光系数（吸收系数）用 k（P）260nm 表示，k（P）260nm 为每升溶液中含有 1 摩尔核酸磷的光吸收值。RNA 的 k（P）260nm（pH 7）为 7 700~7 800。RNA 的含磷量约为 9.5%，所以每毫升溶液含 1μg RNA 的光吸收值相当于 0.022~0.024。小牛胸腺 DNA 钠盐的 k（P）260nm（pH 7）为 6 600，含磷量为 9.2%，所以每毫升溶液含 1μg DNA 钠盐的光吸收值为 0.020。蛋白质由于含有芳香族氨基酸，所以也能吸收紫外线。通常蛋白质的吸收峰在 280nm 波长处，在 260nm 处的吸收值仅为核酸的 1/10 或更低，故核酸样品中蛋白质含量较低时对核酸的紫外测定影响不大。RNA 的 260nm 与 280nm 吸收的比值在 2.0 以上，DNA 的 260nm 与 280nm 吸收的比值在 1.9 左右，样品中蛋白质含量较高时比值即下降。

【实验器材】

容量瓶（50ml）、离心机、紫外分光光度计。

【实验试剂】

1. 钼酸铵-过氯酸沉淀剂（0.25% 钼酸铵-2.5% 过氯酸溶液）　取 3.6ml 70% 过氯酸、0.25g 钼酸铵溶于 96.4ml 蒸馏水中。
2. 样品　RNA 或 DNA 干粉。

【实验步骤】

1. 将样品配制成每毫升含 5~50μg 核酸的溶液，用紫外分光光度计测定 260nm 和 280nm 吸收值，计算核酸浓度和两者吸收比值。

$$\text{RNA 浓度（μg/ml）}=A_{260}/(0.024×L)×\text{稀释倍数}$$
$$\text{DNA 浓度（μg/ml）}=A_{260}/(0.020×L)×\text{稀释倍数}$$

式中：A_{260} 为 260nm 波长处光吸收值；L 为比色杯的厚度，一般为 1cm 或 0.5cm；0.024 为每毫升溶液含 1μg RNA 的光吸收值；0.020 为每毫升溶液含 1μg DNA 钠盐的光吸收值。

2. 如果待测的核酸样品中含有酸溶性核苷酸或可透析的低聚多核苷酸，在测定时须加钼酸铵-过氯酸沉淀剂，沉淀除去大分子核酸，测定上清液 260nm 处吸收值作为对照。

具体操作：取 2 支小离心管，甲管加入 0.5ml 样品和 0.5ml 蒸馏水，乙管加入 0.5ml 样品和 0.5ml 钼酸铵-过氯酸沉淀剂，摇匀，在冰浴中放置 30min，3 000r/min 离心 10min，从甲、乙两管中分别吸取 0.4ml 上清液至 2 个 50ml 容量瓶中，定容到刻度。在紫外分光光度计上测定 260nm 处吸收值。

$$RNA 浓度（\mu g/ml）= \Delta A_{260}/（0.024 \times L）\times 稀释倍数$$
$$DNA 浓度（\mu g/ml）= \Delta A_{260}/（0.020 \times L）\times 稀释倍数$$

式中：ΔA_{260} 为甲管稀释液在 260nm 波长处吸收值减去乙管稀释液在 260nm 波长处吸收值的差。

核酸含量的计算公式为：

$$核酸（\%）= \frac{待测液中测得的核酸质量（\mu g）}{待测液中制品的质量（\mu g）} \times 100$$

二、二苯胺显色法测定 DNA 含量

【实验原理】

脱氧核糖核酸中的 2-脱氧核糖在酸性环境中与二苯胺试剂共同加热产生蓝色反应，在 595nm 处有最大光吸收。DNA 在 40~400μg 范围内光吸收与 DNA 的浓度成正比。在反应液中加入少量乙醛，可以提高反应灵敏度。除 DNA 外，脱氧木糖、阿拉伯糖也有同样的反应，但其他多数糖类包括核糖一般无此反应。

【主要器材】

分析天平、恒温水浴箱、722 型分光光度计。

【实验试剂】

1. DNA 标准液（须经定磷法确定其纯度） 准确称取小牛胸腺 DNA 钠盐，用 0.01mol/L NaOH 溶液配成 200μg/ml 溶液。

2. 样品待测液 准确称取 DNA 干燥制品，用 0.01mol/L NaOH 溶液配成 100μg/ml 溶液。在测定 RNA 制品中的 DNA 含量时，要求 RNA 制品的每毫升待测液中至少含有 20μg DNA。

3. 二苯胺试剂 取 1g 重结晶二苯胺溶于 100ml 冰乙酸（分析纯）中，再加入 10ml 过氯酸（60% 以上），混匀待用。临用前加入 1ml 1.6% 乙醛溶液。所配的试剂应无色。

【实验步骤】

1. DNA 标准曲线的制作 取 10 支试管分成 2 组，依次加入 0.4ml、0.8ml、1.2ml、1.6ml、2.0ml DNA 标准液，添加蒸馏水使之都至 2ml。另取 2 支试管各加 2ml 蒸馏水作为对照。然后各试管加入 4ml 二苯胺试剂，混匀，于 60℃恒温水浴中保温 1h，冷却后于 595nm 处进行比色测定。取两管平均值，以 DNA 浓度为横坐标、光吸收值为纵坐标绘制标准曲线。

2. 制品测定　取 2 支试管各加入 2ml 待测液（内含 DNA 应在标准曲线的可测范围内）和 4ml 二苯胺试剂，摇匀。其余操作同标准曲线的制作步骤。

3. DNA 含量的计算　根据测得的光吸收值，从标准曲线上查出相当该光吸收值 DNA 的含量。计算制品中 DNA 含量的公式为：

$$DNA(\%)=\frac{待测液中测得的 DNA 质量（\mu g）}{待测液中制品的质量（\mu g）}\times 100$$

三、地衣酚显色法测定 RNA 含量

【实验原理】

RNA 与浓 HCl 共热时发生降解，形成的核糖继而转变成糠醛，后者与 3,5-二羟基甲苯（地衣酚，orcinol）反应呈绿色。该反应需要三氯化铁或氯化铜作为催化剂，反应产物在 670nm 处有最大光吸收。RNA 在 20~250μg 范围内光吸收与其浓度成正比。地衣酚法特异性差，凡戊糖均有此反应，DNA 和其他杂质也能与地衣酚反应产生类似颜色，故应先测得 DNA 含量再计算 RNA 含量。

【主要器材】

分析天平、恒温水浴箱、722 型分光光度计。

【实验试剂】

1. RNA 标准液（须经定磷法确定其纯度）　准确称取酵母 RNA，配成 100μg/ml 溶液。
2. 样品待测液　准确稀释，使每毫升溶液含 RNA 干燥制品 50~100μg。
3. 地衣酚试剂　先配制 0.1% 三氯化铁浓 HCl（分析纯）溶液，实验前用此溶液作为溶剂配成 0.1% 地衣酚溶液。

【操作步骤】

1. RNA 标准曲线的制作　取 10 支试管分成 2 组，依次加入 0.5ml、1.0ml、1.5ml、2.0ml、2.5ml RNA 标准液，添加蒸馏水使之都至 2.5ml。另取 2 支试管各加 2.5ml 蒸馏水作为对照。然后各试管加入 2.5ml 地衣酚试剂，混匀，于沸水浴中加热 20min，取出冷却（放置于自来水中），于 670nm 处进行比色测定。取两管平均值，以 RNA 浓度为横坐标、光吸收值为纵坐标绘制标准曲线。

2. 制品测定　取 2 支试管各加入 2.5ml 待测液（内含 RNA 应在标准曲线的可测范围内），再加 2.5ml 地衣酚试剂，摇匀。其余操作同标准曲线的制作步骤。

3. RNA 含量的计算　根据测得的光吸收值，从标准曲线上查出相当该光吸收值 RNA 的含量。计算制品中 RNA 含量的公式为：

$$RNA(\%)=\frac{待测液中测得的 RNA 质量（\mu g）}{待测液中制品的质量（\mu g）}\times 100$$

（李 杰）

实验二 聚合酶链反应

【实验目的】

1. 熟悉聚合酶链反应体外扩增 DNA 的方法。
2. 掌握聚合酶链反应体外扩增 DNA 的原理。

【实验原理】

聚合酶链反应（polymerase chain reaction，PCR）是体外酶促合成特异 DNA 的一种技术，其特异性依赖于与靶序列两端互补的寡核苷酸引物，由变性、退火、延伸三个基本反应步骤构成。①模板 DNA 的变性：模板 DNA 经加热至 95℃左右一定时间后，模板 DNA 双链或经 PCR 扩增形成的双链 DNA 解离成为单链，进一步与引物结合，为下一轮反应做准备。②模板 DNA 与引物的退火（复性）：模板 DNA 经加热变性成单链后，温度降至 55℃左右，引物与模板 DNA 单链按碱基配对结合。③延伸：在 72℃左右，DNA 模板-引物结合物在 DNA 聚合酶（如 *Taq* DNA 聚合酶）的作用下，以 dNTP 为反应原料、靶序列为模板，根据碱基配对规律与半保留复制原理合成一条新的与模板 DNA 链互补的半保留复制链，这种新链又成为下次循环的模板。重复上述"变性-退火-延伸"循环，就可获得更多的半保留复制链。经 2~3h 能将待扩增的基因扩增放大几百万倍。

【实验器材】

PCR 扩增仪、微量移液器、PCR 管。

【实验试剂】

1. 10×PCR Buffer　200mmol/L Tris-HCl（pH 8.4），500mmol/L KCl。
2. 50mmol/L $MgCl_2$。
3. 10mmol/L dNTP Mix。
4. 10μmol 引物　包括上游引物 Fw-primer 和下游引物 Rev-primer。
5. 5U/μl *Taq* DNA 聚合酶。
6. 去离子水　分装于 1.5ml 离心管内。

【操作步骤】

取 2 个 PCR 管，在实验管内按表 5-2-1 加入各成分，至终体积 50μl，混匀。在对照管内用去离子水取代 cDNA。

扩增条件为：93~98℃变性 10min；93~98℃15s，37~65℃15s，70~75℃10s，25~30 个循环。

表 5-2-1　操作步骤

加入物	体积/μl	加入物	体积/μl
10 × PCR Buffer	5	10μmol Rev-primer	1
50mmol/L MgCl$_2$	1.5	cDNA	2
10mmol/L dNTP Mix	1	Taq DNA 聚合酶	0.4
10μmol Fw-primer	1	去离子水	38.1

【注意事项】

1. 由于聚合酶链反应体系中各成分加样量比较小，必须使液体加在 PCR 管底部，并于最后吹打混匀。若反应液不慎加在管壁上，则需要离心。

2. 为防止污染，要求实验场所、器材洁净。

【思考题】

1. 聚合酶链反应技术的基本原理是什么？

2. 聚合酶链反应循环次数是否越多越好？

3. 减少或去除非特异性条带的方法有哪些？

（李　妍）

第二篇

生物化学学习指导

第一章 | 蛋白质的结构与功能

一、内容要点

蛋白质平均含氮量约为 16%，基本组成单位是 L-α-氨基酸。构成天然蛋白质分子的氨基酸有 20 种，根据侧链基团的结构和性质可分为非极性侧链氨基酸、极性中性侧链氨基酸、酸性侧链氨基酸和碱性侧链氨基酸四类。氨基酸属于两性电解质，在溶液的 pH 等于其 pI 时，氨基酸为兼性离子。蛋白质分子中的氨基酸通过肽键连接，肽键是蛋白质分子中的主要共价键。

蛋白质的结构分为一级结构和空间结构。蛋白质一级结构是指多肽链中氨基酸的排列顺序，肽键是主要化学键，有的多肽链含有二硫键。蛋白质二级结构是指多肽链主链中各原子的局部空间排列方式，主要形式有 α-螺旋、β-折叠、β-转角和无规卷曲，氢键维系蛋白质二级结构的稳定。蛋白质三级结构是指一条多肽链内所有原子的空间排布，其形成和稳定主要靠侧链基团相互作用生成的次级键，主要有疏水作用力、盐键、氢键和范德瓦耳斯力等非共价键，属于共价键的二硫键在蛋白质三级结构中也起重要作用。蛋白质四级结构是指两条或两条以上具有独立三级结构的多肽链通过非共价键相互聚合而成的结构。在蛋白质四级结构中，每个具有独立三级结构的多肽链称为一个亚基。亚基之间的缔合主要靠非共价键。

蛋白质一级结构是空间结构的基础。蛋白质的空间结构是其发挥生物活性的基础，空间结构相似的蛋白质功能相似，空间结构改变则蛋白质功能也随之改变。

根据蛋白质的分子组成，蛋白质可分为单纯蛋白质和结合蛋白质。根据蛋白质的分子形状，蛋白质可分为球状蛋白质和纤维状蛋白质。

蛋白质属于两性电解质，溶液的 pH 等于其 pI 时，蛋白质为兼性离子。体内大多数蛋白质以负离子的形式存在。蛋白质是高分子化合物，其分子表面的水化膜和同种电荷是维持蛋白质亲水胶体稳定的两个因素。在某些理化因素的作用下，蛋白质的空间结构受到破坏，导致其理化性质的改变及生物活性丧失，称为蛋白质变性。蛋白质变性时，空间结构受到破坏，一级结构是完整的。一般蛋白质分子中都含有色氨酸和酪氨酸，在波长 280nm 处有最大吸收峰，据此可测定溶液中的蛋白质含量。常用的蛋白质呈色反应有双缩脲反应、茚三酮反应和福林-酚试剂反应。

二、重点和难点解析

1. 肽单元　肽单元的形成是因为肽键具有部分双键的性质,可从两方面说明。①键长:肽键键长 0.132nm,介于 C—N 单键与双键之间。②肽键不能旋转:与 C 相连的 H 和与 N 相连的 O 又为反式构型,肽键中的 C、O、N、H 四个原子和与它们相邻的两个 α-碳原子都处在同一平面上,称为肽键平面或肽单元。α-碳原子两侧的单键能够旋转,旋转角度的大小决定了两个肽键平面之间的关系。

2. 蛋白质的等电点　蛋白质是两性电解质,它们在溶液中的解离状态受溶液 pH 的影响,而且不同的侧链基团在同一 pH 溶液中解离程度不同。当溶液处于某一 pH,蛋白质分子解离成阳离子和阴离子的趋势相等,即净电荷为零,呈兼性离子状态,此时溶液的 pH 称为该蛋白质的等电点(pI)。

3. 蛋白质的变性、沉淀与凝固的相互关系　变性的蛋白质不一定沉淀,也不一定凝固;沉淀的蛋白质不一定变性,也不一定凝固;凝固的蛋白质一定变性且不可逆,易沉淀,不再溶于稀酸或稀碱溶液。

三、习题测试

(一)选择题

【A 型题】

1. 天然蛋白质中不存在的氨基酸是
   A. 丙氨酸　　　B. 谷氨酸　　　C. 瓜氨酸　　　D. 甲硫氨酸　　　E. 丝氨酸

2. 下列氨基酸中属于非编码氨基酸的是
   A. 半胱氨酸　　B. 组氨酸　　　C. 鸟氨酸　　　D. 丝氨酸　　　　E. 亮氨酸

3. 构成人体蛋白质的氨基酸属于
   A. L-α-氨基酸　　　　　B. L-β-氨基酸　　　　　　C. D-α-氨基酸
   D. D-β-氨基酸　　　　　E. L、D-α-氨基酸

4. 含有两个羧基的氨基酸是
   A. 谷氨酸　　　B. 苏氨酸　　　C. 甘氨酸　　　D. 缬氨酸　　　E. 赖氨酸

5. 在蛋白质中含量相近的元素是
   A. 碳　　　　　B. 氢　　　　　C. 氧　　　　　D. 氮　　　　　E. 硫

6. 蛋白质的平均含氮量是
   A. 6.25%　　　B. 16%　　　　C. 45%　　　　D. 50%　　　　E. 60%

7. 下列氨基酸中无 L 型与 D 型之分的氨基酸是
   A. 丙氨酸　　　B. 甘氨酸　　　C. 亮氨酸　　　D. 丝氨酸　　　E. 缬氨酸

8. 天然蛋白质中有遗传密码的氨基酸有
   A. 8 种　　　　B. 61 种　　　　C. 12 种　　　　D. 20 种　　　　E. 64 种

9. 测定 100g 生物样品中氮含量是 2g,该样品中蛋白质含量大约为
   A. 6.25%　　　B. 12.5%　　　C. 1%　　　　　D. 2%　　　　　E. 20%

10. 属于碱性氨基酸的是
    A. 天冬氨酸 B. 异亮氨酸 C. 组氨酸
    D. 苯丙氨酸 E. 半胱氨酸
11. 蛋白质分子中的肽键
    A. 是一个氨基酸的 α-羧基和另一个氨基酸的 α-氨基脱水形成的
    B. 是由谷氨酸的 γ-羧基与另一个氨基酸的 α-氨基形成的
    C. 可由氨基酸的各种氨基和各种羧基形成
    D. 是由赖氨酸的 ε-氨基与另一分子氨基酸的 α-羧基形成的
    E. 可在同一个氨基酸内部形成
12. 多肽链中主链骨架的组成是
    A. —CNCCNCNCCNCNCCNC—
    B. —CCHNOCCHNOCCHNOC—
    C. —CCONHCCONHCCONHC—
    D. —CCNOHCCNOHCCNOHC—
    E. —COHNOCOHNOCOHNOC—
13. 蛋白质一级结构是指
    A. 氨基酸种类和数量 B. 分子中的各种化学键
    C. 多肽链的形态和大小 D. 多肽链中氨基酸残基的排列顺序
    E. 分子中的共价键
14. 维持蛋白质分子一级结构的主要化学键是
    A. 盐键 B. 氢键 C. 疏水作用 D. 二硫键 E. 肽键
15. 蛋白质分子中 α-螺旋构象的特点是
    A. 肽键平面充分伸展 B. 靠盐键维持稳定
    C. 螺旋方向与长轴垂直 D. 多为左手螺旋
    E. 氨基酸侧链伸向螺旋外侧
16. 下列不属于蛋白质二级结构的是
    A. α-螺旋 B. α-双螺旋 C. β-折叠 D. β-转角 E. 无规卷曲
17. 维持蛋白质二级结构稳定的主要化学键是
    A. 肽键 B. 氢键 C. 疏水作用
    D. 二硫键 E. 范德瓦耳斯力
18. 蛋白质中的 α-螺旋和 β-折叠都属于
    A. 一级结构 B. 二级结构 C. 三级结构 D. 四级结构 E. 侧链结构
19. 蛋白质分子中的无规卷曲结构属于
    A. 一级结构 B. 二级结构 C. 三级结构 D. 四级结构 E. 结构域
20. 常出现于肽链转角结构中的第二个氨基酸为
    A. 谷氨酸 B. 丙氨酸 C. 甘氨酸 D. 脯氨酸 E. 半胱氨酸
21. 下列蛋白质分子三级结构的描述错误的是
    A. 天然蛋白质分子均有这种结构

B. 具有三级结构的多肽链都具有生物活性

C. 三级结构的稳定主要靠次级键维系

D. 亲水基团多聚集在三级结构的表面

E. 决定盘曲折叠的因素是氨基酸残基

22. 维系蛋白质三级结构稳定的最主要化学键是

    A. 二硫键   B. 盐键   C. 氢键

    D. 范德瓦耳斯力   E. 疏水作用

23. 胰岛素分子 A 链与 B 链的交联是靠

    A. 二硫键   B. 疏水作用   C. 氢键

    D. 范德瓦耳斯力   E. 盐键

24. 在具有四级结构的蛋白质分子中,亚基间不存在的化学键是

    A. 二硫键   B. 疏水作用   C. 氢键

    D. 范德瓦耳斯力   E. 盐键

25. 下列蛋白质具有四级结构的是

    A. 核糖核酸酶   B. 胰蛋白酶   C. 乳酸脱氢酶

    D. 胰岛素   E. 胃蛋白酶

26. 对蛋白质四级结构描述正确的是

    A. 一定有多个相同的亚基

    B. 一定有种类相同而数目不同的亚基

    C. 一定有多个不同的亚基

    D. 一定有种类不同,而数目相同的亚基

    E. 亚基的种类、数目都不一定

27. 对具有四级结构的蛋白质进行一级结构分析时发现

    A. 只有一个自由的 α-氨基和一个自由的 α-羧基

    B. 只有自由的 α-氨基,没有自由的 α-羧基

    C. 只有自由的 α-羧基,没有自由的 α-氨基

    D. 既无自由的 α-氨基,也无自由的 α-羧基

    E. 有一个以上的自由的 α-氨基和 α-羧基

28. 下列蛋白质亚基的描述正确的是

    A. 一条多肽链卷曲成螺旋结构

    B. 两条以上多肽链卷曲成二级结构

    C. 两条以上多肽链与辅基结合成蛋白质

    D. 每个亚基都有各自的三级结构

    E. 组成蛋白质的亚基都是相同的

29. 蛋白质的 pI 是指

    A. 蛋白质分子带正电荷时溶液的 pH

    B. 蛋白质分子带负电荷时溶液的 pH

    C. 蛋白质分子不带电荷时溶液的 pH

D. 蛋白质分子净电荷为零时溶液的 pH

E. 蛋白质的 pI 与组成蛋白质的氨基酸无关

30. 处于等电点的蛋白质

A. 分子不带电荷　　　　　B. 分子净电荷为零　　　　　C. 分子易变性

D. 易被蛋白酶水解　　　　E. 溶解度增加

31. 某蛋白质的等电点为 6.8，电泳液的 pH 为 8.6，该蛋白质的电泳方向是

A. 向正极移动　　　　　　B. 向负极移动　　　　　　　C. 不能确定

D. 不动　　　　　　　　　E. 可同时向正、负极移动

32. 将蛋白质溶液的 pH 调节到等于蛋白质的等电点时，则

A. 可使蛋白质稳定性增加

B. 可使蛋白质的净电荷不变

C. 可使蛋白质的净电荷增加

D. 可使蛋白质的净电荷减少

E. 可使蛋白质的净电荷为零

33. 已知某混合物存在 A、B 两种分子量相等的蛋白质，A 的等电点为 6.8，B 的等电点为 7.8。用电泳法进行分离，如果电泳液的 pH 为 8.6，则

A. 蛋白质 A 向正极移动，B 向负极移动

B. 蛋白质 A 向负极移动，B 向正极移动

C. 蛋白质 A 和 B 都向负极移动，A 移动的速度快

D. 蛋白质 A 和 B 都向正极移动，A 移动的速度快

E. 蛋白质 A 和 B 都向正极移动，B 移动的速度快

34. 当蛋白质带正电荷时，其溶液的 pH

A. 大于 7.4　　　　　　　B. 小于 7.4　　　　　　　　C. 等于等电点

D. 大于等电点　　　　　　E. 小于等电点

35. 在 pH8.6 的缓冲液中进行血清蛋白乙酸纤维素薄膜电泳，可把血清蛋白质分为 5 条带，从负极数起它们的顺序是

A. α_1、α_2、β、γ、A　　　B. A、α_1、α_2、β、γ　　　C. γ、β、α_2、α_1、A

D. β、γ、α_2、α_1、A　　　E. A、γ、β、α_2、α_1

36. 蛋白质变性后将会出现

A. 大量氨基酸游离出来　　B. 大量肽碎片游离出来　　C. 等电点变为零

D. 一级结构破坏　　　　　E. 空间结构改变

37. 蛋白质变性是由于

A. 蛋白质一级结构破坏　　B. 蛋白质亚基的解聚　　　C. 蛋白质空间结构破坏

D. 辅基的脱落　　　　　　E. 蛋白质水解

38. 下列蛋白质变性的叙述错误的是

A. 蛋白质的空间构象受到破坏

B. 失去原有生物活性

C. 溶解度增大

D. 易受蛋白酶水解

E. 黏度增加

39. 下列蛋白质变性后的变化错误的是

A. 分子内部非共价键断裂   B. 天然构象被破坏

C. 生物活性丧失   D. 肽键断裂，一级结构被破坏

E. 失去水化膜易于沉淀

40. 下列蛋白质变性的叙述正确的是

A. 只是四级结构破坏，亚基解聚

B. 蛋白质结构的完全破坏，肽键断裂

C. 蛋白质分子内部的疏水基团暴露，一定发生沉淀

D. 蛋白质变性后易于沉淀，但不一定沉淀；沉淀的蛋白质也不一定变性

E. 蛋白质变性后易于沉淀，但不一定沉淀；而沉淀的蛋白质一定变性

41. 变性蛋白质的主要特点是

A. 不易被蛋白酶水解   B. 黏度下降   C. 溶解度增加

D. 颜色反应减弱   E. 原有的生物活性丧失

42. 蛋白质变性时，被 β-巯基乙醇断开的化学键是

A. 肽键   B. 疏水键   C. 二硫键   D. 氢键   E. 盐键

43. 蛋白质分子中能引起 280nm 波长处光吸收的主要成分有

A. 丝氨酸上的羟基   B. 天冬酰胺的酰胺基   C. 色氨酸的吲哚环

D. 半胱氨酸的巯基   E. 肽键

44. 下列蛋白质特性的描述错误的是

A. 溶液的 pH 调节到蛋白质的等电点时，蛋白质容易沉降

B. 盐析法分离蛋白质原理是中和蛋白质分子表面电荷，蛋白质沉降

C. 蛋白质变性后，由于疏水基团暴露，水化膜被破坏，一定发生沉降

D. 蛋白质不能透过半透膜，所以可用透析的方法将小分子杂质除去

E. 在同一 pH 溶液，由于各种蛋白质 pI 不同，故可用电泳将其分离纯化

45. 下列蛋白质沉淀、变性和凝固的关系的叙述正确的是

A. 变性蛋白一定凝固   B. 蛋白质凝固后一定变性

C. 蛋白质沉淀后必然变性   D. 变性蛋白一定沉淀

E. 变性蛋白不一定失去活性

46. 下列不属于结合蛋白质的是

A. 核蛋白   B. 糖蛋白   C. 清蛋白   D. 脂蛋白   E. 色蛋白

47. 蛋白质所形成的胶体颗粒在下列哪种条件下不稳定

A. 溶液 pH 大于 pI   B. 溶液 pH 小于 pI   C. 溶液 pH 等于 pI

D. 溶液 pH 等于 7.4   E. 在水溶液中

48. 下列氨基酸中含有羟基的是

A. 谷氨酸和天冬酰胺   B. 丝氨酸和苏氨酸   C. 苯丙氨酸和酪氨酸

D. 半胱氨酸和甲硫氨酸   E. 亮氨酸和缬氨酸

49. 每种完整的蛋白质分子必定具有

    A. α-螺旋   B. β-折叠   C. 三级结构   D. 四级结构   E. 辅基

50. 蛋白质变性不包括

    A. 氢键断裂   B. 肽键断裂   C. 疏水键断裂

    D. 盐键断裂   E. 二硫键断裂

【B 型题】

(1~5 题备选项)

    A. 赖氨酸   B. 半胱氨酸   C. 谷氨酸   D. 脯氨酸   E. 丝氨酸

1. 碱性氨基酸是

2. 含巯基的氨基酸是

3. 酸性氨基酸是

4. 亚氨基酸是

5. 含非极性侧链的氨基酸是

(6~10 题备选项)

    A. 酸性侧链氨基酸   B. 碱性侧链氨基酸   C. 含硫氨基酸

    D. 含羟基的氨基酸   E. 含非极性侧链的氨基酸

6. 组氨酸是

7. 半胱氨酸是

8. 酪氨酸是

9. 缬氨酸是

10. 天冬氨酸是

(11~15 题备选项)

    A. 蛋白质一级结构   B. 蛋白质二级结构   C. 蛋白质结构域

    D. 蛋白质三级结构   E. 蛋白质四级结构

11. 多肽链中氨基酸的排列顺序是

12. 整条肽链中全部氨基酸残基的相对空间位置是

13. 蛋白质分子中各个亚基的空间排布和相互作用是

14. 多肽链主链原子的局部空间排布是

15. 免疫球蛋白中与抗原结合的结构是

(16~20 题备选项)

    A. 蛋白质的等电点   B. 蛋白质的沉淀   C. 蛋白质的结构域

    D. 蛋白质的四级结构   E. 蛋白质的变性

16. 蛋白质分子所带正负电荷相等时溶液的 pH 称为

17. 蛋白质的空间结构被破坏,理化性质改变,并失去其生物活性,称为

18. 蛋白质肽链中某些局部的二级结构汇集在一起,形成能发挥生物学功能的特定区域,称为

19. 蛋白质从溶液中析出的现象,称为

20. 两条或两条以上具有三级结构的多肽链通过非共价键相互聚合而成的结构,称为

（21~25题备选项）

    A. 亚基   B. β-转角   C. α-螺旋   D. 三股螺旋   E. β-折叠

21. 只存在于具有四级结构的蛋白质中的是

22. α-角蛋白中含量很多的是

23. 血凝块中的纤维蛋白含量很多的是

24. 氢键与长轴接近垂直的是

25. 氢键与长轴接近平行的是

（26~30题备选项）

    A. 四级结构形成   B. 四级结构破坏   C. 一级结构破坏

    D. 一级结构形成   E. 二、三、四级结构破坏

26. 亚基聚合时出现

27. 亚基解聚时出现

28. 蛋白质水解时出现

29. 人工合成多肽时出现

30. 蛋白质变性时出现

（31~34题备选项）

    A. 0.9% NaCl

    B. 常温乙醇

    C. 一定量的稀酸

    D. 加入强酸，再将溶液调到蛋白质等电点，加热煮沸

    E. 高浓度硫酸铵

31. 蛋白质既不变性也不沉淀，是加入了

32. 蛋白质沉淀但不变性，是加入了

33. 蛋白质变性但不沉淀，是加入了

34. 蛋白质凝固是

（35~39题备选项）

    A. 氧化还原反应   B. 表面电荷与水化膜   C. 一级结构和空间结构

    D. 紫红色   E. 紫蓝色

35. 还原型谷胱甘肽具有的功能是

36. 蛋白质胶体溶液稳定的因素是

37. 与蛋白质功能有关的主要因素是

38. 蛋白质与双缩脲试剂反应呈

39. 蛋白质分子中游离 α-氨基与茚三酮试剂反应呈

【C型题】

（1~4题备选项）

    A. 甘氨酸   B. 丙氨酸   C. 两者均是   D. 两者均否

1. 属于 L-α-氨基酸的是

2. 属非极性侧链氨基酸的是

3. 属极性中性侧链氨基酸的是

4. 属碱性侧链氨基酸的是

（5~8题备选项）

    A. 蛋白质变性   B. 蛋白质沉淀

    C. 两者均可   D. 两者均不可

5. 向蛋白质溶液中加入硫酸铵可引起

6. 紫外线照射可使

7. 蛋白质溶液加热煮沸可引起

8. 向蛋白质溶液中加入重金属盐可引起

（9~12题备选项）

    A. 色氨酸   B. 酪氨酸   C. 两者都是   D. 两者都不是

9. 蛋白质对 280nm 波长紫外线吸收依赖于

10. 侧链中具有极性基团的是

11. 具有紫外线吸收能力的是

12. 能与茚三酮反应生成蓝紫色化合物的是

（13~16题备选项）

    A. 变性   B. 复性   C. 两者均可   D. 两者均无

13. 剧烈振荡可引起蛋白质

14. 超声波可引起蛋白质

15. 向核糖核酸酶溶液中加入尿素和巯基乙醇，可引起酶

16. 向核糖核酸酶溶液中加入尿素和巯基乙醇后，再用透析去除尿素和巯基乙醇，可引起酶

（17~20题备选项）

    A. 肽键   B. 氢键   C. 两者均有   D. 两者均无

17. 维持蛋白质一级结构稳定的键为

18. 结构域中含有的键为

19. 维系蛋白质二级结构稳定的键为

20. 血红蛋白分子中含有的键有

【X型题】

1. 下列氨基酸中属于碱性氨基酸的有

    A. 甘氨酸   B. 精氨酸   C. 组氨酸   D. 丙氨酸   E. 赖氨酸

2. 下列氨基酸中其侧链上有—COOH 的有

    A. 精氨酸   B. 谷氨酸   C. 组氨酸   D. 天冬氨酸   E. 缬氨酸

3. 蛋白质空间构象包括

    A. β-折叠   B. α-螺旋   C. 三级结构   D. 结构域   E. 亚基聚合

4. 蛋白质二级结构包括

    A. α-螺旋   B. 双螺旋   C. β-转角   D. β-折叠   E. 无规卷曲

5. 维系蛋白质空间结构的非共价键有

    A. 氢键   B. 肽键   C. 二硫键   D. 盐键   E. 疏水作用

6. 下列蛋白质肽键的描述正确的有

    A. 肽键可以自由旋转

    B. 肽键具有部分双键性质

    C. 肽键上的 4 个原子与相邻的 2 个 α-碳原子构成肽单元

    D. 肽键键长介于 C—N 单键与双键之间

    E. 蛋白质分子中的氨基酸是通过肽键相连的

7. 下列蛋白质四级结构的描述正确的有

    A. 是由一条多肽链所构成

    B. 每个亚基都有各自的三级结构

    C. 亚基之间通过非共价键相连

    D. 由 2 条或 2 条以上的多肽链构成

    E. 亚基之间可以通过二硫键相连

8. 变性蛋白质的特性有

    A. 溶解度降低   B. 生物活性增加   C. 黏度增加

    D. 易被蛋白酶水解   E. 溶解度增加

9. 蛋白质分子在电场中移动的方向取决于

    A. 蛋白质所处溶液的 pH   B. 蛋白质的相对分子量

    C. 蛋白质的等电点   D. 蛋白质的分子大小

    E. 蛋白质的形状

10. 蛋白质变性作用的特点包括

    A. 蛋白质的空间结构被破坏   B. 肽键断裂

    C. 生物活性丧失   D. 易发生沉淀

    E. 肽链水解成碎片

11. 在中性 pH 条件下带负电荷的氨基酸有

    A. 赖氨酸   B. 谷氨酸   C. 天冬氨酸   D. 精氨酸   E. 组氨酸

12. 使蛋白质胶体溶液稳定的因素有

    A. 蛋白质溶液黏度大

    B. 蛋白质分子表面有水化膜

    C. 蛋白质分子表面带有相同电荷

    D. 蛋白质分子在溶液中做布朗运动

    E. 蛋白质分子呈球状

13. 具有四级结构的蛋白质包括

    A. 肌红蛋白   B. 胰岛素   C. 血红蛋白

    D. 牛胰核糖核酸酶   E. 乳酸脱氢酶

14. 含硫氨基酸包括

    A. 酪氨酸   B. 苏氨酸   C. 组氨酸   D. 半胱氨酸   E. 甲硫氨酸

15. 在 pH 5 的溶液中带正电荷的蛋白质包括

    A. pI 为 4.5 的蛋白质　　　B. pI 为 7.4 的蛋白质　　　C. pI 为 7.0 的蛋白质

    D. pI 为 6.5 的蛋白质　　　E. pI 为 3.5 的蛋白质

16. α-螺旋

    A. 为右手螺旋　　　B. 绕中心轴盘旋上升　　　C. 螺距为 0.54nm

    D. 靠肽键维持稳定　　　E. 是较为伸展的结构

（二）名词解释

1. 肽键　　　2. 结构域　　　3. 分子伴侣

4. 蛋白质的等电点　　　5. 蛋白质的变性　　　6. 蛋白质一级结构

7. 蛋白质二级结构　　　8. 蛋白质三级结构　　　9. 蛋白质四级结构

10. 亚基　　　11. 沉淀　　　12. 盐析

（三）填空题

1. 人体蛋白质的基本组成单位是_____，编码的有_____种。

2. 根据侧链基团结构和性质的不同，可将氨基酸分为_____、_____、_____、_____和_____四种。

3. 肽键是指一个氨基酸的_____和另一个氨基酸的_____脱水缩合而形成的化学键。

4. 在 280nm 波长处有特征性吸收峰的氨基酸有_____和_____。

5. 蛋白质一级结构是指多肽链中氨基酸的_____，主要化学键为_____。

6. 蛋白质二级结构的形式有_____、_____、_____和_____。

7. 当蛋白质溶液的 pH 大于其 pI 时，蛋白质分子带_____电荷。

8. 蛋白质变性主要是其_____结构遭到破坏，而其_____结构仍可完好无损。

9. 使蛋白质亲水胶体稳定的两个因素是_____和_____。

10. 蛋白质是两性电解质，当蛋白质在某一 pH 溶液中净电荷为零，成为兼性离子，在电场中不移动，该溶液的 pH 称为该蛋白质的_____。

11. 谷胱甘肽的主要功能基团为_____。

12. 蛋白质的紫外吸收峰在_____nm 处。

（四）问答题

1. 如何根据蛋白质的含氮量计算蛋白质的含量？

2. 蛋白质的基本组成单位是什么？其结构特征是什么？

3. 何谓肽键、肽链及蛋白质的一级结构？

4. 什么是蛋白质二级结构？它主要有哪几种？各有何结构特征？

5. 为什么蛋白质是两性电解质？

6. 何谓蛋白质变性？影响变性的因素有哪些？

7. 蛋白质变性后为什么水溶性会降低？

8. 举例说明蛋白质一级结构决定其构象。

9. 维系蛋白质一、二、三、四级结构稳定的键或力是什么？

四、参考答案

（一）选择题

【A型题】

1. C	2. C	3. A	4. A	5. D	6. B	7. B	8. D
9. B	10. C	11. A	12. C	13. D	14. E	15. E	16. B
17. B	18. B	19. B	20. D	21. B	22. E	23. A	24. A
25. C	26. E	27. E	28. D	29. D	30. B	31. A	32. E
33. D	34. E	35. C	36. E	37. C	38. C	39. D	40. D
41. E	42. C	43. C	44. C	45. B	46. C	47. C	48. B
49. C	50. B						

【B型题】

1. A	2. B	3. C	4. D	5. D	6. B	7. C	8. D
9. E	10. A	11. A	12. D	13. E	14. E	15. C	16. A
17. E	18. C	19. B	20. D	21. A	22. C	23. C	24. E
25. C	26. A	27. B	28. C	29. D	30. E	31. A	32. E
33. C	34. D	35. A	36. B	37. C	38. D	39. E	

【C型题】

1. B	2. C	3. D	4. D	5. B	6. A	7. C	8. C
9. C	10. C	11. C	12. C	13. A	14. A	15. A	16. C
17. A	18. C	19. B	20. C				

【X型题】

1. BCE	2. BD	3. ABCDE	4. ACDE	5. ADE	6. BCDE
7. BCD	8. ACD	9. AC	10. ACD	11. BC	12. BC
13. CE	14. DE	15. BCD	16. ABC		

（二）名词解释

1. 一个氨基酸的 α-羧基与另一个氨基酸的 α-氨基脱水缩合所形成的酰胺键称为肽键。

2. 蛋白质在形成三级结构时，肽链中某些局部的二级结构汇集在一起，形成发挥生物学功能的特定区域称为结构域。

3. 能协助蛋白质分子空间结构正确形成的一类蛋白质分子称为分子伴侣。

4. 蛋白质分子净电荷为零时溶液的 pH 称为该蛋白质的等电点。

5. 在某些理化因素的作用下，蛋白质的空间结构受到破坏，导致其理化性质的改变和生物活性的丧失，称为蛋白质的变性。

6. 蛋白质一级结构是指多肽链中氨基酸的排列顺序。

7. 蛋白质二级结构是指多肽链主链原子的局部空间排布方式。

8. 蛋白质三级结构是指整条肽链中全部氨基酸残基的相对空间位置。

9. 蛋白质四级结构是指蛋白质分子中各亚基的空间排布及相互接触关系。

10. 体内许多蛋白质分子含有两条或两条以上多肽链，每一条多肽链都有独立的三级结构，称为亚基。

11. 蛋白质变性后，疏水侧链暴露在外，肽链融汇相互缠绕继而聚集，从溶液中析出，这一现象称为沉淀。

12. 在蛋白质溶液中加入高浓度的中性盐（如硫酸铵、硫酸钠、氯化钠等），破坏蛋白质的胶体稳定性，使蛋白质从水溶液中沉淀，称为盐析。

（三）填空题

1. 氨基酸　20
2. 非极性侧链氨基酸　极性中性侧链氨基酸　酸性氨基酸　碱性氨基酸
3. α-COOH　α-NH$_2$
4. 酪氨酸　色氨酸
5. 排列顺序　肽键
6. α-螺旋　β-折叠　β-转角　无规则卷曲
7. 负
8. 空间　一级
9. 水化膜　同种电荷
10. 等电点
11. 疏基
12. 280

（四）问答题

1. 如何根据蛋白质的含氮量计算蛋白质的含量？

答：各种蛋白质的含氮量极为接近，平均为16%，所以测定蛋白质的含氮量就可推算出蛋白质的含量，常用的公式为：100g样品中蛋白质含量=1g样品中含氮克数×6.25×100。

2. 蛋白质的基本组成单位是什么？其结构特征是什么？

答：蛋白质的基本组成单位是氨基酸，组成人体蛋白质的氨基酸均为 L-α-氨基酸（除甘氨酸外），即在α-碳原子上连有一个氨基、一个羧基、一个氢原子和一个侧链。每个氨基酸的侧链各不相同，是其表现不同性质特征的结构基础。

3. 何谓肽键、肽链及蛋白质的一级结构？

答：一个氨基酸的α-羧基与另一个氨基酸的α-氨基进行脱水缩合而成的酰胺键称为肽键。许多氨基酸通过肽键相连而形成的长链称为肽链。蛋白质一级结构是指多肽链中氨基酸的排列顺序，它的主要化学键为肽键。

4. 什么是蛋白质二级结构？它主要有哪几种？各有何结构特征？

答：蛋白质二级结构是指多肽链主链原子的局部空间排布方式，不涉及侧链的构象。

蛋白质二级结构的主要形式有α-螺旋、β-折叠、β-转角和无规则卷曲四种。

在α-螺旋结构中，多肽链主链围绕中心轴以右手螺旋方式旋转上升，每隔3.6个氨基酸残基上升一圈，氨基酸残基的侧链伸向螺旋外侧，每个氨基酸残基的亚氨基上的氢与第四个氨基酸残基羧基上的氧形成氢键，以维持α-螺旋稳定。

在β-折叠结构中，多肽链的肽单元折叠成锯齿状结构，侧链交错位于锯齿状结构的上方或下方,两条以上肽链或一条肽链内的若干肽段平行排列,通过链间羰基氧和亚氨基氢形成氢键,维持β-折叠构象稳定。

在球状蛋白质分子中,肽链主链常出现180°回折,回折部分称为β-转角。β-转角通常由4个氨基酸残基组成,第二个残基常为脯氨酸,第一个氨基酸残基的羰基氧与第四个氨基酸残基的亚氨基氢形成氢键,维持β-转角的稳定。

无规则卷曲是指肽链中没有确定规律的结构。

5. 为什么蛋白质是两性电解质?

答:蛋白质是由氨基酸组成的,蛋白质分子中既含有能解离出 H^+ 的酸性基团(如—COOH),又含有能接受 H^+ 的碱性基团(如—NH$_2$),所以蛋白质分子为两性电解质。

6. 何谓蛋白质变性?影响变性的因素有哪些?

答:蛋白质在某些物理因素或化学因素的作用下,蛋白质分子内部的非共价键断裂,天然构象被破坏,从而引起理化性质改变,生物活性丧失,这种现象称为蛋白质变性。蛋白质变性的实质是维系蛋白质分子空间结构的次级键断开,使其空间结构松解,但肽键并未断开。引起蛋白质变性的因素有两种:一是物理因素,如紫外线照射;二是化学因素,如强酸、强碱、重金属盐、有机溶剂等。

7. 蛋白质变性后为什么水溶性会降低?

答:三级结构以上的蛋白质的空间结构稳定主要靠次级键。当蛋白质在某些理化因素作用下变性后,维持蛋白质空间结构稳定的疏水键、二硫键以及其他次级键断裂,空间结构松解,蛋白质分子变为伸展的长肽链,大量的疏水基团外露,导致蛋白质水溶性降低。

8. 举例说明蛋白质一级结构决定其构象。

答:牛核糖核酸酶溶液加入尿素和巯基乙醇后变性失活,其一级结构没有改变。当用透析法去除尿素和巯基乙醇后,牛核糖核酸酶自发恢复原有的空间结构与功能。此例充分说明蛋白质一级结构决定空间构象。

9. 维系蛋白质一、二、三、四级结构稳定的键或力是什么?

答:①稳定蛋白质一级结构的键是肽键,有些蛋白质还包括二硫键;②氢键是维系蛋白质二级结构最主要的键;③次级键(疏水作用力、氢键、盐键、范德瓦耳斯力等)及二硫键维持蛋白质三级结构的稳定,最主要的键是疏水作用;④维持蛋白质四级结构稳定的力是次级键,如氢键、盐键、疏水作用力、范德瓦耳斯力等。

（陆璐）

第二章 | 核酸的结构与功能

一、内容要点

核酸（nucleic acid）是以核苷酸为基本组成单位的生物信息大分子，是生命遗传物质的基础。根据其戊糖不同，可将核苷酸分为脱氧核糖核酸（deoxyribonucleic acid，DNA）和核糖核酸（ribonucleic acid，RNA）两大类。

核酸的基本组成单位为核苷酸，核苷酸由磷酸、戊糖和碱基组成。

核酸中戊糖包含核糖与脱氧核糖两类。DNA 分子中的戊糖是脱氧核糖；RNA 分子中的戊糖是核糖。

核酸中碱基分为嘌呤和嘧啶两类。常见的嘌呤包括腺嘌呤（A）和鸟嘌呤（G）；常见的嘧啶包括胞嘧啶（C）、尿嘧啶（U）和胸腺嘧啶（T）。核苷酸通过 3′,5′-磷酸二酯键连接形成核酸。核酸分子具有方向性，通常以 5′→3′ 方向为正方向。

脱氧核糖核酸（DNA）主要存在于细胞核的染色质中，是遗传信息的载体。其基本组成单位为脱氧核糖核苷酸。脱氧核糖核苷酸由磷酸、脱氧核糖和碱基组成。主要碱基为 A、G、C、T。DNA 分子中脱氧核苷酸从 5′-端到 3′-端的排列顺序构成了 DNA 的一级结构。DNA 的二级结构是双螺旋结构。DNA 分子具有超级结构。原核生物 DNA 的超级结构分为正超螺旋和负超螺旋。真核生物的 DNA 以染色质的形式存在于细胞核，染色质基本组成单位是核小体。

核糖核酸（RNA）主要分布于细胞质中，参与遗传信息的传递和表达。其基本组成单位为核糖核苷酸。核糖核苷酸由磷酸、核糖和碱基组成。RNA 分子中主要含有的碱基为 A、G、C、U。RNA 通常以一条核苷酸链的形式存在，主要包括信使 RNA（mRNA）、转运 RNA（tRNA）、核糖体 RNA（rRNA）。

核酸是两性电解质，通常表现较强的酸性，DNA 黏度高，RNA 黏度比 DNA 小很多。核酸具有紫外吸收的性质，在中性条件下其最大的吸收峰在 260nm 处。

DNA 在某些理化因素条件下，DNA 双链互补碱基对之间氢键发生断裂，使双链解开为单链的过程称为变性。加热是使 DNA 变性的常用方法。DNA 变性后，在 260nm 处紫外吸收值增加，称增色效应。增色效应是监测 DNA 分子是否发生变性的常用指标。当变性条件缓慢除去后，两条解离的互补链重新配对形成双螺旋结构，称为复性。DNA 复性后其理化性质和生物活性均可恢复。

在一定条件下，不同来源的 DNA 单链、RNA 单链可通过碱基配对形成杂化双链，称为核酸分子杂交。

二、重点和难点解析

（一）DNA 与 RNA 分子组成、结构及功能上的异同点

1. 分子组成上的异同点　　DNA 和 RNA 都含有碱基、戊糖和磷酸。DNA 分子中的戊糖为脱氧核糖，碱基为 A、G、C、T；RNA 分子中的戊糖为核糖，碱基为 A、G、C、U。

2. 结构上的异同点　　DNA 的基本组成单位是 dAMP、dGMP、dCMP、dTMP，由 $3',5'$-磷酸二酯键连接；RNA 的基本组成单位是 AMP、GMP、CMP、UMP，也是由 $3',5'$-磷酸二酯键连接。

DNA 的一级结构是指 DNA 分子中脱氧核糖核苷酸的排列顺序，二级结构为由两条反向平行的脱氧核苷酸链形成的双螺旋结构。原核生物的超级结构为超螺旋结构，真核生物中 DNA 与组蛋白构成核小体，并进一步形成染色体。

RNA 的一级结构是指 RNA 分子中核糖核苷酸的排列顺序，RNA 通常以一条核苷酸链的形式存在，但可以通过链内的碱基配对形成局部的双螺旋，从而形成茎环状的二级结构和特定的三级结构。主要的 RNA 包括 mRNA、tRNA 和 rRNA，它们的结构各有特点，功能也不同。

3. 功能上的异同点　　DNA 是生物遗传信息的载体，是基因复制和转录的模板。RNA 和蛋白质共同负责基因的表达与表达过程的调控。

（二）DNA 双螺旋结构要点

1. DNA 分子是由两条反向平行的多脱氧核苷酸链围绕同一中心轴形成的右手双螺旋结构，在该结构表面形成依次相间的大沟与小沟。

2. 磷酸与脱氧核糖构成了双螺旋结构外部骨架，含氮碱基位于双螺旋结构的内侧。

3. 双链间碱基按照互补配对原则进行配对，即 A-T，G-C；A 与 T 之间形成两个氢键，G 与 C 之间形成三个氢键。

4. 维系双螺旋结构稳定的作用力是氢键和碱基堆积力。稳定 DNA 双螺旋结构横向的力是氢键，纵向的力是碱基堆积力。

5. DNA 双螺旋结构中每个螺旋是由 10.5 个碱基对构成，螺距为 3.54nm。

（三）三种主要 RNA 的功能及结构特点

三种主要 RNA 的功能及结构特点见下表：

RNA 种类	功能	结构特点
mRNA	蛋白质合成的直接模板	mRNA 分子大小不一，真核生物成熟 mRNA 5'-端有一个 m^7Gppp "帽结构"，3'-端有多（A）尾结构；由编码区和非编码区组成
tRNA	氨基酸的运输工具	tRNA 分子二级结构都呈三叶草形，有茎-环结构，其中含有氨基酸臂和反密码子环，3'-端的氨基酸臂有 "CCA-OH" 结构，是结合氨基酸的部位
rRNA	构成核糖体的组分	rRNA 构象不固定且受各种因子的影响，原核生物有 23S、16S、5S 三种 rRNA，真核生物有 28S、18S、5S 三种 rRNA，有的还含有 5.8S rRNA

三、习题测试

(一) 选择题

【A型题】

1. DNA 碱基配对主要靠
   - A. 范德瓦耳斯力
   - B. 疏水作用
   - C. 共价键
   - D. 离子键
   - E. 氢键

2. 与片段 pTAGA 互补的片段为
   - A. pTAGA
   - B. pAGAT
   - C. pATCT
   - D. pTCTA
   - E. pUGUA

3. 在一个 DNA 分子中,若 A 所占摩尔比为 32.8%,则 G 的摩尔比为
   - A. 67.2%
   - B. 32.8%
   - C. 17.2%
   - D. 65.6%
   - E. 16.4%

4. 根据 Watson-Crick 模型,求得每一微米 DNA 双螺旋含核苷酸对的平均数为
   - A. 25 400
   - B. 2 540
   - C. 29 411
   - D. 2 941
   - E. 3 505

5. 稳定 DNA 双螺旋的主要因素是
   - A. 氢键和碱基堆积力
   - B. 疏水作用
   - C. DNA 与组蛋白的结合
   - D. 范德瓦耳斯力
   - E. 离子键

6. 下列 DNA 双螺旋结构的叙述不正确的是
   - A. DNA 的二级结构都是由两条多脱氧核苷酸链组成的
   - B. DNA 的二级结构中碱基不同,相连的氢键数目也不同
   - C. DNA 的二级结构中核苷酸之间形成磷酸二酯键
   - D. 磷酸与戊糖总是在双螺旋结构的内部
   - E. 磷酸与戊糖组成了双螺旋的骨架

7. 下列 DNA 分子组成的叙述正确的是
   - A. A=T, G=C
   - B. A+T=G+C
   - C. G=T, A=C
   - D. 2A=C+T
   - E. G=A, C=T

8. tRNA 分子结构中从 5′-端到 3′-端依次出现 3 个环状结构,它们的排列顺序为
   - A. DHU 环、反密码子环、TψC 环
   - B. 反密码子环、TψC 环、DHU 环
   - C. DHU 环、TψC 环、反密码子环
   - D. TψC 环、反密码子环、DHU 环
   - E. 反密码子环、DHU 环、TψC 环

9. 5′帽结构是下列哪种核酸的组成部分
   - A. 转运 RNA
   - B. 原核生物信使 RNA
   - C. 真核生物信使 RNA
   - D. 核糖体 RNA
   - E. 小核 RNA

10. DNA 和 RNA 共有的成分是
    - A. D-核糖
    - B. D-2-脱氧核糖
    - C. 腺嘌呤
    - D. 尿嘧啶
    - E. 胸腺嘧啶

11. DNA 与 RNA 分类的主要依据是

    A. 所含碱基不同　　　　　　　B. 所含戊糖不同

    C. 核苷酸之间连接方式不同　　D. 空间结构不同

    E. 在细胞中存在的部位不同

12. 下列有关 DNA 的二级结构的叙述错误的是

    A. DNA 的二级结构是双螺旋结构

    B. DNA 的二级结构是空间结构

    C. DNA 的二级结构中两条链方向相同

    D. DNA 的二级结构中两链之间碱基相互配对

    E. 二级结构中碱基之间有氢键相连

13. 只存在于 RNA 而不存在于 DNA 的碱基是

    A. 腺嘌呤　　　B. 胞嘧啶　　　C. 胸腺嘧啶　　　D. 尿嘧啶　　　E. 鸟嘌呤

14. 稀有碱基主要存在于

    A. 核糖体 RNA　　　　　B. 信使 RNA　　　　　C. 转运 RNA

    D. 核内小 DNA　　　　　E. 线粒体 DNA

15. tRNA 含有的核苷酸数目为

    A. 100~120　　B. 70~100　　　C. 50~70　　　D. 40~60　　　E. 10~30

16. 下列结构特点不属于 tRNA 的是

    A. 具有倒 L 形三级结构　　　　B. 末端氨基酸臂有"CCA-OH"结构

    C. 含稀有碱基　　　　　　　　D. 多（A）尾

    E. 有茎-环结构

17. 下列对 Watson-Crick DNA 模型的叙述正确的是

    A. DNA 为单股螺旋结构

    B. DNA 两条链的走向相反

    C. 只在 A 与 G 之间形成氢键

    D. 碱基间形成共价键

    E. 戊糖磷酸骨架位于 DNA 螺旋内部

18. 下列核酸变性后的描述错误的是

    A. 共价键断裂，分子量变小　　B. 紫外吸收值增加

    C. 碱基对之间的氢键被破坏　　D. 黏度下降

    E. 在一定条件下可以复性

19. (G+C) 含量愈高 T_m 值愈高的原因是

    A. G-C 间形成共价键　　　　　B. G-C 间形成了 2 个氢键

    C. G-C 间形成了 3 个氢键　　　D. G-C 间形成了离子键

    E. G-C 间形成疏水作用

20. 核酸中核苷酸之间的连接方式是

    A. 2′,3′-磷酸二酯键　　　　B. 2′,5′-磷酸二酯键　　　　C. 3′,5′-磷酸二酯键

    D. 肽键　　　　　　　　　　E. 糖苷键

21. 原核生物的核糖体所含的 rRNA 为
    A. 5S、5.8S、18S   B. 5S、16S、18S   C. 5.8S、18S、28S
    D. 5S、5.8S、18S、28S   E. 5S、16S 及 23S
22. 下列 tRNA 的叙述错误的是
    A. tRNA 二级结构是三叶草形
    B. tRNA 分子中含有稀有碱基
    C. tRNA 的二级结构含有二氢尿嘧啶环
    D. tRNA 分子由 70~100 个碱基组成
    E. 反密码子环含有由 CCA 3 个碱基组成的反密码子
23. 下列 RNA 的叙述正确的是
    A. 几千至几千万个核糖核苷酸组成的多核苷酸链
    B. RNA 种类很多
    C. RNA 分子中 A 一定等于 U，G 一定等于 C
    D. RNA 分子中都含有稀有碱基
    E. mRNA 的一级结构决定了 DNA 的核苷酸顺序
24. 下列核酸的变性与复性的叙述正确的是
    A. 热变性后 DNA 经缓慢冷却后可复性
    B. 不同的单链 DNA 在合适温度下都可复性
    C. 热变性的 DNA 迅速降温过程也称退火
    D. 复性的最佳温度为 25℃
    E. 热变性的 DNA 随着时间延长可相互结合
25. DNA 的解链温度指的是
    A. A_{260} 达到最大值时的温度
    B. A_{260} 达到最大变化值的 50% 时的温度
    C. DNA 开始解链时所需要的温度
    D. DNA 完全解链时所需要的温度
    E. A_{280} 达到最大值的 50% 时的温度
26. 真核生物 mRNA 的 5′帽结构中，m^7G 与多核苷酸链之间由几个磷酸基连接
    A. 1   B. 2   C. 3   D. 4   E. 0
27. 真核生物 mRNA 多数在 3′-端有
    A. 起始密码子   B. 多（A）尾   C. 帽子结构
    D. 终止密码子   E. CCA 序列
28. tRNA 连接氨基酸的部位是在
    A. 1′-OH   B. 2′-OH   C. 3′-OH   D. 3′-P   E. 5′-P
29. tRNA 在核糖体发挥其"对号入座"功能时的两个重要部位是
    A. 反密码子臂和反密码子环   B. 氨基酸臂和 D 环
    C. TΨC 环与可变环   D. TΨC 环与反密码子环
    E. 氨基酸臂和反密码子环

30. 下列热变性的 DNA 复性的叙述不正确的是
    A. 由高温迅速降至低温　　　　　　B. 由高温缓慢降至低温
    C. 氢键重新形成　　　　　　　　　D. 单链变为双链
    E. 黏度变大

31. 核酸具有紫外吸收能力的原因是
    A. 嘌呤和嘧啶环中有共轭双键
    B. 嘌呤和嘧啶中有氮原子
    C. 嘌呤和嘧啶中有氧原子
    D. 嘌呤和嘧啶连接了核糖
    E. 嘌呤和嘧啶连接了磷酸基团

32. 下列 tRNA 的叙述正确的是
    A. 分子上的核苷酸序列全部是三联体密码
    B. 是核糖体组成的一部分
    C. 可储存遗传信息
    D. 由稀有碱基构成发卡结构
    E. 其二级结构为三叶草形

33. 下列核酶的叙述正确的是
    A. 专门水解 RNA 的酶
    B. 专门水解 DNA 的酶
    C. 位于细胞核内的酶
    D. 具有催化活性的 RNA 分子
    E. 由 RNA 和蛋白质组成的结合酶

34. 下列斧头状核酶的叙述错误的是
    A. 可进行剪接反应和剪切反应
    B. 含有催化部分和底物结合部分
    C. 二级结构呈斧头状
    D. 有保守的核苷酸序列
    E. 人工设计合成的核酶可能成为抗病毒的新药

35. 下列 DNA 变性的叙述正确的是
    A. 温度升高是本质的原因　　　　　B. 磷酸二酯键发生断裂
    C. 多核苷酸链发生解聚　　　　　　D. 碱基的甲基化修饰
    E. 互补碱基之间的氢键断裂

36. 下列 DNA 变性的描述正确的是
    A. 是一个缓慢变化的过程　　　　　B. 260nm 波长处的光吸收增加
    C. 形成三股链螺旋　　　　　　　　D. 溶液黏度增大
    E. 变性是不可逆的

37. 下列碱基组成,DNA 分子的 T_m 高的是
    A. A+T=15%　　　　　　　B. G+C=25%　　　　　　　C. G+C=40%

D. A+T=80%   E. G+C=35%

38. 长度相同的双链 DNA 有较高的解链温度是由于它含有较多的

    A. 嘌呤   B. 嘧啶   C. A 和 T   D. C 和 G   E. A 和 C

39. 下列 RNA 的叙述错误的是

    A. mRNA 分子中含有遗传密码

    B. tRNA 是分子量最小的一种 RNA

    C. RNA 可分为 mRNA、tRNA、rRNA 等

    D. 胞质中只有 mRNA，而没有别的核酸

    E. rRNA 可以组成合成蛋白质的场所

40. 下列 tRNA 的叙述错误的是

    A. tRNA 通常由 70~100 个核苷酸组成

    B. 细胞内有多种 tRNA

    C. 参与蛋白质生物合成

    D. 分子量一般比 mRNA 小

    E. 每种氨基酸都只有一种 tRNA 与之对应

41. 下列 DNA 双螺旋结构模型的描述不正确的是

    A. 腺嘌呤的数量等于胸腺嘧啶的数量

    B. 同一生物个体不同组织中的 DNA 碱基组成相同

    C. DNA 双螺旋中碱基对位于外侧

    D. 两条单链通过 A 与 T 或 G 与 C 之间的氢键连接

    E. 维持双螺旋稳定的主要因素是氢键和碱基堆积力

42. 下列核苷酸不含有高能磷酸键的是

    A. ATP   B. GTP   C. AMP   D. ADP   E. GDP

43. 能与单链 DNA: 5′-pCpGpGpTpA-3′进行分子杂交的 RNA 单链分子是

    A. 5′-pGpCpCpTpA-3′   B. 5′-pGpCpCpApU-3′   C. 5′-pUpApCpCpG-3′

    D. 5′-pTpApGpGpC-3′   E. 5′-pTpUpCpCpG-3′

44. 下列真核生物 mRNA 的叙述正确的是

    A. 在胞质内合成并发挥其功能

    B. 5′帽结构是一系列的腺苷酸

    C. 有 5′帽结构和多（A）尾

    D. 在细胞内可长期存在

    E. 前身是 rRNA

45. tRNA 分子 3′-端的碱基序列是

    A. CCA-3′   B. AAA-3′   C. CCC-3′   D. AAC-3′   E. ACA-3′

46. 酪氨酸 tRNA 的反密码子是 5′-GUA-3′，它能辨认的 mRNA 上的相应密码子是

    A. GUA   B. AUG   C. UAC   D. GTA   E. TAC

47. 原核生物和真核生物核糖体上都有

    A. 18S rRNA   B. 5S rRNA   C. 5.8S rRNA   D. 30S rRNA   E. 28S rRNA

【B型题】

（1~3题备选项）

    A. AMP   B. ADP   C. ATP   D. dATP   E. cAMP

1. 含一个高能磷酸键的是

2. 含脱氧核糖的是

3. 含分子内 3′,5′-磷酸二酯键的是

（4~6题备选项）

    A. 5S rRNA   B. 28S rRNA   C. 16S rRNA   D. snRNA   E. hnRNA

4. 原核生物和真核生物核糖体都有的是

5. 真核生物核糖体特有的是

6. 原核生物核糖体特有的是

（7~9题备选项）

    A. tRNA   B. mRNA   C. rRNA   D. hnRNA   E. DNA

7. 分子量最小的一类核酸是

8. 细胞内含量最多的一类 RNA 是

9. mRNA 的前体是

（10~13题备选项）

    A. tRNA   B. mRNA   C. rRNA   D. hnRNA   E. DNA

10. 有 5′帽结构的是

11. 有 3′-CCA-OH 结构的是

12. 有较多的稀有碱基的是

13. 其中有些片段被剪切掉的是

（14~16题备选项）

    A. 变性   B. 复性   C. 杂交   D. 重组   E. 层析

14. DNA 的两股单链重新缔合成双链称为

15. 单链 DNA 与 RNA 形成局部双链称为

16. 不同 DNA 单链重新形成局部双链称为

（17、18题备选项）

    A. 腺嘌呤核苷酸   B. 胸腺嘧啶核苷酸   C. 假尿嘧啶核苷酸

    D. 次黄嘌呤核苷酸   E. 黄嘌呤

17. 存在于 tRNA 中反密码子环的是

18. 主要存在于 DNA 中的是

【C型题】

（1~3题备选项）

    A. 氢键   B. 碱基堆积力

    C. 两者都是   D. 两者都不是

1. DNA 分子纵向稳定依靠

2. 碱基之间结合通过

3. DNA 分子的稳定性通过

（4~6 题备选项）

    A. tRNA   B. rRNA

    C. 两者都是   D. 两者都不是

4. 富含稀有碱基的 RNA 是

5. 细胞内含量最多的 RNA 是

6. 含有胸腺嘧啶的 RNA 是

（7~10 题备选项）

    A. 5′ 帽结构   B. 多（A）尾

    C. 两者都是   D. 两者都不是

7. 真核细胞 mRNA 的结构含有的是

8. 原核细胞 mRNA 的结构含有的是

9. 与 mRNA 从核内向细胞质的转移、维系 mRNA 的稳定性有关的是

10. 随着 mRNA 由细胞核向外转移逐渐缩短

（11~13 题备选项）

    A. DHU 环   B. TψC 环

    C. 两者都是   D. 两者都不是

11. 靠近 5′ 端的是

12. 连接在 3′ 端的是

13. 靠近 3′ 端的是

（14~16 题备选项）

    A. 核糖体   B. 核小体

    C. 两者都是   D. 两者都不是

14. 呈串珠状结构的是

15. 蛋白质的合成场所是

16. 由蛋白质及 DNA 构成的是

（17~19 题备选项）

    A. A_{260} B. A_{280}

    C. 两者都有   D. 两者都没有

17. 蛋白质溶液有最大吸光度在

18. 核酸溶液有最大吸光度在

19. 蛋白溶液和核酸溶液有吸光度在

【X 型题】

1. 核酸分子中含有的化学元素有

    A. C   B. N   C. O   D. S   E. P

2. 真核细胞中，DNA 可能存在的部位有

    A. 核糖体   B. 细胞核   C. 线粒体

    D. 溶酶体   E. 叶绿体

3. 核酸分子中能够出现的碱基配对形式有

A. A 和 T   B. A 和 G   C. C 和 U   D. A 和 U   E. C 和 G

4. 下列碱基中被认为是稀有碱基的有

A. 尿嘧啶   B. 二氢尿嘧啶   C. 鸟嘌呤

D. 次黄嘌呤   E. 假尿嘧啶

5. 下列 DNA 双螺旋结构模型要点的叙述正确的有

A. DNA 分子是由两条走向平行、方向相反的多核苷酸链组成的双螺旋结构

B. 双螺旋结构的内侧是亲水性骨架，外侧是疏水的碱基

C. 大沟与小沟结构能与部分特定蛋白质相互识别并发生作用

D. 每螺旋一圈有 10.5 个碱基对

E. 双螺旋结构的纵向稳定性是通过碱基堆积力维系

6. 核心组蛋白的蛋白种类包括

A. H_1 B. H_2A C. H_2B D. H_3 E. H_4

7. 下列结构属于 tRNA 的有

A. 5' 帽结构   B. 多（A）尾   C. "CCA-OH" 结构

D. TψC 环   E. 反密码子环

8. 下列 tRNA 的描述正确的有

A. 密码子与 tRNA 反密码子的识别为反向碱基配对

B. tRNA 的种类与氨基酸的种类相同

C. tRNA 的种类多于氨基酸的种类

D. tRNA 的种类少于氨基酸的种类

E. tRNA 的特异性体现在反密码子环上

9. 真核生物核糖体 rRNA 的种类有

A. 5S   B. 5.8S   C. 16S   D. 18S   E. 28S

10. 下列核内小 RNA 的描述正确的有

A. 是一类碱基数在 100~300 之间的小分子 RNA

B. 参与真核生物的细胞核中 RNA 的加工

C. 能与多种蛋白质结合成为小分子核内核蛋白颗粒

D. 核内小 RNA 含量较少

E. 与成熟 mRNA 的形成有关

11. 下列斧头状核酶的描述正确的有

A. 属于剪切型核酶

B. 由茎状结构和环状结构组成

C. 包括催化部分和底物结合部分

D. 分子中有结构域

E. 可仿照其结构和功能设计并合成治疗病毒感染等的药物

12. 下列能使 DNA 发生变性的因素有

A. 加热   B. 加压   C. 强酸   D. 强碱   E. 冷冻

13. 核苷酸的功能包括
  A. 能量储存形式   B. 第二信使   C. 核酸的合成原料
  D. 构成辅酶   E. 生物膜的成分

（二）名词解释

1. 5′帽结构   2. 核苷酸   3. 多（A）尾
4. 核酸一级结构   5. DNA 变性   6. 碱基互补规律
7. 增色效应   8. T_m 值   9. 核小体
10. 反密码子环   11. 核酶   12. 分子杂交
13. 从头合成途径

（三）填空题

1. 核苷酸彻底水解生成＿＿＿＿＿＿＿＿＿、＿＿＿＿＿＿＿＿＿、＿＿＿＿＿＿＿＿＿。
2. RNA 分子中常见的稀有碱基有＿＿＿＿＿＿＿＿＿、＿＿＿＿＿＿＿＿＿、＿＿＿＿＿＿＿＿＿。
3. 核苷酸分子中碱基与戊糖通过＿＿＿＿＿＿＿＿连接，磷酸与戊糖通过＿＿＿＿＿＿连接。
4. 生物体内具有一定生物学功能的核苷酸衍生物有＿＿＿＿＿＿＿＿、＿＿＿＿＿＿＿、＿＿＿＿＿＿＿＿＿等。
5. 核酸分子中核苷酸之间通过＿＿＿＿＿＿＿＿＿＿＿＿连接，核酸的方向规定是从＿＿＿＿＿＿＿＿＿端到＿＿＿＿＿＿＿＿端。
6. DNA 双螺旋结构中＿＿＿＿＿＿＿＿＿与＿＿＿＿＿＿＿＿＿通过两个氢键连接，＿＿＿＿＿＿＿＿＿与＿＿＿＿＿＿＿＿通过 3 个氢键连接。
7. 真核生物 mRNA 的首尾特征性结构为＿＿＿＿＿＿＿＿＿和＿＿＿＿＿＿＿＿＿。
8. 染色体的基本单位是＿＿＿＿＿＿＿＿＿＿；组成成分有＿＿＿＿＿＿＿＿＿＿和＿＿＿＿＿＿＿＿＿。
9. tRNA 结构中从 5′-端到 3′-端的环状结构依次是＿＿＿＿＿＿＿＿、＿＿＿＿＿＿＿＿、＿＿＿＿＿＿＿＿＿。
10. 核酶根据其催化的化学反应的类型分为＿＿＿＿＿＿＿＿＿＿和＿＿＿＿＿＿＿＿＿＿。
11. 核酸的紫外吸收最大波长为＿＿＿＿＿＿＿＿＿，蛋白质的紫外吸收最大波长为＿＿＿＿＿＿＿＿＿。
12. 在 DNA 分子链长度一定的情况下，T_m 值高的脱氧核糖核酸含＿＿＿＿＿＿＿＿＿比较高；T_m 值低的脱氧核糖核酸含＿＿＿＿＿＿＿＿＿比较高。
13. DNA 的复性是＿＿＿＿＿＿＿＿＿的形成，紫外吸收值＿＿＿＿＿＿＿＿＿。
14. 杂交可发生在＿＿＿＿＿＿＿＿＿、＿＿＿＿＿＿＿＿＿、＿＿＿＿＿＿＿＿＿之间。
15. 能使 DNA 发生变性的因素有＿＿＿＿＿＿＿＿、＿＿＿＿＿＿＿＿、＿＿＿＿＿＿＿＿＿等。

（四）问答题

1. 真核细胞 DNA 如何以染色体的形式存在于细胞核？
2. 细胞内 RNA 主要有哪些种类？其各自的功能是什么？
3. DNA 双螺旋结构模型的要点有哪些？

4. 比较 DNA 与 RNA 结构中的相同点和不同点。

5. DNA 变性的因素有哪些？变性后的 DNA 性质有何变化？

6. 简述斧头状核酶的结构特点及其在医学发展中的意义。

四、参考答案

（一）选择题

【A 型题】

1. E	2. D	3. C	4. D	5. A	6. D	7. A	8. A
9. C	10. C	11. B	12. C	13. D	14. C	15. B	16. D
17. B	18. A	19. C	20. C	21. E	22. E	23. B	24. A
25. B	26. C	27. B	28. C	29. E	30. A	31. A	32. C
33. D	34. A	35. E	36. B	37. A	38. D	39. D	40. E
41. C	42. C	43. C	44. C	45. A	46. C	47. B	

【B 型题】

1. B	2. D	3. E	4. A	5. B	6. C	7. A	8. C
9. D	10. B	11. A	12. C	13. D	14. B	15. C	16. B
17. D	18. B						

【C 型题】

1. B	2. A	3. C	4. A	5. B	6. D	7. C	8. D
9. C	10. B	11. A	12. D	13. B	14. B	15. A	16. B
17. B	18. A	19. C					

【X 型题】

1. ABCE	2. BCE	3. ADE	4. BDE	5. ACDE	6. BCDE
7. CDE	8. ACE	9. ABDE	10. ABCDE	11. ABCDE	12. ABCD
13. ABCD					

（二）名词解释

1. 大部分真核细胞 mRNA 的 5′-端都以 7-甲基鸟苷三磷酸（m^7GpppN）为起始结构，这种结构称为 5′ 帽结构。

2. 核苷酸是核酸的基本组成单位。核苷酸进一步水解生成磷酸和核苷，核苷可进一步水解生成碱基和戊糖。

3. 真核细胞 mRNA 的 3′-端由数十至数百个腺苷酸连接而成的多聚腺苷酸结构称为多（A）尾。

4. 核酸一级结构是指核苷酸从 5′-端到 3′-端的排列顺序。

5. DNA 变性是指双链 DNA 分子在高温、强酸、强碱、有机物等条件下使双链之间的氢键破坏形成两条单链的过程。

6. 碱基互补规律是指碱基 A 与 T（U）以及 G 与 C 之间特异性识别配对的规则。

7. 由于 DNA 分子变性，使 DNA 在 260nm 处的吸光度增高，称为增色效应。

8. T_m 值即解链温度或融解温度，是在 DNA 解链过程中 A_{260} 的值达到光吸收变化最大值的一半时所对应的温度。

9. 核小体是染色质的基本组成单位,由 DNA 和 5 种组蛋白共同构成。

10. 反密码子环是指 tRNA 分子中含有反密码子的结构,反密码子可与 mRNA 的密码子通过碱基互补配对识别,进行氨基酸的排列,完成蛋白质合成。

11. 核酶是具有催化功能的 RNA 分子,是蛋白质以外的另一类生物催化剂,可降解特异的 mRNA 序列。

12. 分子杂交是指由不同来源的单链核酸分子结合形成杂化的双链核酸的过程。

13. 从头合成途径是指利用核糖-5-磷酸、氨基酸、一碳单位及 CO_2 等简单物质为原料,经过一系列酶促反应合成核苷酸的过程。

(三)填空题

1. 磷酸　碱基　戊糖

2. 二氢尿嘧啶　假尿嘧啶　甲基化嘌呤

3. 糖苷键　酯键

4. cAMP　cGMP　FMN 或 FAD 或 NAD^+

5. 3′,5′-磷酸二酯键　5′　3′

6. A(T)　T(A)　G(C)　C(G)

7. 5′帽结构　多(A)尾

8. 核小体　DNA　组蛋白

9. DHU 环　反密码子环　TψC 环

10. 剪切型核酶　剪接型核酶

11. 260nm　280nm

12. G 和 C　A 和 T

13. 双链(双螺旋)　降低

14. DNA-DNA　RNA-RNA　DNA-RNA

15. 加热　强酸　强碱(有机溶剂)

(四)问答题

1. 真核细胞 DNA 如何以染色体的形式存在于细胞核?

答:在真核生物内 DNA 以非常致密的形式存在于细胞核内。染色质在细胞分裂期形成染色体。染色体是由 DNA 和蛋白质构成的。染色体的基本单位是核小体,核小体由 DNA 和组蛋白共同构成。组蛋白分子 H_2A、H_2B、H_3、H_4 各两分子构成核小体的核心,DNA 双螺旋分子缠绕在这一核心上构成了核小体的核心颗粒,核小体的核心颗粒之间再由 DNA(约 60bp)和组蛋白 H_1 构成的连接区连接起来,形成串珠样的结构,在此基础上核小体又进一步旋转折叠,经过形成较粗的纤维状结构、襻环结构,最后形成棒状的染色体。

2. 细胞内 RNA 主要有哪些种类?其各自的功能是什么?

答:RNA 中主要的种类有信使 RNA(mRNA)、转运 RNA(tRNA)、核糖体 RNA(rRNA)。

mRNA 的功能是把 DNA 碱基序列携带的遗传信息通过转录以 mRNA 的形式传递到

细胞质,在细胞质中以 mRNA 为模板进行蛋白质生物合成。

tRNA 的功能是在蛋白质合成过程中作为氨基酸的运输工具。氨基酸臂的"CCA-OH"结构能特异性通过酯键结合不同类型的活化氨基酸,不同的氨基酸可有 2~6 种不同的 tRNA 作为载体。tRNA 还可以通过反密码子识别 mRNA 分子上的遗传密码,使其所携带的活化氨基酸在核糖体上按一定顺序合成多肽链。

rRNA 在蛋白质合成中的功能有助于 mRNA 与核糖体的结合。

3. DNA 双螺旋结构模型的要点有哪些?

答:①DNA 分子是由两条平行走向、相反方向的多聚核苷酸链构成的双螺旋结构,呈右手螺旋结构。在该结构表面形成依次相间的大沟与小沟;②两条链同一平面上的碱基形成氢键,使两条链连接在一起。A 与 T 之间形成两个氢键,G 与 C 之间形成三个氢键;③双螺旋结构的外侧是由磷酸与脱氧核糖组成的亲水性骨架,内侧是疏水的碱基,碱基平面与双螺旋纵向垂直;双螺旋结构的直径为 2.37nm,螺距为 3.54nm,平均每螺旋一圈有 10.5 个碱基对,每两个相邻的碱基对平面之间的垂直距离为 0.34nm;④双螺旋结构的稳定性是通过横向的氢键和纵向碱基平面间的疏水性碱基堆积力维系。

4. 比较 DNA 与 RNA 结构中的相同点和不同点。

答:相同点是核酸分子中化学键的连接方式相同。不同点包括:①碱基种类不同,DNA 为 A、T、C、G,RNA 为 A、U、C、G;②戊糖结构不同,DNA 为脱氧核糖,RNA 为核糖;③DNA 为双链结构,RNA 多数为单链结构。

5. DNA 变性的因素有哪些?变性后的 DNA 性质有何变化?

答:引起 DNA 变性的因素有加热、有机溶剂、酸、碱、尿素和酰胺等。

DNA 的变性可使其理化性质发生改变,如黏度下降和紫外吸收值增加等。

6. 简述斧头状核酶的结构特点及其在医学发展中的意义。

答:斧头状核酶属于剪切型核酶。斧头状核酶的结构中由茎状结构和环状结构组成。这些结构相互靠近组成结构域,包括催化部分和底物结合部分。在结构域中存在保守的核苷酸序列,该结构的存在使得斧头状核酶可进行剪切反应。斧头状核酶结构和功能的发现引导人们设计合成出多种核酶,用于多种疾病的基因治疗。因为一定结构的核酶可以通过剪接作用或剪切作用破坏有害基因转录的 mRNA 或其前体、病毒 RNA 等。

(姚 斓)

第三章 ｜ 酶

一、内容要点

酶是由活细胞产生的、对其底物具有高度特异性和高度催化作用的蛋白质或核酸。酶按其分子组成不同可分为单纯酶和结合酶。单纯酶仅由氨基酸构成，其催化活性由蛋白质结构决定。结合酶由酶蛋白与辅因子组成，酶蛋白决定酶促反应的特异性及其催化机制；辅因子决定反应的性质和类型，有辅酶和辅基之分。辅因子多为金属离子、B 族维生素的衍生物或卟啉化合物。

酶的催化活性与其特殊结构有关。酶分子中与酶活性有关的基团称为必需基团，包括结合基团和催化基团。酶分子中的部分必需基团在空间结构上彼此靠近，组成一个能够与底物特异结合并将底物转化为产物的区域，这一区域称为酶的活性中心。酶蛋白的结构特征是具有活性中心。

酶原是指无活性的酶的前体物质。酶原激活是酶原在一定条件下转变成有活性酶的过程，其本质是暴露或形成了酶的活性中心。

同工酶是指催化的化学反应相同，但酶蛋白的分子结构、理化性质乃至免疫学性质不同的一组酶。同工酶在不同组织细胞中的种类、含量与分布比例不同，所以同工酶的测定可以为诊断不同组织器官的疾病提供依据。

酶活性的高低受多种因素影响，细胞根据内外环境的变化调节关键酶的活性和含量，实现对细胞内物质代谢的调节作用。细胞对酶活性的调节主要有别构调节和化学修饰调节两种方式。

酶加速化学反应的机制是降低反应的活化能。酶与底物通过诱导契合作用形成复合物，通过邻近效应与定向排列、表面效应和多元催化作用等多种机制的共同参与，完成催化反应。

酶作为生物催化剂，与一般催化剂相比有不同的反应特点和反应机制，包括：酶对底物具有极高的催化效率；酶对底物的选择具有高度特异性；酶活性的不稳定性和酶活性与酶含量的可调节性。

酶促反应速度受多种因素的影响，主要有底物浓度、酶浓度、pH、温度、激活剂和抑制剂等。每种酶都有其作用的最适温度和最适 pH。底物浓度对酶促反应速度的影响可用米氏方程表示。K_m 值是酶的特征性常数，与酶的结构、底物结构和反应环境有关，而与酶浓度无关；K_m 值的大小在一定条件下可表示酶对底物的亲和力。V_{max} 是酶完全被底物饱和时的反应速度。抑制剂是能使酶活性降低或丧失、但不引起酶蛋白变性的物质。抑制作用可分为不可逆性抑制、可逆性抑制两类。抑制剂与酶活性中心的必需基团共价结合，使酶失去活性。此类抑制剂不能通过透析、超滤等方法予以去除，这种抑制作用称为不可逆性抑制。如果抑制剂通过非共价键与酶或酶-底物复合物可逆性结合，使酶活性降低或丧失。采用透析或超滤等方法可将抑制剂除去，使酶的活性恢复，这种抑制作用称为可逆性抑制。可逆性抑制作用主要有竞争性抑制、非竞争性抑制和反竞争性抑制3种类型。根据酶催化的反应类型可将酶分为六大类：氧化还原酶类、转移酶类、水解酶类、裂合酶类、异构酶类和连接酶类。

二、重点和难点解析

（一）酶的结构与功能

酶是由活细胞产生的、对其底物具有高度特异性和高度催化作用的蛋白质或核酸。

1. 酶的分子组成　酶根据分子组成的不同分为单纯酶和结合酶。结合酶由酶蛋白和辅因子组成。酶蛋白决定催化作用的特异性；辅因子在酶促反应中起传递电子、原子或某些化学基团的作用。根据与酶蛋白结合程度的不同，辅因子可分为辅基和辅酶。辅基与酶蛋白结合牢固，不能用透析等简单的物理化学方法使之分开；辅酶与酶蛋白结合疏松，可用透析等简单的物理化学方法使之分开。作为辅因子的有机化合物多为 B 族维生素的衍生物或卟啉化合物。

2. 酶的活性中心与必需基团　酶的活性中心是酶执行其催化功能的部位，是酶分子中能与底物特异性结合并催化底物转变为产物的具有特定空间结构的区域。其中，那些与酶的活性密切相关的基团称为必需基团。必需基团中能够识别底物并与之特异结合，形成酶-底物复合物的称为结合基团；催化底物发生化学反应，进而转化为产物的基团称为催化基团。有些基团虽然不直接参加酶活性中心的构成，却为维持活性中心空间构象所必需，这些基团称为酶活性中心以外的必需基团。

3. 同工酶　同工酶是指催化的化学反应相同，但酶蛋白的分子结构、理化性质乃至免疫学性质不同的一组酶。不同组织细胞中同工酶的种类、含量与分布比例不同，故当组织细胞存在病变时，该组织细胞特异的同工酶可释放入血，临床上可通过检测血清中同工酶活性及同工酶谱分析，帮助疾病诊断和预后判断。例如，乳酸脱氢酶（LDH）有 5 种同工酶（LDH_1、LDH_2、LDH_3、LDH_4 和 LDH_5）。急性心肌梗死或心肌炎时，血中 LDH_1 活性增高，通过测定 LDH_1 活性有助于该病的诊断。肌酸激酶（CK）有 3 种同工酶（CK_1、CK_2、CK_3）。CK_2 仅见于心肌，正常血液中主要是 CK_3，几乎没有 CK_2。心肌梗死后，血中 CK_2 活性升高，临床上血清 CK_2 活性检测有助于心肌梗死的早期诊断。

（二）酶的工作原理

1. 酶促反应特点

（1）高度的催化效率：酶促反应比非催化反应高 $10^8 \sim 10^{20}$ 倍，比一般催化反应高 $10^7 \sim 10^{13}$ 倍。

（2）高度特异性：一种酶只能作用于一种或一类底物，或一定的化学键，催化一定的化学反应并生成一定的产物，酶的这种特性称为酶的特异性。酶的特异性又分为绝对特异性、相对特异性和立体异构特异性三种。

（3）酶促反应可调节性：酶促反应受多种因素的调控，以适应机体不断变化的内外环境和生命活动的需要。

（4）酶的不稳定性：凡能使蛋白质变性的因素都可使酶失活。

2. 酶促反应的机制

（1）诱导契合假说：酶催化底物反应时，首先与底物相互接近，结构上相互诱导、相互变形和相互适应，进而相互结合并生成酶-底物复合物，然后酶催化底物转变成产物并释放出酶。

（2）酶的高效率催化作用主要是通过邻近效应与定向排列使各底物能够正确定位于酶的活性中心，通过表面效应排除反应环境中水分子对酶和底物干扰性吸引或排斥以及酸碱催化作用等实现。酶促反应常常是多种催化作用参与，共同完成催化反应。

（三）影响酶促反应速度的因素

研究各种因素对酶促反应速度的影响及其机制具有重要的理论和实践意义。

1. 底物浓度对酶促反应速度的影响

（1）在酶浓度和其他条件不变的情况下，以底物浓度[S]变化对反应速度（v）作图呈矩形双曲线。当[S]很低时，v 随[S]的增加而升高；随着[S]的不断增加，v 增加幅度逐渐变缓；继续增加[S]，v 不再增加，达到 V_{max}。

（2）米氏方程及米氏常数的意义：将[S]对 v 作图的矩形双曲线加以数学处理，得出了单底物[S]与 v 的数学关系式，即米氏方程

$$v=V_{max}[S]/K_m+[S]（K_m 为米氏常数）$$

K_m 的意义是：当 $v=1/2V_{max}$ 时，$K_m=[S]$，即 K_m 值等于酶促反应速度为最大反应速度一半时的底物浓度。K_m 值是酶的特征性常数；K_m 值在一定条件下可表示酶对底物的亲和力。V_{max} 是酶完全被底物饱和时的反应速度。

2. 温度对酶促反应速度的影响　酶促反应速度达到最大时反应系统的温度称为酶的最适温度。温度过高，酶蛋白变性增加，反应速度下降。温度降低，酶活性下降，但低温不能使酶被破坏。哺乳动物组织中酶的最适温度一般在 35~40℃。最适温度不是酶的特征性常数。

3. 抑制剂对酶促反应速度的影响　能使酶活性降低或丧失但不引起酶蛋白变性的物质称为酶的抑制剂。抑制剂可与酶活性中心或活性中心以外的调节部位结合，从而抑制酶的活性。酶的抑制作用分为不可逆性抑制和可逆性抑制两类。

（1）不可逆性抑制作用：抑制剂与酶活性中心的必需基团共价结合，使酶失活。此类抑制剂不能通过透析、超滤等方法予以去除，如有机磷农药和重金属中毒等。

（2）可逆性抑制作用：抑制剂与酶非共价可逆性结合，使酶活性降低或消失。此类抑制可以通过透析、超滤或稀释等方法除去抑制剂，使酶的活性恢复。可逆性抑制作用主要有 3 种：①竞争性抑制作用：抑制剂和酶的底物结构相似，可与底物分子竞争酶的活性中心，从而阻碍酶与底物结合形成中间产物。其抑制程度取决于底物及抑制剂的相对浓度。②非竞争性抑制作用：抑制剂与酶活性中心外的结合位点结合，此种结合不影响酶与底物的结合，底物也不影响酶与抑制剂的结合。这种抑制作用不能通过增加底物浓度减弱或消除。③反竞争性抑制作用：抑制剂只能与酶-底物复合物结合，而不能与游离酶结合。

三、习题测试

（一）选择题

【A 型题】

1. 下列酶的叙述正确的是
   - A. 所有酶都有辅酶
   - B. 酶的催化作用与其空间结构无关
   - C. 绝大多数酶的化学本质是蛋白质
   - D. 酶能改变化学反应的平衡点
   - E. 酶不能在胞外发挥催化作用

2. 下列酶的叙述正确的是
   - A. 活化的酶均具有活性中心
   - B. 能提高反应系统的活化能
   - C. 所有的酶均具有绝对特异性
   - D. 随反应进行，酶量逐渐减少
   - E. 所有的酶均具有辅基或辅酶

3. 下列酶催化作用的叙述不正确的是
   - A. 催化反应具有高度特异性
   - B. 催化反应所需要的条件温和
   - C. 催化活性可以调节
   - D. 催化效率极高
   - E. 催化作用可以改变反应的平衡常数

4. 结合酶具有催化活性的条件是
   - A. 酶蛋白形式存在
   - B. 辅酶形式存在
   - C. 辅基形式存在
   - D. 全酶形式存在
   - E. 酶原形式存在

5. 下列酶蛋白和辅因子的叙述错误的是
   - A. 两者单独存在时酶无催化活性
   - B. 两者形成的复合物称全酶
   - C. 全酶才有催化作用
   - D. 辅因子可以是有机化合物
   - E. 一种辅因子只能与一种酶蛋白结合

6. 辅酶与辅基的主要区别是
   - A. 化学本质不同
   - B. 免疫学性质不同
   - C. 与酶蛋白结合的紧密程度不同
   - D. 理化性质不同
   - E. 生物活性不同

7. 全酶中决定酶催化反应特异性的是
   A. 全酶　　　　　B. 辅基　　　　　C. 酶蛋白　　　　D. 辅酶　　　　　E. 辅因子

8. 下列辅因子的叙述错误的是
   A. 参与酶活性中心的构成　　　　B. 决定酶催化反应的特异性
   C. 包括辅酶和辅基　　　　　　　D. 决定反应的种类、性质
   E. 维生素可参与辅因子构成

9. 酶与一般催化剂的共同点是
   A. 降低反应的活化能　　　　　　B. 高度催化效率
   C. 高度特异性　　　　　　　　　D. 改变化学反应的平衡点
   E. 催化活性可以调节

10. 下列对酶的活性中心的叙述错误的是
    A. 结合基团在活性中心内　　　　B. 催化基团属于必需基团
    C. 具有特定的空间构象　　　　　D. 空间结构与酶催化活性无关
    E. 底物在此被转变为产物

11. 酶加快化学反应速度的原因是
    A. 降低反应的自由能　　　B. 降低反应的活化能　　　C. 降低产物能量水平
    D. 升高反应的活化能　　　E. 升高产物能量水平

12. 酶的特异性是指
    A. 与底物结合具有严格选择性
    B. 与辅酶的结合具有选择性
    C. 催化反应的机制各不相同
    D. 在细胞中有特殊的定位
    E. 在特定条件下起催化作用

13. 乳酸脱氢酶只能催化 L 型乳酸脱氢转变为丙酮酸,属于
    A. 绝对特异性　　　　　B. 相对特异性　　　　　C. 化学键特异性
    D. 立体异构特异性　　　E. 化学基团特异性

14. 加热后酶活性降低或消失的主要原因是
    A. 酶水解　　　　　　　B. 酶蛋白变性　　　　　C. 亚基解聚
    D. 辅酶脱落　　　　　　E. 辅基脱落

15. 酶保持催化活性必须具备
    A. 酶分子结构完整无缺
    B. 酶分子上所有化学基团存在
    C. 有金属离子参加
    D. 有活性中心及其必需基团
    E. 有辅酶参加

16. 酶催化作用所必需的基团主要是指
    A. 维持酶一级结构所必需的基团
    B. 位于活性中心,维持酶活性所必需的基团

C. 与酶的亚基结合所必需的基团

D. 维持酶空间结构所必需的基团

E. 构成全酶分子所有的基团

17. 酶分子中使底物转变为产物的基团称为

    A. 酸性基团   B. 碱性基团   C. 结合基团

    D. 催化基团   E. 疏水基团

18. 下列酶活性中心的叙述正确的是

    A. 酶可以没有活性中心   B. 都以—SH或—OH作为结合基团

    C. 都含有金属离子   D. 都有特定的空间结构

    E. 以上都不是

19. 酶促反应速度达到最大速度的80%时，K_m等于

    A. 1/2[S]   B. 1/3[S]   C. 1/4[S]   D. 1/5[S]   E. [S]

20. 当K_m等于1/2[S]时，V等于

    A. $1/3V_{max}$ B. $1/2V_{max}$ C. $2/3V_{max}$ D. $3/5V_{max}$ E. $3/4V_{max}$

21. 同工酶是指

    A. 酶蛋白分子结构相同   B. 免疫学性质相同   C. 催化功能相同

    D. 分子量相同   E. 理化性质相同

22. 下列与酶的K_m值大小有关的因素是

    A. 酶性质   B. 酶浓度   C. 酶作用温度

    D. 酶作用时间   E. 环境 pH

23. 酶的活性中心内能够与底物结合的基团是

    A. 催化基团   B. 结合基团   C. 疏水基团

    D. 亲水基团   E. 以上都不是

24. 底物浓度对酶促反应速度的影响可用

    A. 诱导契合学说解释   B. 中间复合物学说解释   C. 多元催化学说解释

    D. 表面效应学说解释   E. 邻近效应学说解释

25. 酶促反应动力学研究的内容是

    A. 反应速度与底物结构的关系

    B. 反应速度与酶结构的关系

    C. 反应速度与活化能的关系

    D. 反应速度与影响因素之间的关系

    E. 酶蛋白中亚基之间的相互关系

26. 酶促反应速度与酶浓度成正比的条件是

    A. 底物被酶饱和

    B. 反应速度达到最大

    C. 酶浓度远远大于底物浓度

    D. 底物浓度远远大于酶浓度

    E. 以上都不是

27. $v=V_{max}$ 后再增加 [S]，v 不再增加的原因是
    A. 部分酶活性中心被产物占据
    B. 过量底物抑制酶的催化活性
    C. 酶的活性中心已被底物饱和
    D. 产物生成过多改变了反应的平衡常数
    E. 以上都不是

28. 底物浓度达到饱和后，再增加底物浓度
    A. 反应速度随底物浓度增加而加快
    B. 随着底物浓度的增加酶活性降低
    C. 酶促反应速度不再增加
    D. 增加抑制剂后反应速度反而加快
    E. 形成酶-底物复合体增加

29. 下列温度对酶促反应速度的影响错误的是
    A. 酶在短时间可耐受较高温度
    B. 酶都有最适温度
    C. 超过最适温度酶促反应速度降低
    D. 最适温度时反应速度最快
    E. 增加温度酶促反应速度加快

30. 下列 pH 对酶促反应速度影响的叙述正确的是
    A. pH 与酶蛋白和底物分子的解离状态无关
    B. 反应速度与环境 pH 的大小无关
    C. 人体内大多数酶的最适 pH 为 7
    D. pH 对酶促反应速度影响不大
    E. 最适 pH 时酶促反应速度最快

31. 下列抑制剂对酶蛋白影响的叙述正确的是
    A. 使酶蛋白变性，反应速度下降
    B. 使辅基变性而使酶失活
    C. 都与酶的活性中心结合
    D. 去除抑制剂后可恢复酶活性
    E. 以上都不是

32. 化学毒气路易士气可抑制下列哪种酶
    A. 胆碱酯酶　　B. 羟基酶　　　　C. 巯基酶　　　　D. 磷酸酶　　　　E. 羧基酶

33. 有机磷农药（如敌百虫）对酶的抑制作用属于
    A. 不可逆性抑制　　　　B. 竞争性抑制　　　　　C. 可逆性抑制
    D. 非竞争性抑制　　　　E. 反竞争性抑制

34. 可解除 Ag^+、Hg^{2+} 等重金属离子对酶抑制作用的物质是
    A. 解磷定　　　　　　　B. 二巯基丙醇　　　　　C. 磺胺类药
    D. 阿托品　　　　　　　E. 6-巯基嘌呤

35. 有机磷农药（如敌敌畏）可结合胆碱酯酶活性中心的
    A. 丝氨酸残基的羟基　　　　B. 半胱氨酸残基的巯基
    C. 色氨酸残基的吲哚基　　　D. 精氨酸残基的胍基
    E. 甲硫氨酸残基的甲基

36. 可解除敌敌畏对酶抑制作用的药物是
    A. MTX　　　　　　　B. 二巯基丙醇　　　　　C. 磺胺类药物
    D. 5-FU　　　　　　 E. 解磷定

37. 有机磷农药中毒主要是抑制了
    A. 二氢叶酸合成酶　　B. 二氢叶酸还原酶　　　C. 胆碱酯酶
    D. 巯基酶　　　　　　E. 磷酸酶

38. 磺胺类药物的类似物是
    A. 叶酸　　　　　　　B. 对氨基苯甲酸　　　　C. 谷氨酸
    D. 四氢叶酸　　　　　E. 二氢叶酸

39. 磺胺类药物抑菌或杀菌作用的机制是
    A. 抑制叶酸合成酶　　　　　B. 抑制二氢叶酸还原酶
    C. 抑制二氢蝶酸合酶　　　　D. 抑制四氢叶酸还原酶
    E. 抑制四氢叶酸合成酶

40. 酶原激活的原理是
    A. 补充辅因子
    B. 使已变性的酶蛋白激活
    C. 延长酶蛋白多肽链
    D. 使酶的活性中心形成或暴露
    E. 调整反应环境达到最适温度和 pH

41. 下列酶与一般催化剂共性的叙述不正确的是
    A. 都能加快化学反应速度
    B. 本身在反应前后没有质和量的改变
    C. 只能催化热力学上允许进行的化学反应
    D. 能缩短反应达到平衡所需要的时间
    E. 可以改变反应的平衡常数

42. 胰蛋白酶原的激活是由其 N-端水解掉
    A. 三肽片段　　　　　B. 四肽片段　　　　　C. 五肽片段
    D. 六肽片段　　　　　E. 七肽片段

43. 下列同工酶的描述错误的是
    A. 酶蛋白的结构不同
    B. 酶蛋白活性中心结构相同
    C. 生物学性质相同
    D. 催化的化学反应相同
    E. 对同一底物 K_m 值相同

44. 酶学委员会命名将酶分为 6 类的依据是
    A. 根据酶蛋白的结构　　　B. 根据酶的物理性质　　　C. 根据酶促反应的性质
    D. 根据酶的来源　　　　　E. 根据酶所催化的底物

45. 下列酶与临床医学关系的叙述错误的是
    A. 体液酶活性改变可用于疾病诊断
    B. 前列腺癌患者血清酸性磷酸酶活性降低
    C. 酶可用于标记检测物质
    D. 酶可用于疾病的治疗
    E. 酪氨酸酶缺乏可引起白化病

46. 下列酶促反应特点的描述错误的是
    A. 酶能加速化学反应速度
    B. 酶催化的反应都是不可逆反应
    C. 酶在反应前后无质和量的变化
    D. 酶对催化的反应具有选择性
    E. 酶能缩短化学反应到达平衡的时间

47. 在其他因素不变的情况下，改变底物浓度时
    A. 酶促反应初速度成比例改变
    B. 酶促反应初速度成比例下降
    C. 酶促反应速度成比例下降
    D. 酶促反应速度变慢
    E. 酶促反应速度不变

48. 酶浓度不变，以底物浓度对反应速度作图呈
    A. 直线　　　　　　　B. S 形曲线　　　　　　　C. 矩形双曲线
    D. 抛物线　　　　　　E. 以上都不是

49. 含 LDH_1 丰富的组织是
    A. 肝　　　　B. 心肌　　　　C. 红细胞　　　　D. 肾　　　　E. 脑

50. 乳酸脱氢酶同工酶是由 H 亚基、M 亚基组成的
    A. 二聚体酶　　　　　　B. 三聚体酶　　　　　　C. 四聚体酶
    D. 五聚体酶　　　　　　E. 六聚体酶

51. 下列肌酸激酶同工酶的叙述错误的是
    A. 是由脑型和肌型亚基组成的
    B. 是二聚体酶
    C. 血清 CK_2 活性检测有助于心梗的诊断
    D. 脑中含有 CK_1
    E. 正常血液中含有 CK_2 和 CK_3

52. 蛋白酶属于
    A. 氧化还原酶类　　　　B. 转移酶类　　　　　　C. 裂合酶类
    D. 水解酶类　　　　　　E. 异构酶类

53. 诱导契合假说认为，在形成酶-底物复合物时
    A. 酶和底物构象都发生改变
    B. 酶和底物构象都不发生改变
    C. 主要是酶的构象发生改变
    D. 主要是底物的构象发生改变
    E. 主要是辅酶的构象发生改变

54. 不属于金属酶和金属活化酶的是
    A. 羧基肽酶   B. 己糖激酶
    C. 脲酶   D. 碱性磷酸酶
    E. 细胞色素氧化酶

55. 酶活性是指
    A. 酶催化反应特异性的大小   B. 酶催化能力的大小
    C. 酶自身变化的能力   D. 无活性的酶转变成有活性的酶能力
    E. 以上都不是

56. 胰蛋白酶以酶原形式存在的意义是
    A. 保证蛋白酶的水解效率   B. 促进蛋白酶的分泌
    C. 保护胰腺组织免受破坏   D. 保证蛋白酶在一定时间内发挥作用
    E. 以上都不是

57. 砷化物对巯基酶的抑制作用属于
    A. 可逆抑制   B. 不可逆抑制
    C. 竞争性抑制   D. 非竞争性抑制
    E. 反竞争性抑制

58. 非竞争性抑制的特点是
    A. 抑制剂与底物结构相似   B. 抑制程度取决于抑制剂的浓度
    C. 抑制剂与酶活性中心结合   D. 酶与抑制剂结合不影响其与底物结合
    E. 增加底物浓度可解除抑制

59. 下列竞争性抑制特点的叙述错误的是
    A. 抑制剂与底物结构相似   B. 抑制剂与酶的活性中心结合
    C. 增加底物浓度可解除抑制   D. 抑制程度与[S]和[I]有关
    E. 以上都不是

60. 下列酶化学修饰的描述错误的是
    A. 有磷酸化和去磷酸化反应   B. 需要不同的酶参加
    C. 化学修饰调节属于快速调节   D. 化学修饰调节过程需要消耗 ATP
    E. 以上都不是

61. 活化能是指
    A. 底物和产物之间的能量差值
    B. 活化分子所释放的能量
    C. 分子由一般状态转变成活化状态所需能量

D. 温度升高时产生的能量

E. 以上都不是

62. 下列酶活性中心的叙述正确的是

A. 所有酶的活性中心都含有金属离子

B. 所有抑制剂都作用于酶的活性中心

C. 所有的必需基团都位于活性中心内

D. 所有酶的活性中心都含有辅酶

E. 所有的酶都有活性中心

63. 酶加速化学反应的根本原因是

A. 升高反应温度　　　　　　B. 增加反应物相互碰撞的频率

C. 降低催化反应的活化能　　D. 增加底物浓度

E. 降低产物的自由能

64. 下列酶高效催化作用机制的叙述错误的是

A. 邻近效应与定向排列作用　B. 多元催化作用

C. 酸碱催化作用　　　　　　D. 表面效应作用

E. 以上都不是

65. 下列酶促反应特点的论述错误的是

A. 酶在体内催化的反应都是不可逆的

B. 酶在催化反应前后质量不变

C. 酶能缩短化学反应到达平衡所需时间

D. 酶对所催化反应有选择性

E. 酶能催化热力学上允许的化学反应

66. 下列 K_m 的意义正确的是

A. K_m 表示酶的浓度　　　　B. $1/K_m$ 越小，酶与底物亲和力越大

C. K_m 的单位是 mmol/L　　 D. K_m 值与酶的浓度有关

E. 以上都不是

67. 下列 K_m 的叙述正确的是

A. 通过 K_m 的测定可鉴定酶的最适底物

B. K_m 是引起最大反应速度的底物浓度

C. K_m 是反映酶催化能力的一个指标

D. K_m 与环境的 pH 无关

E. 以上都不是

68. 下列别构调节的叙述错误的是

A. 别构效应剂结合于酶的别构部位

B. 含催化部位的亚基称催化亚基

C. 别构酶的催化部位和别构部位可在同一亚基

D. 别构效应剂与酶结合后不影响 ES 的生成

E. 以上都不是

【B型题】

（1~3题备选项）

    A. S形曲线   B. 平行线   C. 矩形双曲线

    D. 直线   E. 以上都不是

1. 酶浓度变化对酶促反应速度作图呈

2. 在最适温度以下，温度变化与酶促反应速度作图呈

3. 底物浓度变化与酶促反应速度的作图呈

（4、5题备选项）

    A. 不可逆性抑制   B. 竞争性抑制   C. 非竞争性抑制

    D. 反竞争性抑制   E. 反馈抑制

4. 砷化物对巯基酶的抑制作用属于

5. 对氨基苯甲酸对四氢叶酸合成的抑制属于

（6~9题备选项）

    A. 底物浓度   B. 酶浓度   C. 激活剂

    D. pH   E. 抑制剂

6. 可以影响酶、底物的解离的是

7. 能使酶活性增加的是

8. 酶被底物饱和时与反应速度成正比的是

9. 可与酶的必需基团结合、影响酶活性的是

（10~14题备选项）

      A. 能较牢固地与酶活性中心有关必需基团结合

      B. 较牢固地与酶分子上一些基团结合

      C. 占据酶的活性中心，阻止底物与酶结合

      D. 酶可以与底物和抑制剂同时结合

      E. 抑制剂只能与酶-底物复合物结合，不能与游离酶结合

10. 竞争性抑制剂是

11. 不可逆性抑制是

12. 可逆性抑制是

13. 反竞争性抑制是

14. 非竞争性抑制是

（15~19题备选项）

    A. 递氢作用   B. 转氨基作用   C. 转糖醛基反应

    D. 转酰基作用   E. 转运 CO_2 作用

15. HS-CoA 作为辅酶参与

16. FMN 作为辅酶参与

17. TPP 作为辅酶参与

18. 生物素作为辅因子参与

19. 磷酸吡哆醛作为辅酶参与

（20~24题备选项）

    A. 组织受损伤或细胞膜通透性增加

    B. 酶活性受抑制

    C. 酶合成增加

    D. 酶合成减少

    E. 酶排泄受阻

20. 急性胰腺炎时尿中淀粉酶升高是由于

21. 急性传染性肝炎时血中转氨酶升高是由于

22. 严重肝病时血清凝血酶原降低是由于

23. 前列腺癌时血清酸性磷酸酶活性升高是由于

24. 胆管结石时血中碱性磷酸酶活性升高是由于

【C型题】

（1~4题备选项）

    A. 酶蛋白   B. 辅因子   C. 两者均有   D. 两者均无

1. 结合酶含有

2. 结合酶催化反应中参与反应的是

3. 结合酶的特异性取决于

4. 谷胱甘肽的作用取决于

（5~7题备选项）

    A. 竞争性抑制   B. 非竞争性抑制

    C. 两者都是   D. 两者都不是

5. 抑制剂与酶可逆性结合的是

6. 占据酶活性中心所产生的抑制是

7. 抑制剂可与 E 和 ES 复合物结合，所产生的抑制是

（8~11题备选项）

    A. 二巯基丙醇   B. 解磷定

    C. 两者都是   D. 两者都不是

8. 能使巯基酶的巯基重新恢复其活性的物质是

9. 能作为解毒剂的物质是

10. 可作为竞争性抑制剂的物质是

11. 能使酶活性中心的丝氨酸羟基重新恢复，使酶恢复活性的物质是

【X型题】

1. 酶按分子组成的不同可分为

    A. 单纯酶   B. 辅酶   C. 结合酶   D. 酶蛋白   E. 辅基

2. 辅因子按与酶蛋白结合程度与作用特点的不同可分为

    A. 激活剂   B. 辅基   C. 抑制剂   D. 酶蛋白   E. 辅酶

3. 酶对底物的特异性可分为

    A. 绝对特异性   B. 非特异性   C. 可调节性

D. 相对特异性　　　　　　　　E. 立体异构特异性

4. 酶活性中心的必需基团可分为
  A. 结合基团　　　　　　B. 结构基团　　　　　　C. 产物基团
  D. 催化基团　　　　　　E. 底物基团

5. 酶活性的调节方式
  A. 别构调节　　　　　　B. 阻遏调节　　　　　　C. 化学修饰调节
  D. 酶原激活　　　　　　E. 诱导调节

6. 酶催化作用的可能机制有
  A. 邻近效应与定向排列　　　　B. 多元催化
  C. 金属离子　　　　　　　　　D. 表面效应
  E. 温度

7. 酶的抑制作用包括
  A. 不可逆性抑制　　　　B. 竞争性抑制　　　　　C. 可逆性抑制
  D. 非竞争性抑制　　　　E. 反竞争性抑制

8. 影响酶促反应速度的因素有
  A. [S]　　　　　　　　　B. [E]　　　　　　　　C. 激活剂
  D. 温度　　　　　　　　E. pH

9. 酶的辅因子包括
  A. 金属离子　　　　　　B. 小分子有机化合物　　C. 维生素
  D. 脂肪酸　　　　　　　E. 氨基酸

10. 乳酸脱氢酶同工酶中只含有一种亚基的同工酶有
  A. LDH_1　　　B. LDH_2　　　C. LDH_3　　　D. LDH_4　　　E. LDH_5

（二）名词解释

1. 酶　　　　　　　　　　2. 酶的特异性　　　　　3. 必需基团
4. 酶的活性中心　　　　　5. 酶原　　　　　　　　6. 同工酶
7. 别构调节　　　　　　　8. 化学修饰调节　　　　9. 可逆性抑制
10. 最适温度　　　　　　11. 最适 pH　　　　　　12. 抑制剂
13. 竞争性抑制

（三）填空题

1. 全酶由＿＿＿＿＿＿＿＿和＿＿＿＿＿＿＿＿两部分组成,其中＿＿＿＿＿＿＿决定酶催化反应的特异性,而＿＿＿＿＿＿＿＿决定反应的类型。

2. 根据与酶蛋白结合的紧密程度,辅因子分为＿＿＿＿＿＿＿和＿＿＿＿＿＿,其中＿＿＿＿＿＿＿与酶蛋白结合紧密,不能通过透析或超滤去除,＿＿＿＿＿＿＿与酶蛋白结合疏松,可用透析或超滤去除。

3. 酶是由活细胞产生的,对其底物具有高度特异性和高度催化作用的＿＿＿＿＿＿＿。

4. 酶按所催化的化学反应性质不同可分为 6 类,即＿＿＿＿＿＿＿、＿＿＿＿＿＿、＿＿＿＿＿＿＿、＿＿＿＿＿＿＿、＿＿＿＿＿＿＿和＿＿＿＿＿＿＿。

5. 酶的活性中心包括＿＿＿＿＿＿＿和＿＿＿＿＿＿＿两种必需基团,其中与底物直接结合的称为_____，催化底物转化为产物的称为_____。

6. 体内主要通过两种方式调节酶的活性，分别是_____和_____。

7. LDH 有 5 种同工酶，心肌细胞中主要含有_____，肝细胞中主要含有_____。

8. 竞争性抑制剂的结构与_____的结构相似，并与其竞争同一酶的_____。

9. 酶对底物的选择性称为酶的特异性，可分为_____、_____和_____。

10. 酶区别于一般催化反应的 4 个特点分别是_____、_____、_____、_____。

（四）问答题

1. 以酶原的激活为例，说明蛋白质结构与功能的关系。

2. 说明维生素和辅因子的关系。

3. 竞争性抑制的特点是什么？举例说明。

4. 简述诱导契合学说。

5. 试述影响酶活性的因素及它们如何影响酶的催化活性。

6. 酶与非酶催化剂的主要异同点是什么？

7. 酶促反应高效率的机制是什么？

8. 举例说明可逆性抑制并说明其特点。

9. 举例说明竞争性抑制在临床上的应用。

10. 什么是同工酶？同工酶测定的意义是什么？

四、参考答案

（一）选择题

【A 型题】

1. C	2. A	3. E	4. D	5. E	6. C	7. C	8. B
9. A	10. D	11. B	12. A	13. D	14. B	15. D	16. B
17. D	18. D	19. C	20. C	21. C	22. A	23. B	24. B
25. D	26. D	27. C	28. C	29. E	30. E	31. D	32. C
33. A	34. B	35. A	36. E	37. C	38. B	39. C	40. D
41. E	42. D	43. E	44. C	45. B	46. B	47. A	48. C
49. B	50. C	51. E	52. D	53. A	54. C	55. B	56. C
57. B	58. E	59. E	60. E	61. C	62. E	63. C	64. E
65. A	66. E	67. A	68. D				

【B 型题】

1. D	2. E	3. C	4. A	5. B	6. D	7. C	8. B
9. E	10. C	11. A	12. B	13. E	14. D	15. D	16. A
17. C	18. E	19. B	20. A	21. A	22. D	23. C	24. E

【C 型题】

1. C	2. C	3. A	4. D	5. C	6. A	7. B	8. A

9. C   10. D   11. B

1. AC   2. BE   3. ADE   4. AD   5. ACD   6. ABD

7. ABCDE   8. ABCDE   9. ABC   10. AE

（二）名词解释

1. 酶是由活细胞产生的、对底物具有高度特异性和高度催化作用的蛋白质或核酸。

2. 一种酶只能作用于一种或一类底物，或一定的化学键，催化一定的化学反应并生成一定的产物，酶的这种特性称为酶的特异性。

3. 与酶活性密切相关的基团称为必需基团。

4. 酶分子中的必需基团在空间结构中彼此靠近，形成一个能与底物特异性结合并催化底物转化为产物的特定空间区域，这一区域称为酶的活性中心。

5. 无活性的酶的前体物质称为酶原。

6. 同工酶是指催化相同的化学反应，但酶蛋白的分子结构、理化性质乃至免疫学特性不同的一组酶。

7. 体内一些代谢物与酶分子活性中心外的调节部位可逆地结合，使酶发生构象变化并改变其催化活性，对酶催化活性的这种调节方式称为别构调节。

8. 酶蛋白肽链上的一些基团可与某种化学基团发生可逆的共价结合，从而改变酶的活性，以调节代谢途径，这一过程称为酶的化学修饰调节。

9. 抑制剂通过非共价键与酶或酶-底物复合物可逆性结合，使酶活性降低或丧失。此种抑制采用透析、超滤或稀释等方法可将抑制剂除去，使酶的活性恢复，这种抑制作用称为可逆性抑制。

10. 酶促反应速度达到最快时的环境温度称为酶促反应的最适温度。

11. 酶催化活性达到最大时的环境 pH 称为酶促反应的最适 pH。

12. 能有选择地使酶活性降低或丧失但不使酶蛋白变性的物质称为酶的抑制剂。

13. 抑制剂与酶的正常底物结构相似，抑制剂与底物分子竞争地结合酶的活性中心，从而阻碍酶与底物结合形成中间产物，这种抑制作用称为竞争性抑制。

（三）填空题

1. 酶蛋白　辅因子　酶蛋白　辅因子

2. 辅酶　辅基　辅基　辅酶

3. 蛋白质或核酸

4. 氧化还原酶类　转移酶类　水解酶类　裂合酶类　异构酶类　连接酶类

5. 结合基团　催化基团　结合基团　催化基团

6. 别构调节　化学修饰调节

7. LDH_1　LDH_5

8. 底物　活性中心

9. 绝对特异性　相对特异性　立体异构特异性

10. 高效性　特异性　不稳定性　可调节性

（四）问答题

1. 以酶原的激活为例，说明蛋白质结构与功能的关系。

答：在一定条件下，酶原受某种因素作用后分子结构发生变化，暴露或形成活性中心，转变成具有活性的酶，这一过程称为酶原的激活。酶原激活过程说明了蛋白质结构与功能密切相关，功能基于结构，结构改变，功能也随之发生变化；结构破坏，功能丧失。

2. 说明维生素和辅因子的关系。

答：B 族维生素与辅因子的关系列表如下所示。

维生素	辅酶或辅基	转移的基团
维生素 B_1	焦磷酸硫胺素（TPP）	醛基
维生素 B_2	黄素单核苷酸（FMN）、黄素腺嘌呤二核苷酸（FAD）	氢原子
烟酰胺（维生素 PP）	烟酰胺腺嘌呤二核苷酸（NAD^+，辅酶 I）、烟酰胺腺嘌呤二核苷酸磷酸（$NADP^+$，辅酶 II）	H^+、电子
维生素 B_6	磷酸吡哆醛、磷酸吡哆胺	氨基
泛酸	辅酶 A（CoA）	酰基
生物素	生物素	二氧化碳
叶酸	四氢叶酸（FH_4）	一碳单位
维生素 B_{12}	辅酶 B_{12}	氢原子、烷基

3. 竞争性抑制的特点是什么？举例说明。

答：竞争性抑制是指抑制剂与酶的正常底物结构相似，所以抑制剂与底物分子竞争结合酶的活性中心，从而阻碍酶与底物结合形成中间产物，这种抑制作用称为竞争性抑制。竞争性抑制具有以下特点：①抑制剂在化学结构上与底物分子相似，两者竞相争夺同一酶的活性中心；②抑制剂与酶的活性中心结合后，酶分子失去催化作用；③竞争性抑制作用的强弱取决于抑制剂与底物之间的相对浓度，抑制剂浓度不变时，通过增加底物浓度可以减弱甚至解除竞争性抑制作用；④酶既可以结合底物分子，也可以结合抑制剂，但不能与两者同时结合。例如，磺胺类药物便是通过竞争性抑制作用抑制细菌生长的。对磺胺类药物敏感的细菌在生长繁殖时不能直接利用环境中的叶酸，而是在菌体内利用鸟苷三磷酸从头合成四氢叶酸。其中 6-羟甲基-7,8-二氢蝶呤焦磷酸和对氨基苯甲酸生成 7,8-二氢蝶酸，这步反应由二氢蝶酸合酶催化。磺胺类药物与对氨基苯甲酸的结构相似，是二氢蝶酸合酶的竞争性抑制剂，可以抑制二氢叶酸的合成，进而影响四氢叶酸的合成，从而干扰一碳单位代谢，进而干扰核酸合成，使细菌的生长受到抑制。

4. 简述诱导契合学说。

答：诱导契合学说认为，酶在发挥催化作用之前首先与底物相互接近，其结构相互诱导、相互变形和相互适应，进而相互结合，生成酶-底物复合物，而后使底物转变成产物并释放出酶，这一过程称为诱导契合学说。

5. 试述影响酶活性的因素及它们如何影响酶的催化活性。

答：影响酶催化活性的因素主要包括底物浓度、酶浓度、温度、pH、抑制剂和激活剂等。

（1）底物浓度：在酶浓度及其他条件不变的情况下，以底物浓度变化对酶促反应速度作图呈矩形双曲线。在底物浓度较低时,反应速度随底物浓度的增加而增加,两者成正比;当底物浓度较高时,反应速度虽然也随底物浓度的增加而加速,但反应速度不再成正比加速,反应速度增加的幅度不断下降;当底物浓度增高到一定程度时,反应速度趋于恒定,继续增加底物浓度,反应速度不再增加,达到极限,称为最大反应速度,说明酶的活性中心已被底物饱和。

(2)酶浓度:在酶促反应体系中,底物浓度足以使酶饱和的情况下,酶促反应速度与酶浓度成正比,即酶浓度越高,反应速度越快。

(3)温度:温度对酶促反应速度具有双重影响。在较低温度范围内,随着温度升高,酶的活性逐步增加,以致达到最大反应速度。升高温度一方面可加快酶促反应速度,同时也增加酶的变性。当温度升高到 60℃ 以上时,大多数酶开始变性;到 80℃ 时,多数酶的变性不可逆转,反应速度则因酶变性而降低。酶促反应速度达到最快时的环境温度称为酶促反应的最适温度。

(4)pH:酶催化活性最大时的环境 pH 称为酶促反应的最适 pH。溶液的 pH 高于或低于最适 pH,酶的活性降低,酶促反应速度减慢,远离最适 pH 甚至会导致酶的变性失活。

(5)抑制剂:能有选择地使酶活性降低或丧失但不能使酶蛋白变性的物质称为酶的抑制剂。无选择地引起酶蛋白变性、使酶活性丧失的理化因素不属于抑制剂范畴。抑制剂多与酶活性中心内、外必需基团结合,直接或间接地影响酶的活性中心,从而抑制酶的催化活性。

(6)激活剂:使酶由无活性变为有活性或使酶活性增加的物质称为酶的激活剂。

6. 酶与非酶催化剂的主要异同点是什么?

答:酶与一般催化剂比较如下。

(1)共同点:①在反应前后没有质和量的改变。②只能催化热力学上允许进行的反应。③只能缩短反应达到平衡所需的时间,而不能改变反应的平衡点,即不能改变反应的平衡常数。④对可逆反应的正反应和逆反应都具有催化作用。

(2)不同点:①高度的催化效率:酶具有极高的催化效率,一般而言,对于同一反应,酶催化反应的速率比非催化反应高 $10^8 \sim 10^{20}$ 倍,比一般催化剂催化的反应高 $10^7 \sim 10^{13}$ 倍。②高度的特异性:与一般催化剂不同,酶对其所催化的底物具有较严格的选择性,即一种酶只能作用于一种或一类底物,或一定的化学键,催化一定的化学反应并生成一定的产物,常将酶的这种特性称为酶的特异性,包括绝对特异性、相对特异性和立体异构特异性。③酶催化活性的可调节性。④酶活性的不稳定性:酶是蛋白质,酶促反应要求一定的 pH、温度和压力等条件,强酸、强碱、有机溶剂、重金属盐、高温、紫外线、剧烈震荡等任何能使蛋白质变性的理化因素都可使酶蛋白变性,从而使其失去催化活性。

7. 酶促反应高效率的机制是什么?

答:酶高效率催化作用的机制可能与以下几种因素有关。

(1)邻近效应与定向排列:在两个以上底物参与的反应中,底物之间必须以正确的方向相互碰撞,才有可能发生反应。酶在反应中将各底物结合到酶的活性中心,使它们相互接近并形成有利于反应的正确定向关系,使酶活性部位的底物浓度远远大于溶液中的浓度,从而加快反应速度。

（2）多元催化：酶分子中含有多种功能基团，它们具有不同的解离常数，既可以作为质子的供体，也可以作为质子的受体，在特定的 pH 条件下发挥催化作用。因此，同一种酶兼有酸碱催化作用。这种多功能基团的协同作用可极大地提高酶的催化效率。

（3）表面效应：酶活性中心内部有多种疏水性氨基酸，常形成疏水性"口袋"以容纳并结合底物。疏水侧链可排除周围大量水分子对酶和底物功能基团的干扰性吸引或排斥，防止在底物与酶之间形成水化膜，有利于酶与底物的直接接触，使酶的活性基团对底物的催化反应更为有效和强烈。应该指出的是，一种酶的催化反应不限于上述某一种因素，而常常是多种催化作用的综合机制，这是酶促反应高效率的重要原因。

8. 举例说明可逆性抑制并说明其特点。

答：可逆性抑制是指抑制剂以非共价键与酶可逆性结合，使酶活性降低或丧失。此种抑制采用透析或超滤等方法可将抑制剂除去，恢复酶的活性。根据抑制剂与底物的关系，可逆性抑制可分为 3 种类型：竞争性抑制、非竞争性抑制和反竞争性抑制。如磺胺类药物便是通过竞争性抑制作用抑制细菌生长的。对磺胺类药物敏感的细菌在生长繁殖时不能直接利用环境中的叶酸，而是在菌体内利用鸟苷三磷酸从头合成四氢叶酸，四氢叶酸是细菌合成核酸过程中不可缺少的辅酶。其中，6-羟甲基-7,8-二氢蝶呤焦磷酸和对氨基苯甲酸生成 7,8-二氢蝶酸，这步反应由二氢蝶酸合酶催化。磺胺类药物与对氨基苯甲酸结构相似，是二氢蝶酸合酶的竞争性抑制剂，可以抑制二氢叶酸的合成，进而影响四氢叶酸的合成。

9. 举例说明竞争性抑制在临床上的应用。

答：应用竞争性抑制的原理可阐明某些药物的作用机制。如磺胺类药物和磺胺增效剂便是通过竞争性抑制作用抑制细菌生长的。对磺胺类药物敏感的细菌在生长繁殖时不能直接利用环境中的叶酸，而是在菌体内利用鸟苷三磷酸从头合成四氢叶酸，四氢叶酸是细菌合成核酸过程中不可缺少的辅酶。其中，6-羟甲基-7,8-二氢蝶呤焦磷酸和对氨基苯甲酸生成 7,8-二氢蝶酸，这步反应由二氢蝶酸合酶催化。磺胺类药物与对氨基苯甲酸的结构相似，是二氢蝶酸合酶的竞争性抑制剂，可以抑制二氢叶酸的合成，进而影响四氢叶酸的合成。磺胺增效剂（TMP）与二氢叶酸结构相似，是二氢叶酸还原酶的竞争性抑制剂，可以抑制四氢叶酸的合成。

磺胺类药物与磺胺增效剂在两个作用点分别竞争性抑制细菌体内二氢叶酸的合成及四氢叶酸的合成，影响一碳单位的代谢，从而有效地抑制了细菌体内核酸及蛋白质生物合成，导致细菌死亡。人体能从食物中直接获取叶酸，所以人体四氢叶酸的合成不受磺胺类药物与磺胺增效剂的影响。

10. 什么是同工酶？同工酶测定的意义是什么？

答：同工酶是指催化相同的化学反应，但酶蛋白的分子结构、理化性质乃至免疫学特性不同的一组酶。

同工酶测定的意义是：同工酶的测定是医学诊断中比较灵敏、可靠的手段。当某组织病变时，可能有某种特殊的同工酶释放出来，使同工酶谱改变。因此，通过检测患者血清中同工酶的电泳图谱，可以辅助诊断哪些器官组织发生病变。例如，心肌受损的患者血清 LDH_1 含量上升，肝细胞受损的患者血清 LDH_5 含量增高。

（夏春梅）

第四章 | 维 生 素

一、内容要点

维生素是人体内不能合成或合成量甚少,必须由食物供给的一组低分子有机化合物。维生素在调节人体物质代谢和维持正常功能等方面发挥着极其重要的作用。长期缺乏某种维生素时,机体可发生物质代谢障碍并出现相应的维生素缺乏症。维生素分为脂溶性维生素和水溶性维生素两大类。

脂溶性维生素包括维生素 A、维生素 D、维生素 E、维生素 K。维生素 A 主要维持正常视觉功能,缺乏时导致暗适应时间延长,引发夜盲症。维生素 A 对基因表达和生长发育、细胞分化等也具有调控作用,维持上皮组织正常形态与生长,缺乏时可引起眼干燥症。$1,25\text{-}(OH)_2\text{-}D_3$ 是维生素 D_3 的活性形式,具有类固醇激素样作用,能够促进钙、磷吸收,影响骨的代谢,维持血钙、血磷正常水平,缺乏时儿童可患佝偻病,成人则发生软骨病。维生素 E 是体内重要的脂溶性抗氧化剂,可清除自由基,保护生物膜的结构与功能。维生素 E 还具有调节信号转导过程和基因表达过程的作用。维生素 K 具有促进凝血作用。

水溶性维生素包括 B 族维生素和维生素 C。B 族维生素主要构成辅助因子,影响某些酶的活性,进而影响物质代谢。TPP 是 α-酮酸氧化脱羧酶和转酮醇酶的辅酶,在糖代谢中具有重要作用。维生素 B_1 缺乏时,可引起脚气病。FMN 和 FAD 是黄素酶的辅基,主要起递氢作用。维生素 B_2 缺乏时,可引起口角炎、舌炎、阴囊炎等。维生素 PP 的活性形式是 NAD^+、$NADP^+$,两者是体内多种不需氧脱氢酶的辅酶,起递氢作用。磷酸吡哆醛是转氨酶和脱羧酶的辅酶,参与氨基酸的代谢和血红素的合成。生物素为羧化酶的辅基。泛酸是构成 CoA 和 ACP 的组分,与糖、脂质、蛋白质代谢及肝的生物转化作用有关。叶酸和维生素 B_{12} 在一碳单位和甲硫氨酸代谢中具有重要作用,缺乏可引起巨幼细胞贫血。维生素 C 作为体内一些羟化酶的辅酶,参与多种羟化反应,还是水溶性抗氧化剂,参与体内氧化还原反应。

二、重点和难点解析

1. 维生素 A 缺乏与夜盲症　人类感受暗光的视色素是视紫红质。它是由维生素 A 转变成的 11-顺视黄醛与视蛋白结合而成的络合物,在暗光中结合,弱光中又分解。视紫红质一经感光,其结构中 11-顺视黄醛发生光异构而转变为全反型视黄醛,同时与视蛋白解离而失色。这一光异构的过程引起视网膜杆状细胞膜离子通道通透性的改变，引发神经冲动并产生暗视觉。对弱光的感光性取决于视紫红质的浓度。当缺乏维生素 A 时，视紫红质合成受阻，使视网膜不能很好地感受弱光，在暗处不能辨别物体，当完全丧失暗适应能力时，称为夜盲症。

2. B 族维生素的活性形式、生理功能及缺乏症见下表。

维生素	活性形式	生理功能	缺乏症
维生素 B_1	TPP	构成 α-酮酸脱氢酶复合体的辅酶；转酮基酶的辅酶；抑制胆碱酯酶，影响神经传导	脚气病及胃肠功能障碍
维生素 B_2	FMN、FAD	构成各种黄素酶的辅基，参与体内生物氧化过程；维持皮肤、黏膜和视觉的正常功能	口角炎、舌炎、阴囊炎、眼睑炎、畏光等
维生素 PP	NAD^+、$NADP^+$	体内多种不需氧脱氢酶的辅酶，在生物氧化过程中起递氢的作用	癞皮病
泛酸	CoA、ACP	CoA 及 ACP 构成酰基转移酶的辅酶，广泛参与糖、脂类、蛋白质代谢及肝的生物转化作用	不易缺乏
生物素		多种羧化酶的辅基，参与 CO_2 的固定；参与细胞信号转导和基因表达	不易缺乏
维生素 B_6	磷酸吡哆醛、磷酸吡哆胺	氨基酸转氨酶、脱羧酶的辅酶；同型半胱氨酸分解代谢酶的辅酶；ALA 合酶的辅酶	小细胞低色素性贫血、高同型半胱氨酸血症
叶酸	FH_4	一碳单位转移酶的辅酶，参与一碳单位的转移	巨幼细胞贫血、高同型半胱氨酸血症、DNA 低甲基化
维生素 B_{12}	甲基钴胺素、5'-脱氧腺苷钴胺素	影响一碳单位的代谢和脂肪酸的合成	巨幼细胞贫血、高同型半胱氨酸血症、进行性脱髓鞘

三、习题测试

（一）选择题

【A 型题】

1. 下列维生素的叙述正确的是
   A. 维生素是一类高分子有机化合物
   B. 维生素每天需要量约数克
   C. B 族维生素的主要作用是构成辅酶或辅基
   D. 维生素参与机体组织细胞的构成
   E. 维生素主要在机体合成

2. 下列维生素 A 的叙述错误的是
   A. 维生素 A 缺乏可引起夜盲症
   B. 维生素 A 是水溶性维生素
   C. 维生素 A 可由 β-胡萝卜素转变而来
   D. 维生素 A 有两种形式，即 A_1 和 A_2
   E. 维生素 A 参与视紫红质的形成

3. 胡萝卜素可以转化为维生素 A，最重要的胡萝卜素是

    A. α-胡萝卜素   B. β-胡萝卜素   C. γ-胡萝卜素

    D. 玉米黄素   E. 新玉米黄素

4. 下列维生素 D 的叙述错误的是

    A. 植物中含有维生素 D_2

    B. 皮肤中 7-脱氢胆固醇可转化为维生素 D_3

    C. 维生素 D_3 的生理活性形式是 25-OH-D_3

    D. 为类固醇衍生物

    E. 儿童缺乏维生素 D 可引起佝偻病

5. 下列维生素 E 的叙述正确的是

    A. 是苯骈二氢吡喃衍生物，极易被氧化

    B. 易溶于水

    C. 具有抗生育和抗氧化作用

    D. 缺乏时引起癞皮病

    E. 主要存在于动物性食品中

6. 儿童缺乏维生素 D 时易患

    A. 佝偻病   B. 骨质软化症

    C. 维生素 C 缺乏症（坏血病）   D. 恶性贫血

    E. 癞皮病

7. 脚气病是由于缺乏

    A. 钴胺素   B. 硫胺素   C. 生物素   D. 遍多酸   E. 叶酸

8. 下列维生素 PP 叙述正确的是

    A. 以玉米为主食的地区很少发生缺乏病

    B. 与异烟肼结构相似，两者有拮抗作用

    C. 本身就是一种辅酶或酶

    D. 缺乏时可以引起脚气病

    E. 在体内可由色氨酸转变而来，故不需要从食物中摄取

9. 维生素 B_6 辅助治疗小儿惊厥和妊娠呕吐的原理是

    A. 作为谷氨酸转氨酶的辅酶成分

    B. 作为丙氨酸转氨酶的辅酶成分

    C. 作为甲硫氨酸脱羧酶的辅酶成分

    D. 作为谷氨酸脱羧酶的辅酶成分

    E. 作为羧化酶的辅酶成分

10. 维生素 B_2 参与氧化还原反应的形式是

    A. CoA   B. NAD^+ C. $NADP^+$ D. CoQ   E. FAD

11. 下列对应关系正确的是

    A. 维生素 B_6→磷酸吡哆醛→脱氢酶

    B. 泛酸→辅酶 A→酰基转移酶

C. 维生素 PP→NAD$^+$→黄素酶

D. 维生素 B$_1$→TPP→硫激酶

E. 维生素 B$_2$→NADP$^+$→转氨酶

12. 下列叙述不正确的是

A. 维生素 A 与视觉有关,缺乏时对弱光敏感度降低

B. 成年人没有维生素 D 缺乏病

C. 维生素 C 缺乏时可发生坏血病

D. 维生素 K 具有促进凝血作用,缺乏时凝血时间延长

E. 维生素 E 是脂溶性维生素

13. 含有金属元素的维生素是

A. 维生素 B$_1$ B. 维生素 B$_2$ C. 维生素 C

D. 维生素 B$_6$ E. 维生素 B$_{12}$

14. 是天然的抗氧化剂并常用于食品添加剂的维生素是

A. 维生素 B$_1$ B. 维生素 K   C. 维生素 E

D. 叶酸   E. 泛酸

15. 与凝血酶原生成有关的维生素是

A. 维生素 K   B. 维生素 E   C. 硫辛酸

D. 遍多酸   E. 硫胺素

16. 维生素 B$_1$ 缺乏时出现胃肠蠕动减慢、消化液分泌减少、食欲不振等的原因是

A. 维生素 B$_1$ 能抑制胆碱酯酶的活性

B. 维生素 B$_1$ 能促进胃蛋白酶的活性

C. 维生素 B$_1$ 能促进胰蛋白酶的活性

D. 维生素 B$_1$ 能促进胆碱酯酶的活性

E. 维生素 B$_1$ 能促进胃蛋白酶原的激活

17. 下列维生素 C 功能的叙述错误的是

A. 与胶原合成过程中的羟化反应有关

B. 保护巯基酶处于还原状态

C. 维生素 C 缺乏易引起坏血病

D. 促进铁的吸收

E. 动物食品中含量丰富

18. 肠道细菌可为人体合成

A. 维生素 A 和维生素 D   B. 维生素 K 和维生素 B$_6$

C. 维生素 C 和维生素 E   D. 泛酸和烟酰胺

E. 硫辛酸和维生素 B$_{12}$

【B 型题】

(1~3 题备选项)

A. 维生素 K   B. 维生素 B$_{12}$ C. 维生素 E

D. 维生素 C   E. 维生素 A

1. 吸收时需要有内因子协助的维生素是

2. 与合成视紫红质有关的维生素是

3. 与生育有关的维生素是

（4~6 题备选项）

    A. 磷酸吡哆醛　　　　　　　　B. 生物素　　　　　　　　C. 维生素 B_1

    D. 维生素 K　　　　　　　　　E. 四氢叶酸

4. 参与氨基转移作用的辅酶是

5. 参与 α-酮酸氧化脱羧作用的辅酶中含有

6. 参与一碳单位代谢的辅酶是

（7~10 题备选项）

    A. 辅酶 A　　　　　　　　　　B. 生物素　　　　　　　　C. FAD

    D. 硫胺素　　　　　　　　　　E. 磷酸吡哆醛

7. 能够转移酰基的是

8. 能够转移氢原子的是

9. 能够转移 CO_2 的是

10. 能够转移氨基的是

（11~14 题备选项）

    A. 维生素 B_1　　B. 维生素 B_{12}　　C. 维生素 C　　　D. 维生素 D　　　E. 维生素 E

11. 缺乏可引起坏血病的维生素是

12. 缺乏可引起脚气病的维生素是

13. 缺乏可引起巨幼细胞贫血的维生素是

14. 缺乏可引起佝偻病的维生素是

【C 型题】

（1、2 题备选项）

    A. 维生素 B_6　　　　　　　　　　B. 维生素 B_{12}

    C. 两者均是　　　　　　　　　　D. 两者均不是

1. 缺乏时能引起小细胞低色素性贫血的是

2. 缺乏时能引起巨幼细胞贫血的是

（3、4 题备选项）

    A. 维生素 PP　　　　　　　　　　B. 维生素 B_6

    C. 两者均是　　　　　　　　　　D. 两者均不是

3. 服用抗结核药异烟肼时需要补充的维生素是

4. 缺乏时能引起脚气病的维生素是

（5、6 题备选项）

    A. 含维生素 B_2　　　　　　　　　B. 含钴元素

    C. 两者均是　　　　　　　　　　D. 两者均不是

5. FMN 中

6. NAD^+ 中

（7、8题备选项）

    A. 维生素 A
    B. 维生素 D

    C. 两者均是
    D. 两者均不是

7. 摄入过多可引起中毒症状的是

8. 为类固醇衍生物的是

（9、10题备选项）

    A. 维生素 B_6
    B. 叶酸

    C. 两者均是
    D. 两者均不是

9. 参与氨基酸代谢的是

10. 参与脱羧基反应的是

【X型题】

1. 下列辅助因子在酶促反应中可作为递氢体的有

    A. FH_4
    B. NAD^+
    C. $NADP^+$
    D. CoA
    E. FAD

2. 与一碳单位代谢有关的维生素有

    A. 维生素 B_1
    B. 维生素 B_{12}
    C. 维生素 B_6

    D. 叶酸
    E. 泛酸

3. 缺乏时能引起高同型半胱氨酸血症的维生素有

    A. 维生素 B_2
    B. 维生素 B_{12}
    C. 维生素 B_6

    D. 叶酸
    E. 生物素

4. 缺乏时能引起巨幼细胞贫血的维生素有

    A. 维生素 B_2
    B. 维生素 B_{12}
    C. 维生素 PP

    D. 叶酸
    E. 维生素 K

5. 能在人体肠道中合成的维生素有

    A. 维生素 B_6
    B. 维生素 B_{12}
    C. 生物素

    D. 叶酸
    E. 维生素 K

6. 服用抗结核药异烟肼时应补充的维生素有

    A. 维生素 B_6
    B. 维生素 B_{12}
    C. 维生素 PP

    D. 叶酸
    E. 生物素

7. 具有抗氧化作用的维生素有

    A. 维生素 B_6
    B. 维生素 A
    C. 维生素 D

    D. 维生素 E
    E. 维生素 C

（二）名词解释

维生素

（三）填空题

1. 维生素按其溶解性不同，可分为_____和_____两大类。

2. 脂溶性维生素包括_____、_____、_____和

_____。

3. 维生素 D 的活性形式是_____。

4. 水溶性维生素包括_____和_____两大类。

5. 构成 TPP 的维生素是_____，主要功能是_____。

6. 构成 FMN 和 FAD 的维生素是_____，主要功能是_____。

7. 构成 NAD$^+$和 NADP$^+$的维生素是_____，主要功能是_____。

8. 参与一碳单位代谢的维生素有_____和_____。

9. 构成 CoA 的维生素是_____，主要功能是_____。

10. 维生素 B$_6$ 构成转氨酶的辅助因子,其主要形式是_____和_____。

（四）问答题

1. 为什么叶酸和维生素 B$_{12}$ 缺乏时会患巨幼细胞贫血?

2. 列举出几种维生素缺乏症的名称。

四、参考答案

（一）选择题

【A 型题】

1. C	2. B	3. B	4. C	5. A	6. A	7. B	8. B
9. D	10. E	11. B	12. B	13. E	14. C	15. A	16. A
17. E	18. B						

【B 型题】

1. B	2. E	3. C	4. A	5. C	6. E	7. A	8. C
9. B	10. E	11. C	12. A	13. B	14. D		

【C 型题】

1. A	2. B	3. C	4. D	5. A	6. D	7. C	8. B
9. C	10. A						

【X 型题】

1. BCE	2. BD	3. BCD	4. BD	5. ABCDE	6. AC
7. BDE					

（二）名词解释

维生素是一类维持人体正常功能所必需的营养素,是人体内不能合成或合成量甚少不能满足机体需要,必须由食物供给的一组低分子有机化合物。

（三）填空题

1. 脂溶性维生素　水溶性维生素

2. 维生素 A　维生素 D　维生素 E　维生素 K

3. 1,25-（OH）$_2$-D$_3$

4. B 族维生素　维生素 C

5. 维生素 B$_1$　脱羧

6. 维生素 B$_2$　传递氢

7. 维生素 PP　传递氢或电子

8. 叶酸　维生素 B_{12}

9. 泛酸　酰基转移

10. 磷酸吡哆醛　磷酸吡哆胺

（四）问答题

1. 为什么叶酸和维生素 B_{12} 缺乏时会患巨幼细胞贫血？

答：维生素 B_{12} 的活性形式是甲钴胺素，甲钴胺素是 $N_5-CH_3-FH_4$ 转甲基酶的辅酶，此酶催化同型半胱氨酸甲基化生成甲硫氨酸，促进游离 FH_4 的再生。FH_4 是叶酸的活性形式，是携带一碳单位的载体，一碳单位参与核苷酸的合成。当维生素 B_{12} 和叶酸缺乏时都可影响一碳单位的代谢，核酸代谢受阻，影响红细胞的分裂与成熟，导致巨幼细胞贫血。

2. 列举出几种维生素缺乏症的名称。

答：脂溶性维生素：维生素 A（夜盲症、眼干燥症）；维生素 D（佝偻病、软骨病）；维生素 E（动物发生不育症）；维生素 K（凝血障碍疾病）。

水溶性维生素：维生素 B_1（神经炎、脚气病）；维生素 B_2（口角炎、舌炎、结膜炎等）；维生素 PP（癞皮病）；维生素 B_6（小细胞低色素性贫血，高同型半胱氨酸血症）；叶酸（巨幼细胞贫血、高同型半胱氨酸血症）；维生素 B_{12}（巨幼细胞贫血、高同型半胱氨酸血症、神经脱髓鞘）；维生素 C（坏血病）。

（魏尧悦）

第五章 | 糖 代 谢

一、内容要点

糖代谢包括合成代谢和分解代谢两个方面。糖的合成代谢包括糖原合成和糖异生。糖的分解代谢包括无氧氧化、有氧氧化、戊糖磷酸途径及糖原分解等。

无氧氧化是指葡萄糖在无氧或供氧不足的条件下分解成乳酸的过程。无氧氧化反应部位：胞质；反应条件：不需氧；终产物：乳酸；产能：净生成 2 分子 ATP；产能方式：底物水平磷酸化；关键酶：己糖激酶、磷酸果糖激酶-1、丙酮酸激酶；生理意义：是机体在缺氧条件下获得能量的有效方式，是某些组织（如红细胞）获得能量的主要方式。

糖的有氧氧化是指葡萄糖在供氧充足的条件下彻底氧化分解为 CO_2 和 H_2O 并释放大量能量的过程。有氧氧化反应部位：胞质和线粒体；反应条件：需氧；终产物：CO_2 和 H_2O；产能：净成生 32 或 30 分子 ATP；产能方式：底物水平磷酸化和氧化磷酸化；关键酶：己糖激酶、磷酸果糖激酶-1、丙酮酸激酶、丙酮酸脱氢酶复合物、柠檬酸合酶、异柠檬酸脱氢酶和 α-酮戊二酸脱氢酶复合物；生理意义：是机体获能的主要途径，三羧酸循环是三大营养物质最终彻底有氧分解的共同途径，也是三大代谢相互联系的枢纽。

戊糖磷酸途径在胞质中进行，主要生理意义在于提供 NADPH 和核糖-5-磷酸。核糖-5-磷酸是合成核苷酸、核酸的重要原料。NADPH 作为供氢体，参与体内许多重要的还原反应。

糖原是体内糖的储存形式，主要存在于肝和肌肉组织中。糖原合成是指由单糖合成糖原的过程。糖原合成除需要 ATP 外，还需要 UTP，因 UDPG 在糖原合成中提供葡萄糖单位。糖原分解是指糖原分解为葡萄糖的过程。肝糖原可以直接分解为葡萄糖，用以补充血糖浓度。肌肉组织中由于缺乏葡萄糖-6-磷酸酶，故肌糖原不能直接分解为葡萄糖。糖原合成的关键酶是糖原合酶，糖原分解的关键酶是糖原磷酸化酶。这两种酶活性的变化决定着糖原代谢的方向和速率。糖原合成与分解的主要生理意义是维持正常的血糖浓度。

糖异生是指由非糖类物质转变为葡萄糖或糖原的过程。糖异生部位：主要是肝，其次是肾；原料：乳酸、甘油、丙酮酸和生糖氨基酸等；基本过程：沿糖酵解的方向逆行；关键酶：葡萄糖-6-磷酸酶、果糖-1,6-二磷酸酶、丙酮酸羧化酶和磷酸烯醇氏丙酮酸羧激酶；生理意义：维持饥饿状态下血糖浓度的相对恒定，更新肝糖原，防止酸中毒。

血糖是指血液中的葡萄糖，正常人空腹血糖浓度为 3.9~6.1mmol/L。血糖的来源主要有：①食物糖；②肝糖原分解；③非糖物质转化（糖异生）。血糖的主要去路有：①氧化分解供能;②合成糖原储存;③转化成非糖物质(脂肪、某些氨基酸等)。血糖浓度的相对恒定是血糖的来源与去路维持动态平衡的结果,机体通过神经体液因素调节血糖浓度,胰岛素是唯一的降糖激素,升糖激素有肾上腺素、胰高血糖素和肾上腺皮质激素等。

血糖水平异常将发生高血糖或低血糖。临床上将空腹血糖浓度>7.0mmol/L称为高血糖。血糖浓度>8.89mmol/L时,尿中可检测出葡萄糖,称为糖尿。引起高血糖和糖尿的原因常见的是内分泌功能的紊乱(胰岛素分泌不足或作用低下)。临床上将空腹血糖浓度<3.0mmol/L称为低血糖。引起低血糖的原因有:①胰岛 β 细胞功能亢进或胰岛 α 细胞功能低下等;②严重肝疾病;③垂体功能低下等。

二、重点和难点解析

(一)糖的分解代谢

1. 无氧氧化　机体中的葡萄糖或糖原在无氧的情况下分解产生乳酸和少量能量的过程称为无氧氧化,此过程在细胞质中进行。反应过程包括糖酵解和乳酸生成两个阶段,关键酶有己糖激酶、磷酸果糖激酶-1(限速酶)、丙酮酸激酶 3 种。无氧氧化只产生少量的能量,1 分子葡萄糖经无氧氧化净生成 2 分子 ATP。

在正常生理状况下,无氧氧化是个别组织(如成熟的红细胞)的供能方式;特殊生理状况下(如剧烈运动),无氧氧化旺盛,补充供应能量的急需;在病理状况下(如血管栓塞),局部缺氧,只能靠无氧氧化供能,易使乳酸积累而致酸中毒。

2. 糖的有氧氧化　机体中的葡萄糖或糖原在氧供应充足的情况下彻底氧化分解,生成二氧化碳、水和大量能量的过程称为有氧氧化。

此过程先在细胞质,然后进入线粒体中进行。反应过程包括糖酵解、丙酮酸氧化脱羧和三羧酸循环(TAC)3 个阶段,关键酶除了上述糖酵解过程的 3 种酶外,还包括丙酮酸脱氢酶复合物、柠檬酸合酶、异柠檬酸脱氢酶(限速酶)、α-酮酸脱氢酶复合物。1 分子葡萄糖经有氧氧化净生成 30 分子或 32 分子 ATP。

有氧氧化是糖在体内主要的供能途径;有氧氧化中的 TAC 阶段既是糖、脂质和蛋白质三大营养物质彻底氧化分解的共同途径,又是它们相互转化的枢纽;有氧氧化过程中的中间产物还可以为机体提供合成代谢的原料。

3. 戊糖磷酸途径　其生理意义是生成核糖-5-磷酸和 $NADPH+H^+$,前者是核酸合成的原料,后者既可以作为多种反应的供氢体,又可以保证谷胱甘肽的还原性,从而保护红细胞膜,防止溶血。

(二)糖原的合成和分解

糖原是 n 个葡萄糖分子由 α-1,4-糖苷键连接成的长链,糖原有许多分支,分支处以 α-1,6-糖苷键连接。

葡萄糖生成糖原的过程称为糖原的合成。合成场所包括肝(生成的糖原称肝糖原)和肌肉(生成的糖原称肌糖原)。但是由于肌肉中缺乏葡萄糖-6-磷酸酶,所以只有肝糖原能够直接分解成葡萄糖。

糖原是动物细胞中葡萄糖的储存形式,在急需能量时能快速分解供能,肝糖原的分解对保持饥饿状态下血糖浓度的平衡具有重要意义。

（三）糖异生

机体内非糖物质转化为葡萄糖和糖原的过程称为糖异生。糖异生主要在肝细胞中进行，在肾中也可以进行。其反应过程基本上是糖酵解的逆过程，但要克服糖酵解过程中 3 个关键酶催化步骤的能障，即：葡萄糖-6-磷酸酶对抗己糖激酶；果糖-1,6-二磷酸酶对抗磷酸果糖激酶-1；丙酮酸羧化酶催化丙酮酸生成草酰乙酸，后者由磷酸烯醇式丙酮酸羧激酶催化生成磷酸烯醇式丙酮酸，绕过丙酮酸激酶催化的反应能障。

糖异生的生理意义在于：维持饥饿状态下血糖浓度的平衡；协助氨基酸代谢；促进乳酸的利用，防止乳酸中毒。

（四）血糖

血糖特指血浆中的葡萄糖，成人空腹血糖正常值为 3.9~6.1mmol/L。食物中的糖类物质、体内肝糖原的分解和糖异生作用是血糖的主要来源；氧化分解供能、合成糖原储存和转变成其他物质是糖的主要去路。当血糖浓度升高超过 8.89mmol/L（肾糖阈），超过肾小管对葡萄糖的重吸收能力时，会从尿中排出。

血糖浓度主要由肝和激素两方面调节来保持相对恒定，肝的调节主要靠对血糖来源去路各反应过程速度的快慢控制来完成；激素调节中，胰岛素是唯一降血糖激素，胰高血糖素、肾上腺素、糖皮质激素、生长激素等均能升高血糖。

空腹血糖高于 7.0mmol/L 称为高血糖，高于肾糖阈时会出现糖尿。胰岛功能障碍导致胰岛素分泌下降或胰岛素抵抗导致的持续性高血糖和糖尿称为糖尿病。

空腹血糖浓度低于 2.8mmol/L 称为低血糖。如果血糖更低会产生低血糖反应、昏迷等。

三、习题测试

（一）选择题

【A 型题】

1. 1 分子葡萄糖彻底氧化为 CO_2 和 H_2O 的过程中产生的 ATP 分子数为

    A. 32   B. 12   C. 15   D. 2   E. 24

2. 下列乳酸循环的描述不正确的是

    A. 有助于机体供氧   B. 有助于维持血糖浓度

    C. 有助于糖异生作用   D. 有助于防止乳酸中毒发生

    E. 有助于乳酸再利用

3. 肌糖原分解不能直接转变为血糖的原因是

    A. 肌肉组织中缺乏己糖激酶

    B. 肌肉组织中缺乏葡萄糖-6-磷酸酶

    C. 肌肉组织中缺乏糖原合酶

    D. 肌肉组织中缺乏葡萄糖激酶

    E. 肌肉组织中缺乏糖原磷酸化酶

4. 糖原分解过程的限速酶是

    A. 糖原合酶   B. 柠檬酸合酶   C. 糖原磷酸化酶

    D. 磷酸果糖激酶   E. 丙酮酸脱氢酶系

5. 糖原合成过程的限速酶是
   A. 丙酮酸脱氢酶系　　　　　B. 糖原磷酸化酶　　　　　　C. 柠檬酸合酶
   D. 磷酸果糖激酶　　　　　　E. 糖原合酶

6. 糖的有氧氧化的部位在
   A. 胞质　　　　　　　　　　B. 胞核　　　　　　　　　　C. 线粒体
   D. 胞质和线粒体　　　　　　E. 高尔基复合体

7. 调节人体血糖浓度最重要的器官是
   A. 心　　　　　B. 脾　　　　　C. 肝　　　　　D. 肺　　　　　E. 肾

8. 1分子葡萄糖无氧氧化的过程中净产生的 ATP 分子数为
   A. 15　　　　　　　　　　　B. 10　　　　　　　　　　　C. 32
   D. 2　　　　　　　　　　　　E. 20

9. 合成糖原时葡萄糖基的直接供体是
   A. 葡萄糖-1-磷酸　　　　　B. CDPG　　　　　　　　　C. 葡萄糖-6-磷酸
   D. UDPG　　　　　　　　　E. GDPG

10. 甘油生糖过程的途径是
    A. 糖异生　　　　　　　　　B. 无氧氧化　　　　　　　　C. 糖原分解
    D. 糖原合成　　　　　　　　E. 糖有氧氧化

11. α-酮酸脱氢酶系中不包括的辅酶是
    A. NAD$^+$　　　　　　　　B. FAD　　　　　　　　　　C. TPP
    D. 二氢硫辛酸　　　　　　　E. FMN

12. 用于合成核酸的核糖主要来源于
    A. 糖的有氧氧化　　　　　　B. 糖异生　　　　　　　　　C. 无氧氧化
    D. 戊糖磷酸途径　　　　　　E. 糖原合成

13. 下列物质不是丙酮酸脱氢酶复合物中辅酶的是
    A. TPP　　　　B. NAD$^+$　　　　C. FAD　　　　D. HSCoA　　　　E. NADP$^+$

14. 糖异生最主要的器官是
    A. 肝　　　　　B. 心　　　　　C. 肌肉　　　　　D. 脑　　　　　E. 肺

15. 三羧酸循环的限速酶是
    A. 己糖激酶　　　　　　　　B. 丙酮酸激酶　　　　　　　C. 磷酸果糖激酶
    D. 异柠檬酸脱氢酶　　　　　E. 柠檬酸合酶

16. 动物体内葡萄糖较多时的储存方法是
    A. 糖原　　　　B. 淀粉　　　　C. 血糖　　　　D. 蔗糖　　　　E. 核苷

17. 氨基酸生成糖的过程是
    A. 糖有氧氧化　　　　　　　B. 糖异生　　　　　　　　　C. 无氧氧化
    D. 糖原分解　　　　　　　　E. 糖原合成

18. 体内合成脂肪酸时所需要的供氢体可以来自
    A. 糖异生　　　　　　　　　B. 糖的无氧氧化　　　　　　C. 戊糖磷酸途径
    D. 糖有氧氧化　　　　　　　E. 糖原合成

19. 果糖-1,6-二磷酸酶催化的底物是
    A. 葡萄糖-6-磷酸
    B. 果糖-6-磷酸
    C. 果糖-1,6-二磷酸
    D. 葡萄糖
    E. 磷酸二羟丙酮和甘油醛-3-磷酸

20. 三羧酸循环有
    A. 二次脱氢+四次脱羧
    B. 四次脱氢+二次脱羧
    C. 三次脱氢+四次脱羧
    D. 一次脱氢+四次脱羧
    E. 二次脱氢+二次脱羧

21. 丙酮酸脱氢酶复合物是哪条途径的限速酶
    A. 糖异生
    B. 糖原分解
    C. 三羧酸循环
    D. 糖的有氧氧化
    E. 糖的无氧氧化

22. 下列激素中可使血糖水平下降的是
    A. 胰岛素
    B. 肾上腺素
    C. 生长激素
    D. 胰高血糖素
    E. 甲状腺素

23. 1 分子丙酮酸彻底氧化为水和二氧化碳，产生的 ATP 是
    A. 2 分子
    B. 3 分子
    C. 12.5 分子
    D. 11.5 分子
    E. 10 分子

24. 1 分子乙酰辅酶 A 彻底氧化可产生的 ATP 是
    A. 10 分子
    B. 12 分子
    C. 12.5 分子
    D. 11.5 分子
    E. 20 分子

25. 戊糖磷酸途径可生成
    A. NAD^++核糖-5-磷酸
    B. $NADP^+$+核糖-5-磷酸
    C. $NADH+H^+$+核糖-5-磷酸
    D. $NADPH+H^+$+核糖-5-磷酸
    E. UDPG+核糖-5-磷酸

26. 糖的无氧氧化的主要生理意义是
    A. 缺氧时主要的供能方式
    B. 有氧时主要的供能方式
    C. 大脑的主要供能方式
    D. 有氧、缺氧情况下的主要供能方式
    E. 小肠的主要供能方式

27. 下列酶中不是糖的无氧氧化关键酶的是
    A. 己糖激酶
    B. 葡萄糖激酶
    C. 磷酸果糖激酶-1
    D. 丙酮酸激酶
    E. 甘油激酶

28. 下列酶中是糖异生关键酶的是
    A. 己糖激酶
    B. 葡萄糖激酶
    C. 磷酸果糖激酶
    D. 丙酮酸激酶
    E. 丙酮酸羧化酶

29. 参与糖原合成的核苷酸是
    A. ADP
    B. GTP
    C. CTP
    D. UTP
    E. dTTP

30. 在成熟的红细胞内生成 $NADPH+H^+$ 的主要作用是
    A. 合成脂肪酸
    B. 合成胆固醇

C. 维持谷胱甘肽的还原性　　　D. 氨基酸合成

E. 糖原合成

31. 糖原中每裂解下来一个葡萄糖单位，经酵解可生成的 ATP 数是

A. 1　　　　　B. 2　　　　　C. 3　　　　　D. 2.5　　　　　E. 1.5

32. 成熟红细胞最主要的能量来自

A. 糖的无氧氧化　　　　B. 糖的有氧氧化　　　　C. 戊糖磷酸途径

D. 糖异生　　　　　　　E. β-氧化

33. 糖的无氧氧化的终产物是

A. 丙酮酸　　B. 乳酸　　　C. 草酰乙酸　　D. 苹果酸　　E. 延胡索酸

34. 下列物质中不能经过糖异生作用生成葡萄糖或糖原的是

A. 甘油　　　B. 丙酮酸　　C. 乳酸　　　D. 谷氨酸　　E. 丙酮

35. 糖代谢途径中共同的中间产物是

A. 丙酮酸　　　　　　B. 乙酰 CoA　　　　　C. 3-磷酸甘油醛

D. 葡萄糖-6-磷酸　　　E. 果糖-6-磷酸

36. 不参与糖原合成的酶是

A. 糖原合酶　　　　　B. 磷酸化酶　　　　　C. 己糖激酶

D. 分支酶　　　　　　E. 磷酸变位酶

37. 人体中葡萄糖的储存形式的是

A. 果糖　　　B. 乳糖　　　C. 蔗糖　　　D. 糖原　　　E. 淀粉

38. 对血糖浓度降低最敏感的器官是

A. 心　　　　B. 肝　　　　C. 肾　　　　D. 大脑　　　E. 肺

39. 长期饥饿时体内能量的来源主要是

A. 糖的无氧氧化　　　　B. 糖的有氧氧化　　　　C. 戊糖磷酸途径

D. 糖异生　　　　　　　E. 糖原分解

40. 丙酮酸氧化脱羧过程的细胞定位是

A. 细胞质　　B. 线粒体　　C. 微粒体　　D. 溶酶体　　E. 内质网

41. 下列途径不能直接补充血糖的是

A. 肝糖原分解

B. 肌糖原分解

C. 摄入的糖消化吸收

D. 糖异生作用

E. 肾小管上皮细胞的重吸收作用

42. 糖代谢过程中能够在中间产物分子上形成高能磷酸键的是

A. 葡萄糖-6-磷酸　　　B. 果糖-6-磷酸　　　C. 果糖-1,6-二磷酸

D. 甘油酸-3-磷酸　　　E. 甘油酸-1,3-二磷酸

43. 下列化合物中与 ATP 的生成直接相关的是

A. 甘油酸-2-磷酸　　　B. 甘油酸-3-磷酸　　　C. 甘油醛 3-磷酸

D. 磷酸烯醇式丙酮酸　　E. 烯醇式丙酮酸

44. 丙酮酸脱氢酶复合物的辅酶中不含有的维生素是
    A. B_1 B. B_2 C. B_6 D. PP   E. 泛酸

45. 下列酶中与丙酮酸生成直接相关的是
    A. 丙酮酸羧化酶   B. 果糖二磷酸酶
    C. 丙酮酸激酶   D. 醛缩酶
    E. 磷酸烯醇式丙酮酸羧激酶

46. 甘油与葡萄糖代谢的联系产物是
    A. 丙酮酸   B. 乳酸   C. 甘油酸-3-磷酸
    D. 甘油酸-2-磷酸   E. 磷酸二羟丙酮

47. 催化糖的无氧氧化中不可逆反应的酶是
    A. 己糖激酶   B. 醛缩酶   C. 磷酸变位酶
    D. 乳酸脱氢酶   E. 磷酸己糖异构酶

48. 三羧酸循环的限速酶是
    A. 丙酮酸羧化酶   B. 果糖二磷酸酶   C. 丙酮酸激酶
    D. 醛缩酶   E. 异柠檬酸脱氢酶

49. 三羧酸循环中不能够脱氢的反应步骤是
    A. 柠檬酸生成异柠檬酸的过程
    B. 异柠檬酸生成 α-酮戊二酸的过程
    C. α-酮戊二酸生成琥珀酸的过程
    D. 琥珀酸生成延胡索酸的过程
    E. 苹果酸生成草酰乙酸的过程

50. 三羧酸循环中发生底物水平磷酸化的反应步骤是
    A. 柠檬酸生成异柠檬酸的过程
    B. 异柠檬酸生成 α-酮戊二酸的过程
    C. 琥珀酰 CoA 生成琥珀酸的过程
    D. 琥珀酸生成延胡索酸的过程
    E. 苹果酸生成草酰乙酸的过程

51. 下列酶促反应中可逆的是
    A. 糖原磷酸化酶催化的反应
    B. 己糖激酶催化的反应
    C. 丙酮酸激酶催化的反应
    D. 醛缩酶催化的反应
    E. 磷酸果糖激酶-1 催化的反应

52. 因红细胞还原性谷胱甘肽缺乏导致溶血,可能是由于缺乏
    A. 葡萄糖激酶   B. 葡萄糖-6-磷酸酶   C. 果糖二磷酸酶
    D. 葡萄糖-6-磷酸脱氢酶   E. 磷酸果糖激酶-1

53. 下列尿糖的说法正确的是
    A. 尿糖阳性时,血糖一定高于正常值

B. 尿糖阳性时,肾小管一定不能完全重吸收葡萄糖

C. 尿糖阳性时,糖代谢一定紊乱

D. 尿糖阳性时,一定是患糖尿病

E. 尿糖阳性时,胰岛素一定分泌不足

54. 糖原分解过程中的第一个中间产物是

    A. 葡萄糖-6-磷酸   B. 果糖-6-磷酸   C. 葡萄糖-1-磷酸

    D. 果糖-1-磷酸   E. 果糖-1,6-二磷酸

55. 醛缩酶的底物是

    A. 葡萄糖-6-磷酸   B. 果糖-6-磷酸   C. 葡萄糖-1-磷酸

    D. 果糖-1-磷酸   E. 果糖-1,6-二磷酸

56. 下列与能量生成有关,却不在线粒体中进行的反应是

    A. TAC 循环   B. 氧化磷酸化   C. 糖的生物氧化

    D. 糖的无氧氧化   E. β-氧化

57. 在 TAC 中底物水平磷酸化发生在

    A. 柠檬酸生成 α-酮戊二酸过程

    B. 琥珀酰辅酶 A 生成琥珀酸过程

    C. α-酮戊二酸生成琥珀酰辅酶 A 过程

    D. 琥珀酸生成延胡索酸过程

    E. 苹果酸生成草酰乙酸过程

58. 磷酸果糖激酶-1 催化生成的产物是

    A. 果糖-1-磷酸   B. 果糖-6-磷酸   C. 葡萄糖-1-磷酸

    D. 葡萄糖-6-磷酸   E. 果糖-1,6-二磷酸

59. 下列糖原的描述正确的是

    A. 糖原是细胞的结构成分

    B. 糖原是有分支的葡萄糖多聚体

    C. 糖原是有分支的葡萄糖、果糖多聚体

    D. 糖原是动植物细胞中葡萄糖的储存形式

    E. 糖原是无分支的葡萄糖、果糖多聚体

60. 下列酶中参与了戊糖磷酸途径的是

    A. 己糖激酶   B. 葡萄糖激酶

    C. 葡萄糖-6-磷酸酶   D. 葡萄糖-6-磷酸脱氢酶

    E. 丙酮酸激酶

61. α-酮戊二酸氧化脱羧作用需要

    A. NAD^+ B. $NADP^+$ C. FMN   D. 生物素   E. 叶酸

62. 丙酮酸氧化脱羧作用需要

    A. NAD^+ B. $NADP^+$ C. FMN   D. 生物素   E. 叶酸

63. 下列物质中属于磷酸果糖激酶-1 的抑制剂的是

    A. ATP   B. ADP   C. cAMP   D. AMP   E. NH_4^+

64. 摄入的糖类物质是以下列哪种形式吸收入血的
    A. 肝糖原　　　　　　　B. 肌糖原　　　　　　　C. 葡萄糖
    D. 乳糖　　　　　　　　E. 蔗糖

65. 三羧酸循环的细胞定位是
    A. 细胞质　　　　　　　B. 线粒体　　　　　　　C. 微粒体
    D. 内质网　　　　　　　E. 高尔基复合体

66. 三羧酸循环的终产物是
    A. CO_2　　　　　　　B. H_2O　　　　　　　C. CO_2+H_2O
    D. 丙酮酸　　　　　　　E. 乙酰辅酶 A

67. 下列物质中是磷酸果糖激酶-1 的激活剂的是
    A. ATP　　　B. ADP　　　C. cAMP　　　D. GTP　　　E. NH_4^+

68. 下列物质中不参加糖的无氧氧化过程的是
    A. ATP　　　B. ADP　　　C. NAD^+　　　D. H_3PO_4　　　E. O_2

69. 葡萄糖-6-磷酸脱氢酶的辅酶是
    A. FAD　　　B. FMN　　　C. NAD^+　　　D. $NADP^+$　　　E. CoA

70. 下列酶中催化的反应生成 ATP 的是
    A. 己糖激酶　　　　　　　　B. 磷酸果糖激酶-1
    C. 丙酮酸激酶　　　　　　　D. 磷酸烯醇式丙酮酸羧激酶
    E. 葡萄糖激酶

71. 下列酶中催化的反应不能生成 ATP 的是
    A. 己糖激酶　　　　　　　B. 磷酸甘油酸激酶　　　　　C. 丙酮酸脱氢酶系
    D. 丙酮酸激酶　　　　　　E. α-酮戊二酸脱氢酶系

72. 下列酶中能参与 TAC 的是
    A. 己糖激酶　　　　　　　　B. 磷酸甘油酸激酶
    C. 丙酮酸激酶　　　　　　　D. 异柠檬酸脱氢酶
    E. 磷酸烯醇式丙酮酸羧激酶

73. 下列糖原结构的描述错误的是
    A. 糖原分子中含有葡萄糖单位
    B. 糖原分子中含有 α-1,4 糖苷键
    C. 糖原分子中含有 α-1,6 糖苷键
    D. 糖原分子中含有 β-1,4 糖苷键
    E. 糖原分子是有分支的多聚体

74. 下列甘油酸-3-磷酸脱氢酶催化的反应描述错误的是
    A. 是糖的无氧氧化过程中的氧化反应
    B. 脱下的氢交给 NAD^+
    C. 需要的磷酸基团来自 H_3PO_4
    D. 此反应不可逆
    E. 反应产物中含有高能磷酸键

75. 下列物质中含有高能磷酸键的是
    A. 甘油酸-3-磷酸   B. 葡萄糖-6-磷酸   C. 甘油酸-1,3-二磷酸
    D. 果糖-1,6-二磷酸   E. 甘油酸-2-磷酸
76. 糖原合成时分支点的合成
    A. 以 UDPG 加至糖原分子上
    B. 葡萄糖-1-磷酸的 C_6 接至糖原中特殊糖分子上
    C. 转移寡糖链至糖原分子某一糖基的 C_6 位上
    D. 从非还原末端转移一个糖基至糖原中糖基 C_6 位上
    E. 形成分支点的反应由 α-1,6→α-1,4-葡聚糖转移酶催化
77. 乙酰辅酶 A 是哪个酶的变构激活剂
    A. 糖原磷酸化酶   B. 丙酮酸羧化酶   C. 磷酸果糖激酶
    D. 柠檬酸合酶   E. 异柠檬酸脱氢酶
78. 下列激素中能同时促进糖原、脂肪、蛋白质合成的是
    A. 肾上腺素   B. 胰岛素   C. 糖皮质激素
    D. 胰高血糖素   E. 肾上腺皮质激素
79. 下列物质中化学结构式的生化名称为 $HOOC-CH_2-CH_2-CO-COOH$ 的是
    A. 草酰乙酸   B. 柠檬酸   C. 谷氨酸
    D. α-酮戊二酸   E. 苹果酸
80. 糖与脂肪酸及氨基酸三者代谢的交叉点是
    A. 磷酸烯醇式丙酮酸   B. 丙酮酸   C. 延胡索酸
    D. 琥珀酸   E. 乙酰 CoA

【B 型题】
(1~4 题备选项)
    A. 己糖激酶   B. 果糖-1,6-二磷酸酶   C. 糖原合酶
    D. 磷酸化酶   E. 乳酸脱氢酶
1. 上述属于糖的无氧氧化关键酶的是
2. 上述属于糖异生关键酶的是
3. 上述属于糖原合成关键酶的是
4. 上述属于糖原分解关键酶的是
(5~8 题备选项)
    A. 1 分子   B. 2 分子   C. 10 分子   D. 12.5 分子   E. 32 分子
5. 1 分子葡萄糖无氧氧化 (净) 生成的 ATP 数是
6. 1 分子葡萄糖有氧氧化生成的 ATP 数是
7. 1 分子丙酮酸彻底氧化分解生成的 ATP 数是
8. 1 分子乙酰辅酶 A 彻底氧化分解生成的 ATP 数是
(9~12 题备选项)
    A. 葡萄糖-6-磷酸生成葡萄糖酸-6-磷酸
    B. 葡萄糖-6-磷酸生成葡萄糖

C. 磷酸烯醇式丙酮酸生成丙酮酸

D. 草酰乙酸生成丙酮酸

E. 丙酮酸生成丙氨酸

9. 属于无氧氧化的反应是

10. 属于有氧氧化的反应是

11. 属于糖异生的反应是

12. 属于戊糖磷酸途径的反应是

（13~16 题备选项）

A. 协助氨基酸代谢

B. 为成熟红细胞提供能量

C. 有利于保持谷胱甘肽的还原性

D. 提供机体生命活动的主要能量

E. 有利于糖的储存

13. 以上是戊糖磷酸途径生理意义的是

14. 以上是糖异生途径生理意义的是

15. 以上是糖的无氧氧化途径生理意义的是

16. 以上是糖的有氧氧化途径生理意义的是

（17~20 题备选项）

A. 葡萄糖-6-磷酸脱氢酶　　　　B. 乙酰辅酶 A 脱氢酶

C. 异柠檬酸脱氢酶　　　　D. L-谷氨酸脱氢酶

E. 乳酸脱氢酶

17. 催化脱羧基反应的酶是

18. 催化氧化、还原反应的酶是

19. 催化脱氨基作用的酶是

20. 催化氧化反应的酶是

（21~24 题备选项）

A. 乳酸　　　B. 葡萄糖　　　C. 异柠檬酸　　　D. CO_2+H_2O　　　E. 柠檬酸

21. 糖的有氧氧化的终产物

22. 糖的无氧氧化的终产物

23. 三羧酸循环的终产物

24. 肌糖原分解最终的产物

（25~28 题备选项）

A. 7.8~11.1mmol/L　　　　B. 2.8mmol/L　　　　C. 7.0mmol/L

D. 3.9~6.0mmol/L　　　　E. 8.9~10.0mmol/L

25. 低血糖一般是指血糖低于

26. 高血糖一般是指血糖高于

27. 血糖浓度的正常值是

28. 肾糖阈一般是指

（29~32题备选项）

    A. 果糖-6-磷酸   B. 葡萄糖-6-磷酸   C. 葡萄糖-1-磷酸

    D. 柠檬酸   E. 丙酮酸

29. 糖原分解第一步的产物是

30. 糖原合成第一步的产物是

31. 乳酸异生成糖第一步的产物是

32. 三羧酸循环第一步的产物是

（33~36题备选项）

    A. 糖原的合成   B. 糖异生途径   C. 糖的有氧氧化

    D. 糖的无氧氧化   E. 戊糖磷酸途径

33. 成熟红细胞中的 $NADH+H^+$ 来自

34. 核酸合成时所需的核糖-5-磷酸来自

35. 脂肪酸合成中的供氢体来自

36. 动物细胞中糖的储存主要来自

（37~40题备选项）

    A. 草酰乙酸   B. 果糖-1,6-二磷酸   C. 葡萄糖-6-磷酸

    D. 果糖-6-磷酸   E. 磷酸烯醇式丙酮酸

37. 己糖激酶催化生成的产物是

38. 果糖-1,6-二磷酸酶催化生成的产物是

39. 磷酸果糖激酶-1 催化生成的产物是

40. 丙酮酸羧化酶催化生成的产物是

【C 型题】

（1、2题备选项）

    A. GTP   B. ATP

    C. 两者都需要   D. 两者都不需要

1. 糖原合成时需要的是

2. 糖原分解时需要的是

（3、4题备选项）

    A. 进入呼吸链生成 2.5 分子 ATP

    B. 进入呼吸链生成 1.5 分子 ATP

    C. 两者均对

    D. 两者均不对

3. 甘油醛-3-磷酸在甘油醛-3-磷酸脱氢酶作用下脱下的氢

4. 谷氨酸在 L-谷氨酸脱氢酶作用下脱下的氢

（5、6题备选项）

    A. 糖原合酶   B. 糖原磷酸化酶

    C. 两者都是   D. 两者都不是

5. 磷酸化时活性升高的是

6. 磷酸化时活性降低的是

（7、8题备选项）

   A. 糖的无氧氧化   B. 糖的有氧氧化

   C. 两者都是   D. 两者都不是

7. 正常情况下肝细胞获得能量的主要方式是

8. 正常情况下正常红细胞获得能量的主要方式是

（9、10题备选项）

   A. H_2O B. CO_2

   C. 两者都是   D. 两者都不是

9. 糖的有氧氧化的终产物是

10. 糖的无氧氧化的终产物是

（11、12题备选项）

   A. 糖原合酶   B. 磷酸葡萄糖异构酶

   C. 两者都是   D. 两者都不是

11. 糖原合成中需要的酶是

12. 糖原分解中需要的酶是

（13、14题备选项）

   A. 生成 $NADH+H^+$ B. 生成 $NADPH+H^+$

   C. 两者都是   D. 两者都不是

13. 戊糖磷酸途径的意义是

14. 糖异生的意义是

（15、16题备选项）

   A. 是糖的无氧氧化中的重要中间产物

   B. 是糖的有氧氧化中的重要中间产物

   C. 两者都是

   D. 两者都不是

15. 葡萄糖-6-磷酸

16. 果糖-6-磷酸

（17、18题备选项）

   A. 肝糖原分解加强   B. 肌糖原分解加强

   C. 两者都可能   D. 两者都不可能

17. 饥饿情况下

18. 饱食及安静状态下

（19、20题备选项）

   A. 肾上腺素   B. 生长激素

   C. 两者都是   D. 两者都不是

19. 能够升高血糖的激素是

20. 能够降低血糖的激素是

【X型题】

1. 三羧酸循环中包含的物质有
   A. 乙酰辅酶A
   B. α-酮戊二酸
   C. 柠檬酸
   D. 琥珀酰辅酶A
   E. 草酰乙酸

2. 丙酮酸脱氢酶复合物中包括的辅酶有
   A. NAD^+
   B. FAD
   C. TPP
   D. FH_4
   E. FMN

3. 下列可经糖异生途径生成葡萄糖的物质有
   A. 甘油
   B. 乳酸
   C. 丙酮酸
   D. 丙氨酸
   E. 丙酮

4. 下列能在肝中进行的反应途径有
   A. 糖原合成
   B. 糖原分解
   C. 糖异生
   D. 糖的无氧氧化
   E. 糖的有氧氧化

5. 能够在细胞质中完成的代谢途径有
   A. 糖的无氧氧化
   B. 戊糖磷酸途径
   C. 糖原合成
   D. 糖原分解
   E. 糖异生

6. 下列属于糖的无氧氧化关键酶的有
   A. 己糖激酶
   B. 葡萄糖激酶
   C. 磷酸果糖激酶-1
   D. 乳酸激酶
   E. 丙酮酸激酶

7. 下列激素中能够升高血糖的激素有
   A. 胰高血糖素
   B. 肾上腺素
   C. 生长激素
   D. 糖皮质激素
   E. 甲状腺素

8. 下列途径中能够生成葡萄糖-6-磷酸的有
   A. 糖原合成
   B. 糖原分解
   C. 糖异生
   D. 无氧氧化
   E. 有氧氧化

9. 丙酮酸脱氢酶复合物中包含的辅酶有
   A. TPP
   B. FAD
   C. NAD^+
   D. $NADPH+H^+$
   E. 硫辛酸

10. 催化甘油异生成糖的关键酶包括
    A. 葡萄糖-6-磷酸酶
    B. 磷酸果糖激酶-1
    C. 果糖-1,6-二磷酸酶
    D. 丙酮酸羧化酶
    E. 磷酸烯醇式丙酮酸羧激酶

11. 下列维生素中丙酮酸脱氢酶复合物的辅酶所含的有
    A. B_1
    B. B_2
    C. B_6
    D. PP
    E. 泛酸

12. 下列酶催化的反应中不能生成ATP的有
    A. 己糖激酶
    B. 磷酸甘油酸激酶
    C. 磷酸果糖激酶-1
    D. 磷酸烯醇式丙酮酸羧激酶
    E. 葡萄糖激酶

13. 下列反应中生成ATP的有
    A. 甘油醛3-磷酸生成甘油酸-1,3-二磷酸

B. 甘油酸-1,3-二磷酸生成甘油酸-3-磷酸

C. 甘油酸-3-磷酸生成甘油酸-2-磷酸

D. 甘油酸-2-磷酸生成磷酸烯醇式丙酮酸

E. 磷酸烯醇式丙酮酸生成丙酮酸

14. 从葡萄糖合成糖原的过程中需要的核苷酸包括

    A. ATP   B. GTP   C. UTP   D. CTP   E. dTTP

15. 戊糖磷酸途径的主要生理功能是生成

    A. 果糖-6-磷酸   B. $NADH+H^+$ C. $NADPH+H^+$

    D. $FADH_2$ E. 核糖-5-磷酸

16. 糖异生与糖的无氧氧化途径中共用的酶是

    A. 果糖-1,6-二磷酸酶   B. 磷酸果糖激酶-1   C. 丙酮酸羧化酶

    D. 醛缩酶   E. 甘油醛-3-磷酸脱氢酶

17. 1 分子丙酮酸经糖的有氧氧化反应时

    A. 生成 3 分子 CO_2 B. 有 5 次脱氢

    C. 生成 12.5 分子 ATP   D. 脱下的氢经 $NADP^+$ 传递

    E. 反应过程在线粒体中进行

18. 下列属于 TAC 中的不可逆反应有

    A. 乙酰辅酶 A+草酰乙酸生成柠檬酸

    B. 异柠檬酸生成 α-酮戊二酸

    C. α-酮戊二酸生成琥珀酰辅酶 A

    D. 琥珀酰辅酶 A 生成琥珀酸

    E. 延胡索酸生成苹果酸

19. 1mol 葡萄糖无氧氧化与有氧氧化生成的 ATP 之比为

    A. 1∶10   B. 1∶12   C. 1∶15   D. 1∶16   E. 1∶18

20. 能够在哺乳动物肝中异生成葡萄糖的物质

    A. 油酸   B. 丝氨酸   C. 亮氨酸   D. 甘油   E. 天冬氨酸

21. 下列催化 TAC 中不可逆反应的酶有

    A. 异柠檬酸脱氢酶   B. 琥珀酸脱氢酶   C. 苹果酸脱氢酶

    D. 柠檬酸合酶   E. 延胡索酸脱氢酶

22. 下列属于糖异生过程关键酶的有

    A. 丙酮酸羧化酶   B. 己糖激酶   C. 葡萄糖-6-磷酸酶

    D. 果糖-1,6-二磷酸酶   E. 草酰乙酸羧化酶

23. 在下列哪种情况下戊糖磷酸途径活跃

    A. 糖原合成增强   B. 脂肪合成增强   C. 氨基酸合成增强

    D. 核酸合成增强   E. 胆固醇合成增强

24. 醛缩酶催化的底物包括

    A. 磷酸二羟丙酮   B. 甘油醛-3-磷酸   C. 果糖-1,6-二磷酸

    D. 甘油酸-3-磷酸   E. 果糖-6-磷酸

25. 只在细胞质中进行的反应有
    A. 糖的无氧氧化　　　　　B. 糖的有氧氧化　　　　　C. 戊糖磷酸途径
    D. 三羧酸循环　　　　　　E. 糖原合成

26. 下列对丙酮酸羧化支路的过程描述正确的有
    A. 丙酮酸异生成糖的必经之路
    B. 乳酸异生成糖的必经之路
    C. 草酰乙酸异生成糖的必经之路
    D. 苹果酸异生成糖的必经之路
    E. 甘油异生成糖的必经之路

27. 糖异生的主要生理意义在于
    A. 促进脂肪酸分解　　　　　　B. 为氨基酸合成提供原料
    C. 维持血糖浓度平衡　　　　　D. 有利于利用乳酸
    E. 协助氨基酸代谢

28. 2 型糖尿病患者的血液检查通常会伴有
    A. 尿酸升高　　　　　　　B. 酮体升高　　　　　　C. 游离脂肪酸升高
    D. 血糖升高　　　　　　　E. 尿素氮升高

29. 下列能催化脱羧基反应的酶有
    A. 苹果酸脱氢酶　　　　　　B. L-谷氨酸脱氢酶
    C. 异柠檬酸脱氢酶　　　　　D. 丙酮酸脱氢酶复合物
    E. α-酮戊二酸脱氢酶复合物

30. 出现糖尿的原因可能有
    A. 肾上腺素分泌过多　　　B. 交感神经兴奋　　　　C. 胰岛素相对不足
    D. 血糖浓度高过肾糖阈值　E. 一次进食大量葡萄糖

31. 下列糖的无氧酵解的描述正确的有
    A. 反应过程没有氧参加
    B. 催化反应过程的酶均存在于细胞质中
    C. 反应过程中 ATP 的生成属于氧化磷酸化
    D. 反应过程是可逆的
    E. 终产物是乳酸

32. 下列酶中催化的反应是不可逆反应的有
    A. 醛缩酶　　　　　　　　B. 丙酮酸激酶　　　　　C. 己糖激酶
    D. 葡萄糖激酶　　　　　　E. 乳酸脱氢酶

33. 下列酶中催化的反应是可逆反应的有
    A. 异柠檬酸脱氢酶　　　　B. 苹果酸脱氢酶　　　　C. 己糖异构酶
    D. 磷酸甘油酸激酶　　　　E. 磷酸果糖激酶-1

34. 肝对血糖浓度的调节主要通过
    A. 糖的无氧氧化　　　　　B. 糖的有氧氧化　　　　C. 糖异生
    D. 糖原的合成　　　　　　E. 糖原的分解

35. 糖的无氧氧化和有氧氧化都需要的酶包括
    A. 醛缩酶　　　　　　B. 磷酸果糖激酶-1　　　　C. 丙酮酸脱氢酶系
    D. 乳酸脱氢酶　　　　E. 丙酮酸激酶
36. 在糖原的合成过程中需要
    A. 分支酶　　B. 脱支酶　　C. 磷酸化酶　　D. 糖原合酶　　E. 糖原激酶
37. 在糖原的分解过程中需要
    A. 分支酶　　B. 脱支酶　　C. 磷酸化酶　　D. 糖原合酶　　E. 糖原激酶
38. 下列属于糖尿病患者糖代谢紊乱的有
    A. 糖原合成减少　　　　B. 糖原分解加速　　　　C. 糖异生作用加强
    D. 糖的分解减慢　　　　E. 糖的吸收加强
39. 胰岛素对糖代谢的影响表现在
    A. 促进糖原合成　　　　　　B. 抑制糖原分解
    C. 促进糖转变为脂肪　　　　D. 增加葡萄糖激酶的活性
    E. 促进糖异生
40. 下列对三羧酸循环的描述正确的有
    A. 反应脱下的氢有的交给 NAD^+
    B. 反应脱下的氢有的交给 $NADP^+$
    C. 反应脱下的氢有的交给 FAD
    D. 反应脱下的氢有的交给 FMN
    E. 反应脱下的氢有的交给 CoQ

（二）名词解释
1. 糖的无氧氧化　　　　2. 糖的有氧氧化　　　　3. 戊糖磷酸途径
4. 糖原的合成　　　　　5. 糖原的分解　　　　　6. 糖异生
7. 三羧酸循环　　　　　8. 血糖　　　　　　　　9. 乳酸循环

（三）填空题
1. 糖的无氧氧化的关键酶是＿＿＿＿＿＿、＿＿＿＿＿＿、＿＿＿＿＿＿。

2. 1 分子葡萄糖经无氧氧化净生成＿＿＿＿＿＿分子 ATP，糖原上的 1 个葡萄糖单位经过无氧氧化净生成＿＿＿＿＿＿个 ATP。

3. TAC 过程中共有＿＿＿＿＿＿次脱氢，＿＿＿＿＿＿次脱羧，循环一周生成＿＿＿＿＿＿ATP。

4. 戊糖磷酸途径生成的重要物质是＿＿＿＿＿＿和＿＿＿＿＿＿。

5. 糖原合成的关键酶是＿＿＿＿＿＿，过程中葡萄糖的供体是＿＿＿＿＿＿。

6. 糖原分解的关键酶是＿＿＿＿＿＿，肝糖原能够直接分解是因为肝中含有＿＿＿＿＿＿。

7. 能够合成糖原的组织器官是＿＿＿＿＿＿和＿＿＿＿＿＿。

8. 糖异生作用过程中的关键酶是＿＿＿＿＿＿、＿＿＿＿＿＿、＿＿＿＿＿＿和＿＿＿＿＿＿。

9. 为糖异生过程提供能量的高能化合物是＿＿＿＿＿＿和＿＿＿＿＿＿。

10. 血糖是指血浆中的_____，空腹血糖正常值为_____mmol/L。

11. 体内降血糖激素为_____，升高血糖的激素为_____、
_____、_____等。

12. 由于肌肉中缺乏_____，所以肌糖原只能通过_____循
环分解。

13. 糖异生的重要意义在于_____、_____和_____。

14. 血糖的主要来源是_____、_____和_____。

15. 血糖的主要去路是_____、_____和_____。

16. 糖异生的主要原料有_____、_____和_____。

17. 1分子葡萄糖彻底氧化分解生成_____分子 ATP。

18. 肾糖阈值为_____。

（四）问答题

1. 简述糖的无氧氧化的生理意义。

2. 简述糖的有氧氧化的生理意义。

3. 简述三羧酸循环的生理意义。

4. 简述戊糖磷酸途径的生理意义。

5. 简述糖异生的生理意义。

6. 简述血糖的来源和去路。

7. 糖异生过程如何通过糖分解过程的三个能障？

8. 写出乳酸异生成葡萄糖的过程。

9. 写出丙酮酸羧化支路的过程。

10. 简述葡萄糖-6-磷酸在体内的代谢途径。

11. 比较肝糖原和肌糖原的异同点。

12. 说明维生素 B_1 在糖代谢中的重要作用。

（五）案例分析

患者，女性，59 岁，反复尿路感染，久治不愈。实验室检测：空腹血糖 18.1mmol/L，尿糖（+++）。

问题：

(1) 该患者首先应该采取哪种治疗措施？

(2) 该患者尿路感染的主要原因是什么？

四、参考答案

（一）选择题

【A 型题】

1. A	2. A	3. B	4. C	5. E	6. D	7. C	8. D
9. D	10. A	11. E	12. D	13. E	14. A	15. D	16. A
17. B	18. C	19. C	20. B	21. D	22. A	23. C	24. A
25. D	26. A	27. E	28. E	29. D	30. C	31. C	32. A

33. B	34. E	35. D	36. B	37. D	38. D	39. D	40. B
41. B	42. E	43. D	44. C	45. C	46. E	47. A	48. E
49. A	50. C	51. D	52. D	53. B	54. C	55. E	56. D
57. B	58. E	59. B	60. D	61. A	62. A	63. A	64. C
65. B	66. C	67. B	68. E	69. D	70. C	71. A	72. D
73. D	74. D	75. C	76. C	77. B	78. B	79. D	80. E

【B 型题】

1. A	2. B	3. C	4. D	5. B	6. E	7. D	8. C
9. C	10. C	11. B	12. A	13. C	14. A	15. B	16. D
17. C	18. E	19. D	20. A	21. D	22. A	23. D	24. D
25. B	26. C	27. D	28. E	29. C	30. B	31. B	32. O
33. D	34. E	35. E	36. A	37. C	38. D	39. B	40. A

【C 型题】

1. B	2. D	3. C	4. A	5. B	6. A	7. D	8. A
9. C	10. D	11. C	12. B	13. B	14. D	15. C	16. C
17. A	18. D	19. C	20. D				

【X 型题】

1. BCDE	2. ABC	3. ABCD	4. ABCDE	5. ABCD	6. ABCE
7. ABCD	8. ABCDE	9. ABCE	10. AC	11. ABDE	12. ACDE
13. BE	14. AC	15. CE	16. DE	17. ABCE	18. ABC
19. CD	20. BDE	21. AD	22. ACD	23. BDE	24. ABC
25. ACE	26. AB	27. CDE	28. BCD	29. CDE	30. ABCDE
31. ABE	32. BCD	33. BCD	34. CDE	35. ABE	36. AD
37. BC	38. ABCD	39. ABCD	40. AC		

（二）名词解释

1. 糖的无氧氧化是指葡萄糖或糖原在无氧条件下分解生成乳酸的过程。

2. 糖的有氧氧化是指葡萄糖或糖原在有氧条件下彻底氧化分解生成 CO_2 和 H_2O 并释放大量能量的过程。

3. 戊糖磷酸途径是糖分解代谢的一条重要途径,由葡萄糖-6-磷酸开始,生成两个具有重要功能的中间产物:核糖-5-磷酸和 NADPH。

4. 糖原的合成是由单糖(主要是葡萄糖)合成糖原的过程。

5. 糖原的分解是肝糖原分解为葡萄糖的过程。

6. 糖异生是由非糖化合物转变为葡萄糖或糖原的过程。

7. 乙酰辅酶 A 与草酰乙酸缩合生成柠檬酸,经历 4 次脱氢、2 次脱羧反应,又生成草酰乙酸。反应中生成的氢经呼吸链作用与氧结合生成水。由于此过程是由含有三个羧基的柠檬酸作为起始物的循环反应,故称为三羧酸循环或柠檬酸循环。

8. 血糖是血液中单糖的总称,临床称血液中的葡萄糖为血糖。

9. 肌肉中乳酸经血液循环进入肝异生为葡萄糖,再经血液循环到达肌肉中氧化的过程,称为乳酸循环。

（三）填空题

1. 己糖激酶　磷酸果糖激酶-1　丙酮酸激酶
2. 2　3
3. 4　2　10
4. 核糖-5-磷酸　NADPH
5. 糖原合酶　UDPG
6. 糖原磷酸化酶　葡萄糖-6-磷酸酶
7. 肝　肌肉组织
8. 丙酮酸羧化酶　磷酸烯醇式丙酮酸羧激酶　果糖-1,6-二磷酸酶　葡萄糖-6-磷酸酶
9. ATP　GTP
10. 葡萄糖　3.9~6.1
11. 胰岛素　胰高血糖素　肾上腺素　去甲肾上腺素　糖皮质激素
12. 葡萄糖-6-磷酸酶　乳酸
13. 维持血糖浓度恒定　调节酸碱平衡　协助氨基酸代谢
14. 食物消化吸收　肝糖原分解　糖异生
15. 氧化分解　合成糖原　转变成其他物质
16. 甘油　乳酸及丙酮酸　生糖氨基酸
17. 30（32）
18. 8.9~10.0mmol/L

（四）问答题

1. 简述糖的无氧氧化的生理意义。

答：①糖的无氧氧化是机体在缺氧情况下供应能量的重要方式；②无氧氧化是成熟红细胞供能的主要方式；③2,3-BPG 对于调节红细胞的带氧功能具有重要生理意义；④某些组织细胞如视网膜、睾丸等以无氧氧化为主要供能方式；⑤为体内其他物质的合成提供原料。

2. 简述糖的有氧氧化的生理意义。

答：①糖的有氧氧化是机体获得能量的主要方式；②三羧酸循环是体内营养物质彻底氧化分解的共同通路；③三羧酸循环是体内物质代谢相互联系的枢纽。

3. 简述三羧酸循环的生理意义。

答：①三羧酸循环（TAC）是体内营养物质彻底氧化分解的共同通路；②三羧酸循环是体内物质代谢相互联系的枢纽。

4. 简述戊糖磷酸途径的生理意义。

答：戊糖磷酸途径生成两个重要的中间产物：核糖-5-磷酸和 NADPH。

5. 简述糖异生的生理意义。

答：①维持血糖浓度相对恒定；②有利于乳酸的再利用；③有利于维持酸碱平衡；④协助氨基酸代谢。

6. 简述血糖的来源和去路。

答：血糖的来源为食物摄入、肝糖原分解、糖异生作用。

血糖的去路为氧化产能、合成糖原、转化为其他物质。

7. 糖异生过程如何通过糖分解过程的三个能障？

答：通过糖分解过程的三个能障需要进行的反应如下。①丙酮酸羧化支路；②果糖-1,6-二磷酸转变为果糖-6-磷酸；③葡萄糖-6-磷酸转变为葡萄糖。

8. 写出乳酸异生成葡萄糖的过程。

答：乳酸→丙酮酸（丙酮酸羧化酶、磷酸烯醇式丙酮酸羧激酶）→磷酸烯醇式丙酮酸→果糖-1,6-二磷酸（果糖-1,6-二磷酸酶）→果糖-6-磷酸（葡萄糖-6-磷酸酶）→葡萄糖。

9. 写出丙酮酸羧化支路的过程。

答：丙酮酸（丙酮酸羧化酶）→草酰乙酸（磷酸烯醇式丙酮酸羧激酶）→磷酸烯醇式丙酮酸。

10. 简述葡萄糖-6-磷酸在体内的代谢途径。

答：（1）在有氧呼吸时，葡萄糖-6-磷酸可通过糖酵解和三羧酸循环彻底氧化分解，生成二氧化碳和水，放出大量能量。

（2）在短时间剧烈运动时，这时存在无氧呼吸，葡萄糖-6-磷酸通过糖酵解产生丙酮酸，后者分解为乳酸。

（3）葡萄糖-6-磷酸可通过戊糖磷酸途径生成一些重要的中间化合物，为机体的合成反应提供还原氢和原料。

（4）葡萄糖-6-磷酸也可能通过糖异生途径转化为葡萄糖。

11. 比较肝糖原和肌糖原的异同点。

答：肝糖原和肌糖原的相同点是肝糖原和肌糖原都是糖在体内的储存形式。储存在肝的糖原称为肝糖原，储存在肌肉的糖原称为肌糖原。

不同点在于：肝糖原和肌糖原生理作用有很大不同，肌糖原主要作用是提供肌肉收缩时的能量；肝糖原则是血糖的重要来源，这对依靠葡萄糖提供能量的组织细胞尤为重要，如脑组织和红细胞等。一般正常成人肝储存肝糖原的量为70~100g；而肌肉中储存的肌糖原可以因个体之间肌肉发达程度的不同在250~400g，变化的区间较大。

12. 说明维生素 B_1 在糖代谢中的重要作用。

答：①维生素 B_1 又称硫胺素，在体内的活性形式为焦磷酸硫胺素（TPP）。②TPP 是 α-酮酸脱氢酶复合物的辅酶，参与体内糖代谢。维生素 B_1 缺乏时，糖分解代谢障碍，造成丙酮酸堆积和能量供应不足，影响神经系统功能，引起脚气病。严重者会发生全身水肿、心力衰竭等。③TPP 是转酮醇酶的辅酶，参与戊糖磷酸途径。

（五）案例分析

答：（1）该患者的空腹血糖及随机血糖均异常，超过肾糖阈值，引起糖尿。专项检查可见糖化血红蛋白升高，糖耐量受损，可诊断为 2 型糖尿病。首先应进行降血糖治疗。

（2）该患者的尿液中有较多的葡萄糖，是细菌滋生的养分。另外，较多的厌氧菌以无氧氧化方式分解糖分，产生较多的乳酸，引起酸碱平衡的改变。

（常陆林）

第六章 | 生物氧化

一、内容要点

物质在生物体内氧化分解的过程称为生物氧化。生物氧化的方式有加氧、脱氢、失电子。细胞质、线粒体、内质网、微粒体等均可进行生物氧化,其氧化过程及产物各不相同。线粒体内的生物氧化需要消耗氧气并释放能量,生成 ATP;微粒体、内质网发生的生物氧化主要是对底物进行氧化修饰、转化,参与代谢物的氧化及药物、毒物的生物转化,并无 ATP 生成。

体内生物氧化的特点包括:①生物氧化在细胞内温和的条件下(温度为 37℃左右,pH 为 7.4 左右)进行;②CO_2 通过有机酸脱羧反应生成,水由底物脱下的氢与氧化合生成;③在一系列酶的催化下,逐步释放能量;④能量主要以化学能(ATP)的形式存在,为机体活动供能;⑤生物氧化的速率受体内多种因素的调节。

某些有机酸在酶的作用下脱去羧基生成 CO_2,可分为 α-单纯脱羧、α-氧化脱羧、β-单纯脱羧、β-氧化脱羧。

代谢物脱下的氢通过多种酶所催化的连锁反应逐步传递,最终与氧结合生成水,这种按一定顺序排列在线粒体内膜上的酶与辅酶构成的连锁反应体系称为电子传递链。目前认为,线粒体内重要的呼吸链有 NADH 氧化呼吸链和 $FADH_2$ 氧化呼吸链(琥珀酸氧化呼吸链)。

ATP 的生成方式包括底物水平磷酸化和氧化磷酸化。底物水平磷酸化是指底物在代谢过程中因分子内部能量重新分布,形成高能磷酸键,同时伴有 ADP 磷酸化生成 ATP 的过程。氧化磷酸化是指代谢物脱下的氢经呼吸链传递给氧生成水的过程,并伴有能量的释放,释放的能量使 ADP 磷酸化生成 ATP,脱氢氧化的过程与 ADP 磷酸化相偶联。

氧化磷酸化的偶联部位即氧化呼吸链中偶联生成 ATP 的部位。NADH 氧化呼吸链偶联部位为 3 个,$FADH_2$ 氧化呼吸链偶联部位为 2 个。化学渗透假说阐明了氧化磷酸化偶联的基本机制是产生跨线粒体内膜的质子梯度。影响氧化磷酸化的因素主要有 ATP/ADP 比值、抑制剂、甲状腺激素、线粒体 DNA 突变等。

胞质中生成的 NADH 进入线粒体的转运机制主要有甘油-3-磷酸穿梭和苹果酸-天冬氨酸穿梭。甘油-3-磷酸穿梭主要存在于脑和骨骼肌中,一对氢经过甘油-3-磷酸穿梭进入线粒体生成 1.5 分子 ATP。苹果酸-天冬氨酸穿梭主要存在于肝、肾及心肌中,一对氢经过苹果酸-天冬氨酸穿梭进入线粒体生成 2.5 分子 ATP。

在微粒体、过氧化物酶体及胞质中存在不同于线粒体的生物氧化酶类,有过氧化氢酶、过氧化物酶、超氧化物歧化酶、单加氧酶、加双氧酶等,参与多种物质的氧化反应,其特点是氧化过程中不伴有 ATP 生成。

二、重点和难点解析

(一)呼吸链

1. 主要成分与作用　组成呼吸链的递氢体和递电子体大多以四种酶复合体的形式存在于线粒体内膜上,复合体Ⅰ、复合体Ⅲ、复合体Ⅳ均具有质子通道的作用。复合体Ⅰ又称 NADH-泛醌还原酶或 NADH 脱氢酶,含有以 FMN 为辅基的黄素蛋白和铁硫蛋白,可将电子从 NADH 传递到泛醌。复合体Ⅱ又称琥珀酸-泛醌还原酶,含有以 FAD 为辅基的黄素蛋白和铁硫蛋白,将电子从琥珀酸传递给泛醌。复合体Ⅲ又称泛醌-细胞色素 c 还原酶,含有细胞色素 b、细胞色素 c_1 和铁硫蛋白,通过 Q 循环将电子从还原性泛醌传递给细胞色素 c。复合体Ⅳ又称细胞色素 c 氧化酶,可将电子从细胞色素 c 传递给氧。

2. 重要的呼吸链　呼吸链位于线粒体内膜上,由 4 种复合体和 2 种游离成分(辅酶 Q 和细胞色素 c)组成两条呼吸链。

NADH 氧化呼吸链的电子传递模式如下:

$$NADH→复合体Ⅰ→Q→复合体Ⅲ→Cytc→复合体Ⅳ→O_2$$

$FADH_2$ 氧化呼吸链的电子传递模式如下:

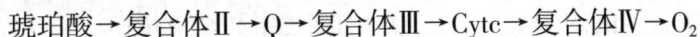

$$琥珀酸→复合体Ⅱ→Q→复合体Ⅲ→Cytc→复合体Ⅳ→O_2$$

(二)氧化磷酸化

1. 氧化磷酸化的偶联部位　氧化磷酸化的偶联部位即氧化呼吸链中偶联生成 ATP 的部位。NADH 氧化呼吸链可能存在 NADH→Q 之间(复合体Ⅰ)、Q→Cytc 之间(复合体Ⅲ)、Cytc→O_2 之间(复合体Ⅳ),共 3 个 ATP 的生成部位,一对电子经 NADH 氧化呼吸链产生 2.5 分子的 ATP。$FADH_2$ 氧化呼吸链可能存在 Q→Cytc 之间(复合体Ⅲ)、Cytc→O_2 之间(复合体Ⅳ),共 2 个 ATP 的生成部位,一对电子经 $FADH_2$ 氧化呼吸链产生 1.5 分子的 ATP。

2. 影响氧化磷酸化的因素

(1) ATP/ADP 比值:机体大量消耗 ATP,ADP 的浓度升高,ATP/ADP 比值下降,氧化磷酸化速度加快,反之亦然。

(2) 抑制剂:一些化合物可以通过阻断或干扰氧化磷酸化过程中的某个环节,从而实现对氧化磷酸化的抑制作用。①呼吸链抑制剂能在特异部位阻断呼吸链中电子的传递,如鱼藤酮、粉蝶霉素 A、异戊巴比妥等。②解偶联剂可以解除氧化与磷酸化之间的偶联,抑制 ADP 磷酸化生成 ATP 的过程,不阻断呼吸链中氢和电子的传递,如 2,4-二硝基苯酚(DNP)。③ATP 合酶抑制剂对电子传递及 ATP 的合成均有抑制作用,如寡霉素。

(3) 甲状腺激素:通过诱导细胞膜上的钠钾 ATP 酶的合成,可使 ATP 分解速度加快。ATP 分解增多,线粒体中 ATP/ADP 的比值减小,从而使氧化磷酸化速度加快,又促使 ATP 生成增多,总体而言,ATP 分解大于生成。

三、习题测试

（一）选择题

【A 型题】

1. 下列生物氧化的说法错误的是
   A. 在生物体内发生的氧化反应
   B. 是一系列酶促反应
   C. 氧化过程中能量逐步释放
   D. 线粒体中的生物氧化可伴有 ATP 生成
   E. 与体外氧化结果相同，但释放的能量不同

2. 体内 CO_2 直接来自
   A. 碳原子被氧原子氧化
   B. 呼吸链的氧化还原过程
   C. 糖原分解
   D. 脂肪分解
   E. 有机酸的脱羧

3. 呼吸链存在于
   A. 细胞膜
   B. 线粒体外膜
   C. 线粒体内膜
   D. 微粒体
   E. 过氧化物酶体

4. 催化单纯电子转移的酶是
   A. 以 NAD^+ 为辅酶的酶
   B. 细胞色素和铁硫蛋白
   C. 需氧脱氢酶
   D. 单加氧酶
   E. 脱氢酶

5. 在生物氧化中 NAD^+ 的作用是
   A. 脱氧
   B. 加氧
   C. 脱羧
   D. 递电子
   E. 递氢

6. 下列说法错误的是
   A. 泛醌能将 $2H^+$ 游离于介质而将电子传递给细胞色素
   B. 复合体 I 中含有以 FMN 为辅基的黄素蛋白
   C. CN^- 中毒时电子传递链中各组分处于还原状态
   D. 复合体 III 中含有以 FAD 为辅基的黄素蛋白
   E. 体内物质的氧化并不都伴有 ATP 的生成

7. 下列呼吸链中细胞色素的排列顺序正确的是
   A. $b \rightarrow c \rightarrow c_1 \rightarrow aa_3 \rightarrow O_2$
   B. $c \rightarrow b \rightarrow c_1 \rightarrow aa_3 \rightarrow O_2$
   C. $c_1 \rightarrow c \rightarrow b \rightarrow aa_3 \rightarrow O_2$
   D. $b \rightarrow c_1 \rightarrow c \rightarrow aa_3 \rightarrow O_2$
   E. $c \rightarrow c_1 \rightarrow b \rightarrow aa_3 \rightarrow O_2$

8. 下列维生素中参与构成呼吸链的是
   A. 维生素 A
   B. 维生素 B_1
   C. 维生素 B_2
   D. 维生素 C
   E. 维生素 D

9. 参与呼吸链递电子的金属离子是
   A. 铁离子
   B. 钴离子
   C. 镁离子
   D. 锌离子
   E. 钙离子

10. 下列说法正确的是
    A. 呼吸链所产生的能量均被 ADP 接受磷酸化为 ATP
    B. 呼吸链中氢和电子的传递有严格的方向和顺序
    C. 在呼吸链中 NADH 脱氢酶可催化琥珀酸脱氢
    D. 递电子体都是递氢体
    E. 各种细胞色素都可以直接以 O_2 为电子接受体

11. 下列呼吸链的叙述错误的是
    A. 呼吸链中氧化磷酸化的偶联作用可以被解离
    B. $NADH+H^+$ 的受氢体是 FMN
    C. 是产生 ATP、生成水的主要过程
    D. 各种细胞色素的吸收光谱均不同
    E. 存在于各种细胞的线粒体和微粒体

12. 下列电子传递链的叙述错误的是
    A. NADPH 中的氢不直接进入呼吸链氧化
    B. 1 分子铁硫中心每次传递 2 个电子
    C. NADH 脱氢酶是一种黄素蛋白酶
    D. 在某些情况下电子传递不一定与磷酸化偶联
    E. 电子传递链成分组成四个复合体

13. 下列物质中不是 NADH 氧化呼吸链组成成分的是
    A. 泛醌   B. FMN   C. FAD
    D. 铁硫蛋白   E. 细胞色素 c

14. 下列不属于琥珀酸氧化呼吸链组成成分的是
    A. FAD   B. FMN   C. CoQ   D. 铁硫蛋白   E. 细胞色素

15. CoQ 在呼吸链中的作用是
    A. 传递 2 个氢原子
    B. 传递 2 个氢质子
    C. 接受 1 个氢原子和 1 个电子
    D. 接受 2 个电子
    E. 只能传递 1 个氢原子

16. 下列不属于高能化合物的是
    A. GTP   B. ATP   C. 肌酸磷酸
    D. 甘油醛-3-磷酸   E. 甘油酸-1,3-二磷酸

17. 下列 ATP 的说法不正确的是
    A. ATP 是高能化合物
    B. ATP 是生命活动的直接能源物质
    C. 肌酸磷酸是 ATP 的储存形式
    D. ATP 主要由能源物质在细胞质代谢生产
    E. ATP 释放出的能量可转化为其他形式

18. 下列符合高能磷酸键叙述的是
    A. 含高能键的化合物都含有高能磷酸键
    B. 高能磷酸键的键能特别高
    C. 有高能磷酸键变化的反应都是不可逆的
    D. 高能磷酸键只能通过氧化磷酸化生成
    E. 高能磷酸键水解释放的能量较大

19. 机体生命活动的直接能量供应物质是
    A. 葡萄糖   B. 蛋白质
    C. 乙酰辅酶 A   D. ATP
    E. 脂肪

20. ATP 生成的主要方式是
    A. 肌酸磷酸化   B. 氧化磷酸化
    C. 糖的磷酸化   D. 底物水平磷酸化
    E. 有机酸脱羧

21. 底物水平磷酸化是指
    A. ATP 水解为 ADP 和无机磷
    B. 底物经分子重排后形成高能磷酸键,经磷酸基团转移使 ADP 磷酸化为 ATP
    C. 呼吸链上 H 传递过程中释放能量,使 ADP 磷酸化形成 ATP
    D. 使底物分子加上 1 个磷酸根
    E. 使底物分子水解掉 1 个 ATP

22. 进行底物水平磷酸化的反应是
    A. 葡萄糖→葡萄糖-6-磷酸
    B. 果糖-6-磷酸→果糖-1,6-二磷酸
    C. 甘油醛-3-磷酸→甘油酸-1,3-二磷酸
    D. 琥珀酰 CoA→琥珀酸
    E. 丙酮酸→乙酰 CoA

23. 由琥珀酸脱下的一对氢经呼吸链氧化可产生
    A. 1.5 分子 ATP 和 1 分子 H_2O
    B. 2 分子 ATP 和 1 分子 H_2O
    C. 2.5 分子 ATP 和 1 分子 H_2O
    D. 1.5 分子 ATP 和 2 分子 H_2O
    E. 2 分子 ATP 和 2 分子 H_2O

24. β-羟丁酸脱氢产生的一对氢通过 NADH 氧化呼吸链传递可产生
    A. 1.5 分子 ATP 和 1 分子 H_2O
    B. 2 分子 ATP 和 1 分子 H_2O
    C. 2.5 分子 ATP 和 1 分子 H_2O
    D. 2.5 分子 ATP 和 1 分子 H_2O
    E. 3 分子 ATP 和 1 分子 H_2O

25. 下列线粒体内膜的膜间腔侧 H^+ 浓度叙述正确的是
    A. 浓度高于线粒体内　　　　B. 浓度低于线粒体内　　　　C. 可自由进入线粒体
    D. 进入线粒体需主动转运　　E. 进入线粒体需载体转运

26. 呼吸链中不具有质子泵功能的是
    A. 复合体Ⅰ　　　　　　　　B. 复合体Ⅱ　　　　　　　　C. 复合体Ⅲ
    D. 复合体Ⅳ　　　　　　　　E. 复合体Ⅰ、Ⅱ

27. 不抑制呼吸链电子传递的物质是
    A. 2,4-二硝基苯酚　　　　　B. 粉蝶霉素 A　　　　　　　C. 硫化氢
    D. 寡霉素　　　　　　　　　E. 异戊巴比妥

28. 下列属于呼吸链解偶联剂的是
    A. CO　　　　　　　　　　　B. 粉蝶霉素 A　　　　　　　C. 硫化氢
    D. 2,4-二硝基苯酚　　　　　E. 寡霉素

29. 离体线粒体中加入抗霉素 A，细胞色素 c_1 处于
    A. 氧化状态　　B. 还原状态　　C. 结合状态　　D. 游离状态　　E. 活化状态

30. 甲亢患者不会出现
    A. 耗氧增加　　　　　　　　B. ATP 生成增多　　　　　　C. ATP 分解减少
    D. ATP 分解增加　　　　　　E. 基础代谢率升高

31. 心肌细胞胞质中的 NADH 进入线粒体是通过
    A. 甘油-3-磷酸穿梭　　　　　B. 肉碱穿梭　　　　　　　　C. 苹果酸-天冬氨酸穿梭
    D. 丙氨酸-葡萄糖循环　　　　E. 柠檬酸-丙酮酸循环

32. 骨骼肌纤维细胞胞质中的 NADH 进入线粒体是通过
    A. 甘油-3-磷酸穿梭　　　　　B. 肉碱穿梭　　　　　　　　C. 苹果酸-天冬氨酸穿梭
    D. 丙氨酸-葡萄糖循环　　　　E. 柠檬酸-丙酮酸循环

33. 呼吸链中可被一氧化碳抑制的成分是
    A. FAD　　　　　　　　　　　B. FMN　　　　　　　　　　C. 铁硫蛋白
    D. 细胞色素 aa_3　　　　　　E. 细胞色素 c

34. 下列单加氧酶的说法不正确的是
    A. 单加氧酶参与胆色素的生成
    B. 单加氧酶参与胆汁酸的生成
    C. 单加氧酶参与类固醇激素的生成
    D. 单加氧酶参与维生素 D 的活化
    E. 单加氧酶参与血红素的生成

35. 下列超氧化物歧化酶的说法不正确的是
    A. 超氧化物歧化酶可催化产生超氧离子
    B. 超氧化物歧化酶可消除超氧离子
    C. 超氧化物歧化酶含金属离子辅基
    D. 超氧化物歧化酶可催化产生过氧化氢
    E. 超氧化物歧化酶存在于胞质和线粒体中

【B型题】

(1~3题备选项)

　　A. 肌酸磷酸　　　　B. CTP　　　　　C. UTP　　　　　D. ATP　　　　　E. GTP

1. 体内生命活动直接的供能物质是

2. 高能磷酸键的储存形式是

3. 用于糖原合成的直接能源物质是

(4~8题备选项)

　　A. 细胞色素 aa_3　　　　　B. 细胞色素 b　　　　　　　C. 细胞色素 P_{450}

　　D. 细胞色素 c_1　　　　　E. 细胞色素 c

4. 线粒体中将电子传递给氧的是

5. 微粒体中将电子传递给氧的是

6. 极易与线粒体内膜分离的是

7. 参与构成呼吸链复合体Ⅱ、Ⅲ的是

8. 参与构成呼吸链复合体Ⅳ的是

(9~13题备选项)

　　A. 氰化物　　　　　　B. 抗霉素 A　　　　　　C. 寡霉素

　　D. 2,4-二硝基苯酚　　　E. 异戊巴比妥

9. 可与 ATP 合酶结合的抑制剂是

10. 氧化磷酸化解偶联剂是

11. 可抑制呼吸链复合体Ⅰ，阻断电子传递的是

12. 可抑制呼吸链复合体Ⅲ，阻断电子传递的是

13. 可抑制呼吸链复合体Ⅳ，阻断电子传递的是

(14~18题备选项)

　　A. 异咯嗪环　　B. 烟酰胺　　　C. 苯醌结构　　D. 铁离子　　　E. 铁卟啉

14. 铁硫蛋白传递电子是由于其分子中含

15. 细胞色素中含有

16. FMN 发挥递氢体作用的结构是

17. NAD^+ 发挥递氢体作用的结构是

18. 辅酶 Q 属于递氢体是由于分子中含有

【C型题】

(1~3题备选项)

　　A. 细胞色素 b　　　　　　B. 细胞色素 c_1

　　C. 两者均是　　　　　　　D. 两者均不是

1. 复合体Ⅱ含有

2. 复合体Ⅲ含有

3. 复合体Ⅳ含有

(4~6题备选项)

　　A. 氧化磷酸化　　　　　　B. 底物水平磷酸化

C. 两者均是   D. 两者均不是

4. ATP 的主要生成方式是

5. 磷酸烯醇式丙酮酸转化生成烯醇式丙酮酸,能量生成的方式是

6. 氢气与氧气燃烧,能量生成的方式是

(7、8 题备选项)

    A. 生成 ATP   B. 产生热能

    C. 两者均是   D. 两者均不是

7. 生物氧化释放能量的去向是

8. 呼吸链解偶联释放能量的去向是

(9、10 题备选项)

    A. 铁硫蛋白   B. 细胞色素 c

    C. 两者均是   D. 两者均不是

9. 单电子传递体是

10. 递氢体是

(11、12 题备选项)

    A. P/O 比值   B. 自由能变化

    C. 两者均是   D. 两者均不是

11. 判断氧化磷酸化偶联部位的方法是

12. 判断呼吸链某些部位释放的能量是否能够合成 1mol ATP 的方法是

(13、14 题备选项)

    A. 复合体 I   B. 复合体 IV

    C. 两者均是   D. 两者均不是

13. 一氧化碳阻断呼吸链作用于

14. 具有质子泵作用的是

【X 型题】

1. 下列属于高能化合物的有

    A. 乙酰辅酶 A   B. ATP   C. 肌酸磷酸

    D. 磷酸二羟丙酮   E. 磷酸烯醇式丙酮酸

2. 呼吸链中氧化磷酸化的偶联部位有

    A. NAD^+→泛醌   B. 泛醌→细胞色素 b   C. 泛醌→细胞色素 c

    D. FAD→泛醌   E. 细胞色素 aa_3→O_2

3. 下列细胞色素的叙述正确的有

    A. 均以铁卟啉为辅基   B. 铁卟啉中的铁离子的氧化还原是可逆的

    C. 均为电子传递体   D. 均可被氰化物抑制

    E. 均可为一氧化碳抑制

4. 以 NAD^+ 为辅酶的有

    A. 琥珀酸脱氢酶   B. *L*-谷氨酸脱氢酶   C. 葡萄糖-6-磷酸脱氢酶

    D. 苹果酸酶   E. 丙酮酸脱氢酶

5. 以 FAD 为辅酶的有

    A. 琥珀酸脱氢酶　　　　　　　B. 脂酰辅酶 A 脱氢酶　　　　　C. 葡萄糖-6-磷酸脱氢酶

    D. 苹果酸酶　　　　　　　　　E. 甘油-3-磷酸脱氢酶

6. 线粒体外生物氧化体系的特点有

    A. 氧化过程不伴有 ATP 生成

    B. 氧化过程伴有 ATP 生成

    C. 与体内某些物质生物转化有关

    D. 仅存在于微粒体中

    E. 仅存在于过氧化物酶体中

7. 影响氧化磷酸化的因素有

    A. 寡霉素　　　　　　　　　　B. 2,4-二硝基苯酚　　　　　　C. 氰化物

    D. ATP 浓度　　　　　　　　　E. 胰岛素

8. 细胞色素 P_{450} 的作用有

    A. 传递电子　　B. 加氢　　　　C. 加单氧　　　　D. 加双氧　　　　E. 脱羧

（二）名词解释

1. 生物氧化　　　　　　　　　　2. 呼吸链

3. 氧化磷酸化　　　　　　　　　4. P/O 比值

（三）填空题

1. $FADH_2$ 氧化呼吸链的组成成分有_____、_____、

_____、_____和_____。

2. 在 NADH 氧化呼吸链中,氧化磷酸化偶联部位分别是_____、

_____和_____。

3. 胞质中的 NADH+H^+通过_____和_____两种穿梭机制进入线粒体,并可进入_____氧化呼吸链或_____氧化呼吸链,可分别产生_____分子 ATP 或_____分子 ATP。

4. ATP 生成的主要方式有_____和_____。

5. 呼吸链中未参与形成复合体的两种游离成分是_____和_____。

6. FMN 或 FAD 作为递氢体,其发挥功能的结构是_____。

7. 呼吸链中含有铜原子的细胞色素是_____。

8. 构成呼吸链的 4 种复合体中,具有质子泵作用的是_____、_____和_____。

9. ATP 合酶由_____和_____两部分组成,具有质子通道功能的是_____,具有催化 ATP 生成作用的是_____。

10. 呼吸链抑制剂中_____、_____和_____可抑制复合体 I;_____、_____可抑制复合体Ⅲ,_____、_____可抑制细胞色素 c 氧化酶。

（四）问答题

1. 比较生物氧化与体外物质氧化的异同。

2. 描述 NADH 氧化呼吸链和 FADH$_2$ 氧化呼吸链的组成、排列顺序及氧化磷酸化的偶联部位。

3. 试述影响氧化磷酸化的因素及其作用机制。

四、参考答案

（一）选择题

【A 型题】

1. E	2. E	3. C	4. B	5. E	6. D	7. D	8. C
9. A	10. B	11. E	12. E	13. C	14. B	15. A	16. D
17. D	18. E	19. D	20. B	21. B	22. D	23. A	24. C
25. A	26. B	27. A	28. D	29. A	30. C	31. C	32. A
33. D	34. E	35. A					

【B 型题】

1. D	2. A	3. C	4. A	5. C	6. E	7. B	8. A
9. C	10. D	11. E	12. B	13. A	14. D	15. E	16. A
17. B	18. C						

【C 型题】

1. A	2. C	3. D	4. A	5. E	6. D	7. C	8. B
9. C	10. D	11. C	12. B	13. B	14. C		

【X 型题】

1. ABCE	2. ACE	3. ABC	4. BE	5. ABE	6. AC
7. ABCD	8. ABC				

（二）名词解释

1. 生物氧化是指物质在生物体内氧化分解的过程。

2. 按照一定顺序排列在线粒体内膜上的递氢体和递电子体构成的连锁反应体系，称为电子传递链。该体系进行的一系列连锁反应与细胞摄取氧的呼吸过程密切相关，故又称为呼吸链。

3. 代谢物脱下的氢经呼吸链传递给氧生成水的过程伴有能量的释放，释放的能量使 ADP 磷酸化生成 ATP。这种脱氢氧化与 ADP 磷酸化相偶联的过程称为氧化磷酸化。

4. P/O 比值是指在氧化磷酸化过程中，每消耗 1/2 摩尔 O$_2$ 所需磷酸的摩尔数，即一对电子通过氧化呼吸链传递给氧所生成的 ATP 的摩尔数。

（三）填空题

1. 复合体Ⅱ　泛醌　复合体Ⅲ　细胞色素 c　复合体Ⅳ

2. NADH→泛醌（复合体Ⅰ）　泛醌→细胞色素 c（复合体Ⅲ）　细胞色素 aa$_3$→O$_2$（复合体Ⅳ）

3. 甘油-3-磷酸穿梭　苹果酸-天冬氨酸穿梭　FADH$_2$　NADH　1.5　2.5

4. 氧化磷酸化　底物水平磷酸化

5. 泛醌　细胞色素 c

6. 异咯嗪环

7. 细胞色素 aa_3

8. 复合体Ⅰ　复合体Ⅲ　复合体Ⅳ

9. F_0　F_1　F_0　F_1

10. 鱼藤酮　粉蝶霉素A　异戊巴比妥　抗霉素A　2,4-二巯基丙醇　一氧化碳　氰化物

（四）问答题

1. 比较生物氧化与体外物质氧化的异同。

答：（1）生物氧化与体外物质氧化的相同点是物质在体内外氧化时所消耗的氧量、最终产物和释放的能量是相同的。

（2）生物氧化与体外物质氧化的不同点在于：生物氧化是在细胞内温和的环境中在一系列酶的催化下逐步进行的，能量逐步释放并伴有ATP的生成，部分能量储存于ATP分子中，可通过加水脱氢反应间接获得氧并增加脱氢机会，二氧化碳是通过有机酸的脱羧产生的。生物氧化有加氧、脱氢、脱电子3种方式。体外物质氧化常是较剧烈的过程，产生的二氧化碳和水是由物质的碳和氢直接与氧结合生成的，能量是突然释放的。

2. 描述NADH氧化呼吸链和 $FADH_2$ 氧化呼吸链的组成、排列顺序及氧化磷酸化的偶联部位。

答：（1）NADH氧化呼吸链组成及排列顺序：$NADH+H^+$→复合体Ⅰ（FMN、Fe-S）→CoQ→复合体Ⅲ（Cytb、Fe-S、$Cytc_1$）→Cytc→复合体Ⅳ（$Cytaa_3$）→O_2。

NADH氧化呼吸链有3个氧化磷酸化偶联部位：$NADH+H^+$→CoQ（复合体Ⅰ）；CoQ→Cytc（复合体Ⅲ）；$Cytaa_3$→O_2（复合体Ⅳ）。

（2）$FADH_2$ 氧化呼吸链组成及排列顺序：琥珀酸→复合体Ⅱ（FAD、Fe-S、Cytb）→CoQ→复合体Ⅲ→Cytc→复合体Ⅳ→O_2。

$FADH_2$ 氧化呼吸链有2个氧化磷酸化偶联部位：CoQ→Cytc（复合体Ⅲ）；$Cytaa_3$→O_2（复合体Ⅳ）。

3. 试述影响氧化磷酸化的因素及其作用机制。

答：（1）呼吸链抑制剂：鱼藤酮、粉蝶霉素A、异戊巴比妥与复合体Ⅰ中的铁硫蛋白结合，抑制电子传递；抗霉素A、二巯基丙醇抑制复合体Ⅲ；一氧化碳、氰化物、硫化氢抑制复合体Ⅳ。

（2）解偶联剂：2,4-二硝基苯酚和存在于棕色脂肪组织、骨骼肌等组织线粒体内膜上的解偶联蛋白可使氧化磷酸化解偶联。

（3）ATP合酶抑制剂：寡霉素可与寡霉素敏感蛋白结合，阻止质子从 F_0 质子通道回流，抑制磷酸化并间接抑制电子呼吸链传递。

（4）ADP的调节作用：ADP浓度升高，氧化磷酸化速度加快；反之，氧化磷酸化速度减慢。

（5）甲状腺激素：诱导细胞膜钠钾ATP酶生成，加速ATP分解为ADP，促进氧化磷酸化；增加解偶联蛋白的基因表达，导致耗氧产能均增加。

（6）线粒体DNA突变：呼吸链中的部分蛋白质肽链由线粒体DNA编码，线粒体DNA因缺乏蛋白质保护系统、损伤修复系统，易发生突变，影响氧化磷酸化。

（吕荣光）

第七章 │ 脂质代谢

一、内容要点

脂质包括脂肪和类脂。脂肪即甘油三酯（TG）或称三脂酰甘油，类脂包括胆固醇及其酯、磷脂及糖脂等。

脂肪是体内重要的储能和供能物质；类脂是细胞的膜结构的重要成分；脂质还可以转化为体内某些生理活性物质，参与细胞识别及信息传递等。

储存在脂肪细胞中的脂肪被脂肪酶逐步水解为游离脂肪酸（FFA）和甘油并释放入血、供组织利用的过程称为脂肪动员。激素敏感性甘油三酯脂肪酶（HSL）是脂肪动员的限速酶，受多种激素的调节，胰高血糖素、肾上腺素、促肾上腺皮质激素（ACTH）及促甲状腺激素（TSH）等可以增加 HSL 的活性，促进脂肪分解，故又称脂解激素；胰岛素则抑制HSL 活性，减少脂肪分解，故称抗脂解激素。

脂肪酸氧化过程可大致分为 4 个阶段：①脂肪酸的活化；②脂酰 CoA 进入线粒体；③脂酰 CoAβ-氧化；④乙酰 CoA 的彻底氧化。肝中的脂肪酸氧化分解时可产生特有的中间产物——酮体。酮体包括乙酰乙酸、β-羟丁酸及丙酮。HMG-CoA 合酶是酮体生成的限速酶。肝只含有生成酮体的酶，没有利用酮体的酶，肝外许多组织具有活性很强的利用酮体的酶，所以"肝内生酮肝外用"。

肝是合成甘油三酯能力最强的器官，主要在细胞的内质网中进行。甘油三酯的合成原料是脂肪酸和甘油，两者主要由糖代谢提供；合成的基本途径以甘油二酯途径为主。脂肪酸的合成部位是胞质，肝是合成脂肪酸的主要场所。糖代谢来源的乙酰 CoA 是合成脂肪酸的主要原料，另外还需要 ATP、NADPH、HCO_3^-等。乙酰 CoA 经乙酰 CoA 羧化酶催化生成丙二酰 CoA，作为脂肪酸碳链延长的碳源，此过程是脂肪酸合成的限速步骤，乙酰CoA 羧化酶是脂肪酸合成的限速酶。长链脂酰 CoA 及一些激素可影响其活性。

全身各组织细胞内质网均有合成甘油磷脂的酶系，以肝、肾及肠等组织最为活跃。甘油磷脂的合成原料包括脂肪酸、甘油、磷酸盐、胆碱、丝氨酸、肌醇等，ATP、CTP 供能并参与原料的活化。CDP-胆碱、CDP-乙醇胺分别是胆碱及乙醇胺的活性形式。催化甘油磷脂分解的酶是磷脂酶，包括磷脂酶 A_1、磷脂酶 A_2、磷脂酶 B、磷脂酶 C、磷脂酶 D，分别作用于甘油磷脂分子中不同的酯键，生成多种产物。

肝也是合成胆固醇的主要场所，合成部位是胞质和内质网，合成原料主要有乙酰CoA、NADPH、ATP 等，主要来源还是糖。胆固醇合成的基本过程为：乙酰 CoA 缩合为

HMG-CoA 后，经 HMG-CoA 还原酶作用生成甲羟戊酸（MVA），然后经多步反应生成鲨烯后转化为胆固醇。HMG-CoA 还原酶是胆固醇合成的限速酶，胆固醇、激素、食物等都可通过影响该酶来调节胆固醇的合成。胆固醇的代谢去路是转化为胆汁酸（主要去路）、类固醇激素、$1,25\text{-}(OH)_2\text{-}D_3$。

血浆中的脂质统称血脂，包括甘油三酯、磷脂、胆固醇及其酯、游离脂肪酸。血浆脂蛋白由脂质和载脂蛋白（Apo）组成。其中脂质包括甘油三酯、磷脂、胆固醇及其酯；载脂蛋白分为 ApoA、ApoB、ApoC、ApoD、ApoE 五大类，载脂蛋白的主要作用是转运脂质，稳定脂蛋白结构，并具有激活脂蛋白代谢关键酶、识别脂蛋白受体的作用。血浆脂蛋白依据电泳法可分为乳糜微粒、β-脂蛋白、前 β-脂蛋白及 α-脂蛋白；依据超速离心法可分为乳糜微粒（CM）、极低密度脂蛋白（VLDL）、低密度脂蛋白（LDL）及高密度脂蛋白（HDL）。各种脂蛋白的主要功能为：①CM 在小肠黏膜细胞中合成，包含食物中摄取的脂肪及胆固醇，故 CM 的作用是运输外源性甘油三酯及胆固醇进入机体被利用；②VLDL 主要由肝合成，主要包含肝合成的甘油三酯，然后进入血液循环，故 VLDL 可以将肝内合成的甘油三酯运至肝外组织；③LDL 在血浆中由 VLDL 转变而来，主要包含肝合成的胆固醇，主要经LDL-受体途径代谢，被氧化修饰的 LDL 被细胞表面有清道夫受体的清除细胞清除，故将肝内的胆固醇转向肝外组织；④HDL 主要由肝合成，小肠也合成少量，经代谢转变将胆固醇逆转运至肝。游离脂肪酸在血浆中形成脂肪酸-清蛋白复合物而存在和被运输。

二、重点和难点解析

（一）脂肪酸的氧化

脂肪酸氧化过程可分为 4 个阶段：脂肪酸的活化、脂酰 CoA 进入线粒体、脂酰 CoA β-氧化及乙酰 CoA 的彻底氧化。

1. 脂肪酸的活化　脂肪酸在硫激酶的催化下转变为脂酰 CoA 的过程称为脂肪酸的活化，反应在胞质中进行，由 ATP 供能。

2. 脂酰 CoA 进入线粒体　胞质中活化的脂酰 CoA 在线粒体内膜上的肉碱脂酰转移酶Ⅰ、肉碱脂酰转移酶Ⅱ的作用下，由肉碱携带进入线粒体。脂酰 CoA 进入线粒体是脂肪酸氧化的主要限速步骤，肉碱脂酰转移酶Ⅰ是脂肪酸氧化的限速酶。

3. 脂酰 CoA 的 β-氧化　脂酰 CoA 的 β-氧化是从脂酰基的 β 碳原子开始，进行脱氢、加水、再脱氢及硫解 4 个连续的反应，将脂酰基断裂生成 1 分子乙酰 CoA 和比原来少 2 个碳原子的脂酰 CoA，同时生成 $FADH_2$ 和 $NADH+H^+$。脂酰基可继续进行 β-氧化，最终可将偶数碳的脂酰基全部生成乙酰 CoA 及 $FADH_2$ 和 $NADH+H^+$。

4. 乙酰 CoA 的彻底氧化　乙酰 CoA 经三羧酸循环彻底氧化，$FADH_2$ 和 $NADH+H^+$ 可经氧化磷酸化产生能量。脂肪酸的氧化是机体获得能量的方式之一。

（二）酮体的生成和利用

酮体包括乙酰乙酸、β-羟丁酸和丙酮。

肝细胞以乙酰 CoA 为原料，先缩合生成 HMG-CoA，然后 HMG-CoA 裂解生成乙酰乙酸，乙酰乙酸还原生成 β-羟丁酸或脱羧生成丙酮。在肝外组织，特别是心肌、骨骼肌、脑和肾组织，乙酰乙酸和 β-羟丁酸经活化转变成乙酰乙酰 CoA，然后乙酰乙酰 CoA 分解成乙酰 CoA 进入三羧酸循环被彻底氧化。在正常情况下，机体肝外组织氧化利用酮体的能力大大超过肝内生成酮体的能力，故血中仅含少量酮体。在糖尿病等糖代谢障碍时，脂肪动员加强，当酮体的生成超过肝外氧化利用能力，使血中酮体升高，称为酮血症。如果尿中出现酮体，则称为酮尿症。由于 β-羟丁酸、乙酰乙酸都具有酸性，在血中浓度过高可导致酮症酸中毒。

（三）血浆脂蛋白的主要组成及功能

血浆脂蛋白的主要组成及功能见下表。

分类	超速离心法 （电泳法）	CM	VLDL （前 β-脂蛋白）	LDL （β-脂蛋白）	HDL （α-脂蛋白）
组成/%	蛋白质	1~2	5~10	20~25	45~55
	脂质	98~99	90~95	75~80	45~55
	甘油三酯	80~95	50~70	10	5
	磷脂	5~7	15	20	25
	总胆固醇	4~5	15~19	48~50	20~23
	游离胆固醇	1~2	5~7	8	5~6
	胆固醇酯	3	10~12	40~42	15~17
合成部位		小肠	肝	血浆	肝、小肠
主要功能		转运外源性甘油三酯、胆固醇	转运内源性甘油三酯、胆固醇	转运胆固醇到肝外组织	逆向转运胆固醇到肝

三、习题测试

（一）选择题

【A 型题】

1. 下列脂肪酸属于必需脂肪酸的是
   A. 软脂酸 　　　B. 硬脂酸 　　　C. 油酸 　　　D. 亚油酸 　　　E. 廿碳酸
2. 大鼠长期摄入去脂膳食后会导致体内主要缺乏
   A. 胆固醇 　　　　　　　B. 1,25-$(OH)_2$-D_3 　　　　　C. 前列腺素
   D. 磷脂酰胆碱 　　　　　E. 磷脂酰乙醇胺
3. 属于人体多不饱和脂肪酸的是
   A. 软脂酸、亚油酸 　　　　B. 软脂酸、油酸 　　　　　C. 硬脂酸、花生四烯酸
   D. 油酸、亚油酸 　　　　　E. 亚油酸、亚麻酸
4. 下列脂肪酸含有 3 个双键的是
   A. 软脂酸 　　　　　　　B. 油酸 　　　　　　　　C. 棕榈酸
   D. 亚麻酸 　　　　　　　E. 花生四烯酸
5. 在正常情况下机体储存的脂肪主要来自
   A. 脂肪酸 　　　　　　　B. 酮体 　　　　　　　　C. 类脂
   D. 葡萄糖 　　　　　　　E. 生糖氨基酸

6. 甘油三酯的合成不需要
   A. 脂酰 CoA   B. 甘油-3-磷酸   C. 甘油二酯
   D. CDP-甘油二酯   E. 磷脂酸

7. 甘油三酯合成过程中所需的甘油主要来自
   A. 葡萄糖分解代谢
   B. 糖异生提供
   C. 脂肪分解产生的甘油再利用
   D. 由氨基酸转变生成
   E. 甘油经甘油激酶活化生成的磷酸甘油

8. 脂肪动员的限速酶是
   A. 激素敏感性脂肪酶（HSL）   B. 胰脂酶
   C. 脂蛋白脂肪酶   D. 组织脂肪酶
   E. 辅脂酶

9. 下列激素属于抗脂解激素的是
   A. 胰高血糖素   B. 肾上腺素   C. ACTH
   D. 胰岛素   E. 促甲状腺素

10. 相同质量的下列物质在体内彻底氧化后释放能量最多的是
    A. 葡萄糖   B. 糖原   C. 脂肪   D. 胆固醇   E. 蛋白质

11. 下列生化反应过程只发生在线粒体中的是
    A. 葡萄糖的有氧氧化   B. 甘油的氧化分解   C. 软脂酰的 β-氧化过程
    D. 糖原的分解   E. 糖酵解

12. 脂肪动员大大加强时，肝内生成的乙酰 CoA 主要转变为
    A. 葡萄糖   B. 酮体   C. 胆固醇   D. 丙二酰 CoA   E. 脂肪酸

13. 下列与脂肪酸氧化无关的物质是
    A. 肉碱   B. CoASH   C. NAD^+ D. FAD   E. $NADP^+$

14. 下列脂肪酸 β-氧化过程的叙述不正确的是
    A. 反应在线粒体进行
    B. 反应在胞质中进行
    C. 代谢产物有 $NADH+H^+$ 与 $FADH_2$
    D. 代谢产物有乙酰 CoA
    E. 反应是在酶的催化下完成的

15. 脂肪酸氧化分解的限速酶是
    A. 硫激酶   B. 肉碱脂酰转移酶Ⅰ   C. 肉碱脂酰转移酶Ⅱ
    D. 脂酰 CoA 脱氢酶   E. β-羟脂酰 CoA 脱氢酶

16. 脂酰 CoA 进行 β-氧化的酶促反应顺序为
    A. 脱氢、脱水、再脱氢、硫解   B. 脱氢、加水、再脱氢、硫解
    C. 脱氢、再脱氢、加水、硫解   D. 硫解、脱氢、加水、再脱氢
    E. 缩合、还原、脱水、再还原

17. 肝中脂肪酸进行β-氧化不直接生成

    A. 乙酰 CoA   B. H_2O C. 脂酰 CoA   D. NADH   E. $FADH_2$

18. 下列硬脂酸氧化的叙述错误的是

    A. 包括活化、转移、β-氧化及最后经三羧酸循环彻底氧化 4 个阶段

    B. 1 分子硬脂酸彻底氧化可产生 106 分子 ATP

    C. 产物为 CO_2 和 H_2O

    D. 氧化过程的限速酶是肉碱脂酰转移酶 I

    E. 硬脂酸氧化在胞质及线粒体中进行

19. 肉碱的作用是

    A. 脂肪酸合成时所需的一种辅酶

    B. 转运脂肪酸进入肠上皮细胞

    C. 转运脂肪酸通过线粒体内膜

    D. 参与脂酰基转移的酶促反应

    E. 参与视网膜的暗适应

20. 下列酮体的叙述不正确的是

    A. 酮体包括乙酰乙酸、β-羟丁酸和丙酮

    B. 酮体是脂肪酸在肝中氧化的正常中间产物

    C. 糖尿病可引起血酮体升高

    D. 饥饿时酮体生成减少

    E. 酮体可以从尿中排出

21. 严重饥饿时脑组织的能量主要来源于

    A. 糖的氧化   B. 脂肪酸氧化   C. 氨基酸氧化

    D. 乳酸氧化   E. 酮体氧化

22. 饥饿时肝酮体生成增加,为防止酮症酸中毒的发生,应主要补充

    A. 葡萄糖   B. 亮氨酸   C. 苯丙氨酸

    D. ATP   E. 必需脂肪酸

23. 肝中生成乙酰乙酸的直接前体是

    A. 乙酰乙酰 CoA   B. β-羟丁酸   C. β-羟丁酰 CoA

    D. 羟甲基戊二酰辅酶 A   E. 甲羟戊酸

24. 肝生成酮体过多时意味着体内的代谢

    A. 脂肪摄取过多   B. 肝功能增强   C. 肝中脂代谢紊乱

    D. 糖供应不足   E. 脂肪转运障碍

25. 乙酰 CoA 的去路不包括

    A. 氧化供能   B. 合成酮体   C. 合成脂肪

    D. 合成胆固醇   E. 合成葡糖糖

26. 下列生化反应在线粒体中进行的是

    A. 脂肪酸的β-氧化   B. 脂肪酸的合成   C. 胆固醇的合成

    D. 甘油三酯的分解   E. 甘油磷脂的合成

27. 脂肪酸β-氧化酶系存在于

    A. 胞质   B. 内质网   C. 线粒体   D. 微粒体   E. 溶酶体

28. 下列脂肪酸氧化分解的叙述错误的是

    A. 在胞质中进行   B. 脂肪酸的活性形式是脂酰 CoA

    C. 有中间产物脂酰 CoA   D. 生成乙酰 CoA

    E. $NAD^+ \rightarrow NADH+H^+$

29. 脂肪酸合成过程中的供氢体是

    A. NADH   B. $FADH_2$ C. NADPH   D. $FMNH_2$ E. $CoQH_2$

30. 脂肪酸合成能力最强的是

    A. 脂肪组织   B. 乳腺   C. 肝   D. 肾   E. 脑

31. 下列维生素是乙酰 CoA 羧化酶辅助因子的是

    A. 泛酸   B. 叶酸   C. 硫胺素   D. 生物素   E. 钴胺素

32. 乙酰 CoA 用于合成脂肪酸时,需要由线粒体转运至胞质的途径是

    A. 三羧酸循环   B. 甘油-3-磷酸穿梭   C. 苹果酸穿梭

    D. 柠檬酸-丙酮酸循环   E. 葡萄糖-丙氨酸循环

33. 下列物质不参与脂肪酸合成的是

    A. 乙酰 CoA   B. 丙二酰 CoA   C. NADPH   D. ATP   E. CTP

34. 在胞质中通过脂肪酸合成酶系合成的脂肪酸碳链的长度为

    A. 12 碳   B. 14 碳   C. 16 碳   D. 18 碳   E. 20 碳

35. 下列脂肪酸合成的叙述不正确的是

    A. 脂肪酸合成酶系存在于胞质中

    B. 脂肪酸分子中全部碳原子均来源于丙二酰 CoA

    C. 生物素是辅助因子

    D. 消耗 ATP

    E. 需要 NADPH 参与

36. 葡萄糖-6-磷酸脱氢酶受到抑制,可以影响脂肪酸合成的原因是

    A. 糖的有氧氧化加速   B. NADPH 减少   C. 乙酰 CoA 减少

    D. ATP 含量降低   E. 糖原合成增加

37. 胞质中由乙酰 CoA 合成 1 分子软脂肪酸需要多少分子 NADPH

    A. 7   B. 8   C. 14   D. 16   E. 18

38. 脂肪酸合成时,乙酰 CoA 的来源是

    A. 线粒体生成后直接转运到胞质

    B. 线粒体生成后由肉碱携带转运到胞质

    C. 线粒体生成后转化为柠檬酸而转运到胞质

    D. 胞质直接提供

    E. 胞质中乙酰肉碱提供

39. 乙酰 CoA 不能合成

    A. 葡萄糖   B. 脂肪酸   C. 酮体   D. 磷脂   E. 胆固醇

40. 促进脂肪酸合成的激素是
    A. 胰高血糖素　　　　　　B. 肾上腺素　　　　　　C. 胰岛素
    D. 生长激素　　　　　　　E. 促甲状腺素

41. 乙酰 CoA 羧化酶的别构抑制剂是
    A. 乙酰 CoA　　　　　　　B. 长链脂酰 CoA　　　　C. cAMP
    D. 柠檬酸　　　　　　　　E. 异柠檬酸

42. 下列脂肪酸合成的叙述正确的是
    A. 脂肪酸的碳链全部由丙二酰 CoA 提供
    B. 不消耗 ATP
    C. 需要大量的 NADH 参与
    D. 生物素是参与合成的辅助因子
    E. 脂肪酸合成酶存在于内质网

43. 下列类脂的叙述不正确的是
    A. 磷脂、胆固醇及糖脂的总称
    B. 类脂是生物膜的基本成分
    C. 类脂的主要功能是维持正常生物膜的结构和功能
    D. 分布于体内各组织中,以神经组织中含量最少
    E. 因类脂含量变动很少,故又称固定脂

44. 通常生物膜中不存在的脂质是
    A. 脑磷脂　　　B. 卵磷脂　　　　C. 胆固醇　　　　D. 甘油三酯　　　E. 糖脂

45. 类脂在体内的主要功能是
    A. 氧化供能
    B. 保持体温,防止散热
    C. 维持正常生物膜的结构和功能
    D. 空腹或禁食时体内能量的主要来源
    E. 保护内脏器官

46. 生物膜中含量最多的脂质是
    A. 胆固醇　　　　　　　　B. 胆固醇酯　　　　　　C. 甘油磷脂
    D. 糖脂　　　　　　　　　E. 鞘磷脂

47. 下列磷脂中不含甘油的是
    A. 脑磷脂　　　　　　　　B. 卵磷脂　　　　　　　C. 心磷脂
    D. 肌醇磷脂　　　　　　　E. 神经鞘磷脂

48. 卵磷脂的组成成分是
    A. 脂肪酸、甘油、磷酸　　　　　B. 脂肪酸、甘油、磷酸、乙醇胺
    C. 脂肪酸、甘油、磷酸、胆碱　　D. 脂肪酸、甘油、磷酸、丝氨酸
    E. 脂肪酸、磷酸、胆碱

49. 甘油磷脂合成过程中需要的核苷酸是
    A. ATP、CTP　　B. CTP、TTP　　C. TTP、UTP　　D. UTP、GTP　　E. ATP、GTP

50. 磷脂酶 A_2 作用于磷脂酰胆碱的产物是
    A. 甘油、脂肪酸和磷酸胆碱　　　　B. 磷脂酸和胆碱
    C. 溶血磷脂酰胆碱和脂肪酸　　　　D. 溶血磷脂肪酸、脂肪酸和胆碱
    E. 甘油二酯和磷酸胆碱

51. 下列含有胆碱的磷脂是
    A. 脑磷脂　　　B. 卵磷脂　　　C. 心磷脂　　　D. 磷脂酸　　　E. 脑苷脂

52. 乙酰 CoA 穿过线粒体膜进入胞质是通过
    A. 丙氨酸-葡萄糖循环　　　B. 乳酸循环　　　C. 柠檬酸-丙酮酸循环
    D. 三羧酸循环　　　E. 苹果酸-天冬氨酸循环

53. 下列 HMG-CoA 还原酶的叙述不正确的是
    A. 此酶存在于细胞质中
    B. 此酶是胆固醇合成过程中的限速酶
    C. 胰岛素可以诱导此酶合成
    D. 此酶经磷酸化作用后活性可增强
    E. 胆固醇可反馈抑制此酶活性

54. 胆固醇合成过程中的限速酶是
    A. HMG-CoA 合酶　　　B. HMG-CoA 裂合酶　　　C. HMG-CoA 还原酶
    D. 鲨烯合酶　　　E. 鲨烯环化酶

55. 下列 HMG-CoA 的叙述不正确的是
    A. HMG-CoA 即是羟甲基戊二酰 CoA
    B. HMG-CoA 由乙酰 CoA 与乙酰乙酰 CoA 缩合而成
    C. HMG-CoA 都在线粒体生成
    D. HMG-CoA 是胆固醇合成过程的重要中间产物
    E. HMG-CoA 是生成酮体的前体

56. 下列物质不参与胆固醇合成过程的是
    A. CoASH　　　B. 乙酰 CoA　　　C. NADPH　　　D. ATP　　　E. H_2O

57. 体内合成胆固醇的原料是
    A. 丙酮酸　　　　　　　B. 苹果酸　　　　　　　C. 乙酰 CoA
    D. α-酮戊二酸　　　　　E. 草酸

58. 胆固醇不能转化为
    A. 胆红素　　　　　　　B. 胆汁酸　　　　　　　C. 1,25-$(OH)_2$-D_3
    D. 皮质醇　　　　　　　E. 雌二醇

59. 脂蛋白脂肪酶的作用是
    A. 催化肝细胞内甘油三酯水解
    B. 催化脂肪细胞内甘油三酯水解
    C. 催化 CM 和 VLDL 中甘油三酯水解
    D. 催化 LDL 和 HDL 中甘油三酯水解
    E. 催化 HDL_2 和 HDL_3 中甘油三酯水解

60. 肝细胞内脂肪合成后的主要去向是
    A. 被肝细胞氧化分解而使肝细胞获得能量
    B. 在肝细胞内水解
    C. 在肝细胞内合成 VLDL 并分泌入血
    D. 在肝内储存
    E. 转变为其他物质

61. 游离脂肪酸在血浆中主要的运输形式是
    A. CM   B. VLDL   C. LDL
    D. HDL   E. 与清蛋白结合

62. 乳糜微粒中含量最多的组分是
    A. 脂肪酸   B. 甘油三酯   C. 磷脂酰胆碱
    D. 蛋白质   E. 胆固醇

63. 载脂蛋白不具备的功能是
    A. 稳定脂蛋白结构   B. 激活肝外脂蛋白脂肪酶
    C. 激活激素敏感性脂肪酶   D. 激活卵磷脂胆固醇脂酰转移酶
    E. 激活肝脂肪酶

64. 下列血脂的叙述正确的是
    A. 均溶于水   B. 主要以脂蛋白形成存在
    C. 都来自肝   D. 脂肪与清蛋白结合被转运
    E. 与血细胞结合被运输

65. 血浆脂蛋白中转运外源性甘油三酯的是
    A. CM   B. VLDL   C. LDL   D. HDL   E. IDL

66. 血浆脂蛋白中转运内源性甘油三酯的是
    A. CM   B. VLDL   C. LDL   D. HDL   E. IDL

67. 血浆脂蛋白中将肝外胆固醇转运到肝进行代谢的是
    A. CM   B. VLDL   C. LDL   D. HDL   E. IDL

68. 下列 LDL 的叙述不正确的是
    A. LDL 在血浆中由 VLDL 转变而来
    B. LDL 即是 β-脂蛋白
    C. 富含 $ApoB_{48}$
    D. 富含 $ApoB_{100}$
    E. 是胆固醇含量最高的脂蛋白

69. 高密度脂蛋白的主要功能是
    A. 转运外源性脂肪   B. 转运内源性脂肪   C. 转运胆固醇至肝外
    D. 逆向转运胆固醇   E. 转运游离脂肪酸

70. 下列 HDL 的叙述不正确的是
    A. 主要由肝合成,其次在小肠合成
    B. 肝新合成的 HDL 呈圆盘状,主要由磷脂、胆固醇和载脂蛋白组成

C. HDL 成熟后呈球形，胆固醇酯含量增加

D. HDL 主要在肝降解

E. HDL 的主要功能是将血浆中胆固醇转运至肝内进行转化和排泄

【B 型题】

（1~4 题备选项）

A. 胞质   B. 线粒体   C. 胞质和线粒体

D. 胞质和内质网   E. 内质网和线粒体

1. 脂肪酸 β-氧化的酶存在于

2. 脂肪酸合成酶体系主要存在于

3. 胆固醇合成酶存在于

4. 肝内合成酮体的酶存在于

（5~10 题备选项）

A. 乙酰 CoA   B. 肉碱   C. NAD$^+$ D. CTP   E. NADP$^+$

5. 脂肪酸 β-氧化需要

6. 脂肪酸 β-氧化可生成

7. 脂肪酸合成需要

8. 胆固醇合成需要

9. 卵磷脂合成需要

10. 活化的脂肪酸转移进入线粒体需要

（11~13 题备选项）

A. HMG-CoA 合酶   B. HMG-CoA 裂合酶   C. HMG-CoA 还原酶

D. 乙酰乙酸硫激酶   E. 乙酰 CoA 羧化酶

11. 脂肪酸合成的限速酶是

12. 胆固醇合成的限速酶是

13. 只与酮体生成有关的酶是

（14~17 题备选项）

A. 长链脂酰 CoA   B. 胆固醇   C. 柠檬酸

D. ATP   E. 丙二酰 CoA

14. 乙酰 CoA 羧化酶的别构激活剂是

15. 乙酰 CoA 羧化酶的别构抑制剂是

16. HMG-CoA 还原酶的抑制剂是

17. 肉碱脂酰转移酶 I 的抑制剂是

（18~21 题备选项）

A. NAD$^+$ B. FAD   C. NADPH   D. 生物素   E. 泛酸

18. 脂酰 CoA 脱氢酶的辅酶是

19. β-羟丁酸脱氢酶的辅酶是

20. 乙酰 CoA 羧化酶的辅酶是

21. HMG-CoA 还原酶的辅酶是

（22~27题备选项）

    A. 乳糜微粒   B. 前 β-脂蛋白   C. β-脂蛋白

    D. α-脂蛋白   E. 清蛋白

22. CM 是

23. VLDL 是

24. LDL 是

25. HDL 是

26. $ApoB_{48}$ 主要存在于

27. $ApoB_{100}$ 主要存在于

（28~37题备选项）

    A. CM   B. VLDL   C. LDL   D. HDL   E. 清蛋白

28. 电泳速度最快的是

29. 在血浆中转变生成的是

30. 逆转胆固醇的是

31. 含甘油三酯最多的是

32. 转运游离脂肪酸的是

33. 转运外源性甘油三酯的是

34. 转运内源性甘油三酯的是

35. 含胆固醇及酯最多的是

36. 由小肠黏膜细胞合成的是

37. 由肝细胞合成的是

【C型题】

（1~3题备选项）

    A. 在内质网进行   B. 在胞质进行

    C. 两者均是   D. 两者均不是

1. 酮体的生成

2. 胆固醇的生物合成

3. 甘油磷脂的合成

（4~6题备选项）

    A. NAD^+ B. $NADPH+H^+$

    C. 两者均是   D. 两者均不是

4. 胆固醇生物合成需要

5. 脂肪酸的 β-氧化需要

6. 由糖转变为脂肪需要

（7~9题备选项）

    A. HMG-CoA 合酶   B. HMG-CoA 还原酶

    C. 两者都是   D. 两者都不是

7. 胆固醇生物合成的限速酶

8. 参与胆固醇生物合成的酶

9. 酮体生成的限速酶

（10、11 题备选项）

    A. 在内质网进行   B. 在线粒体内进行

    C. 两者均是   D. 两者均不是

10. 脂肪酸的 β-氧化过程

11. 脂肪酸的活化过程

（12、13 题备选项）

    A. 心肌   B. 脑

    C. 两者均是   D. 两者均不是

12. 合成酮体的组织是

13. 利用酮体的组织是

【X 型题】

1. 脂解激素包括

    A. 肾上腺素   B. 胰高血糖素   C. 胰岛素

    D. 去甲肾上腺素   E. 甲状腺素

2. 必需脂肪酸包括

    A. 油酸   B. 软油酸   C. 亚油酸

    D. 亚麻酸   E. 花生四烯酸

3. 脂肪酸氧化产生乙酰 CoA，不参与的代谢有

    A. 合成葡萄糖   B. 再合成脂肪酸   C. 合成酮体

    D. 合成胆固醇   E. 参与鸟氨酸循环

4. 下列脂肪酸氧化的叙述正确的有

    A. 脂肪酸在胞质中被活化并消耗 ATP

    B. β-氧化过程包括脱氢、加水、再脱氢、硫解 4 个连续的反应步骤

    C. 反应过程需要 FAD 和 $NADP^+$ 参与

    D. 生成的乙酰 CoA 可进入三羧酸循环被氧化

    E. 除硫激酶外，其余所有的酶都属于线粒体酶

5. 脂肪酸 β-氧化过程中需要的辅助因子有

    A. FAD   B. FMN   C. NAD^+ D. $NADP^+$ E. CoASH

6. 乙酰 CoA 可以来源于下列哪些物质的代谢

    A. 葡萄糖   B. 脂肪酸   C. 酮体   D. 胆固醇   E. 柠檬酸

7. 下列酮体的叙述正确的有

    A. 酮体是肝输出能源的重要方式

    B. 酮体包括乙酰乙酸、β-羟丁酸和丙酮

    C. 酮体在肝内生成，肝外氧化

    D. 饥饿可引起体内酮体增加

    E. 严重糖尿病患者血酮体水平升高

8. 下列因素可引起酮症的有
    A. 饥饿   B. 高脂低糖膳食   C. 糖尿病
    D. 高蛋白膳食   E. 高糖低脂膳食

9. 参与脂肪酸氧化的维生素有
    A. 维生素 B_1 B. 维生素 B_2 C. 维生素 PP
    D. 泛酸   E. 生物素

10. 下列代谢主要在线粒体中进行的有
    A. 脂肪酸 β-氧化   B. 脂肪酸合成   C. 酮体的生成
    D. 酮体的氧化   E. 胆固醇合成

11. 下列物质直接参与胆固醇合成的是
    A. 乙酰 CoA   B. 丙二酰 CoA   C. ATP
    D. NADH   E. NADPH

12. 胆固醇在体内可以转变为
    A. 维生素 D_2 B. 睾酮   C. 胆红素   D. 醛固酮   E. 鹅胆酸

13. 在肝外组织中使酮体转化成乙酰乙酰 CoA 的酶有
    A. 硫解酶   B. 硫酯酶   C. 乙酰乙酸硫激酶
    D. 琥珀酰 CoA 转硫酶   E. 硫激酶

14. 乙酰 CoA 羧化酶的别构激活剂是
    A. 乙酰 CoA   B. 柠檬酸   C. 异柠檬酸
    D. 长链脂酰 CoA   E. 胰岛素

15. 合成甘油磷脂共同需要的原料是
    A. 甘油   B. 脂肪酸   C. 胆碱   D. 乙醇胺   E. 磷酸盐

16. 参与血浆脂蛋白代谢的关键酶是
    A. 激素敏感性脂肪酶（HSL）
    B. 脂蛋白脂肪酶（LPL）
    C. 肝脂肪酶（HL）
    D. 卵磷脂胆固醇酰基转移酶（LCAT）
    E. 脂酰 CoA-胆固醇酰基转移酶（ACAT）

17. 脂蛋白的结构是
    A. 脂蛋白颗粒呈球状
    B. 脂蛋白具有亲水表面和疏水核心
    C. 载脂蛋白位于表面
    D. CM、VLDL 主要以甘油三酯为核心
    E. LDL、HDL 主要以胆固醇酯为核心

（二）名词解释
1. 脂肪动员   2. 脂肪酸的 β-氧化
3. 酮体   4. 必需脂肪酸
5. 高脂蛋白血症   6. 载脂蛋白

7. 脂肪肝　　　　　　　　　　　　　　8. 脂解激素

9. 抗脂解激素　　　　　　　　　　　　10. 磷脂

11. 脂蛋白脂肪酶（LPL）　　　　　　　12. 胆固醇的逆向转运（RCT）

（三）填空题

1. 血脂的运输形式是_____，电泳法可将其分为_____、_____、_____、_____4种。

2. 空腹血浆中含量最多的脂蛋白是_____，其主要作用是_____。

3. 合成胆固醇的主要原料是_____，供氢体是_____，限速酶是_____，胆固醇在体内可转化为_____、_____、_____。

4. 乙酰 CoA 的代谢去路包括_____、_____、_____、_____。

5. 脂肪动员的限速酶是_____。此酶受多种激素控制，促进脂肪动员的激素称_____，抑制脂肪动员的激素称_____。

6. 脂酰 CoA 的 β-氧化经过_____、_____、_____和_____4个连续反应步骤。

7. 酮体包括_____、_____、_____。

8. 脂肪酸合成的主要原料是_____，供氢体是_____，它们都主要来源于_____。

9. 脂肪酸合成酶系主要存在于_____，_____内的乙酰 CoA 需经_____循环转运至_____用于合成脂肪酸。

10. 脂肪酸合成的限速酶是_____，其辅助因子是_____。

11. 在磷脂合成过程中，胆碱可由食物提供，亦可由_____及_____在体内合成，胆碱及乙醇胺由活化的_____及_____提供。

12. 人体含量最多的甘油磷脂是_____和_____。

（四）问答题

1. 何谓酮体？酮体是如何生成及氧化利用的？

2. 简述甘油的代谢途径。

3. 为什么吃糖多了人体会发胖（写出主要反应过程）？脂肪能转变成葡萄糖吗？为什么？

4. 简述磷脂在体内的主要生理功能。写出合成卵磷脂所需要的物质。

5. 简述脂肪肝的成因。

6. 简述饥饿或糖尿病患者出现酮症的原因。

7. 简述血脂的来源和去路。

8. 脂蛋白分为几类？各种脂蛋白的主要功能是什么？

9. 简述载脂蛋白的种类及主要作用。

10. 胰高血糖素、胰岛素是如何调节脂肪代谢的？

四、参考答案

（一）选择题

【A型题】

1. D	2. C	3. E	4. D	5. D	6. D	7. A	8. A
9. D	10. C	11. C	12. B	13. E	14. B	15. B	16. B
17. B	18. B	19. C	20. D	21. E	22. A	23. D	24. D
25. E	26. A	27. C	28. A	29. C	30. C	31. D	32. D
33. E	34. C	35. B	36. B	37. C	38. C	39. A	40. C
41. B	42. D	43. D	44. B	45. C	46. C	47. E	48. C
49. A	50. C	51. B	52. C	53. D	54. C	55. C	56. E
57. C	58. A	59. C	60. B	61. E	62. B	63. C	64. B
65. A	66. B	67. C	68. C	69. D	70. B		

【B型题】

1. B	2. A	3. D	4. B	5. C	6. C	7. A	8. A
9. D	10. B	11. E	12. C	13. B	14. C	15. A	16. B
17. E	18. B	19. A	20. D	21. C	22. A	23. B	24. C
25. D	26. A	27. C	28. B	29. C	30. D	31. A	32. E
33. A	34. B	35. C	36. A	37. B			

【C型题】

1. D	2. C	3. A	4. B	5. A	6. C	7. B	8. C
9. A	10. B	11. D	12. D	13. C			

【X型题】

1. ABDE	2. CDE	3. ABE	4. ABDE	5. ACE	6. ABCE
7. ABCDE	8. ABC	9. BCD	10. ACD	11. ACE	12. BDE
13. CD	14. ABC	15. ABE	16. BCD	17. ABCDE	

（二）名词解释

1. 储存在脂肪组织细胞中的脂肪经脂肪酶逐步水解为游离脂肪酸和甘油并释放入血被组织利用的过程称为脂肪动员。

2. 脂肪酸的 β-氧化是从脂酰基的 β 碳原子开始,进行脱氢、加水、再脱氢及硫解 4 步连续的反应,将脂酰基断裂生成 1 分子乙酰 CoA 和比原来少 2 个碳原子的脂酰 CoA 的过程。

3. 酮体包括乙酰乙酸、β-羟丁酸和丙酮,是脂肪酸在肝氧化分解的特有产物。

4. 维持机体生命活动所必需、但体内不能合成必须由食物提供的脂肪酸称为必需脂肪酸。

5. 血脂高于正常人上限即为高脂血症。由于血脂是以脂蛋白的形式存在和运输的,故高脂血症即为高脂蛋白血症。

6. 血浆脂蛋白中的蛋白部分称为载脂蛋白。它们的主要功能是转运脂质、稳定脂蛋白结构、识别脂蛋白受体、调节脂蛋白代谢关键酶。

7. 在肝细胞合成的脂肪不能顺利移出而造成堆积称为脂肪肝。

8. 脂解激素是使甘油三酯脂肪酶活性增强而促进脂肪分解的激素。

9. 抗脂解激素是使甘油三酯脂肪酶活性降低而抑制脂肪分解的激素。

10. 含有磷酸的脂质物质称为磷脂。

11. 脂蛋白脂肪酶（LPL）是存在于毛细血管内皮细胞中、水解脂蛋白中脂肪的酶。

12. 在 HDL 的作用下，将胆固醇从肝外组织转向肝内的过程称为胆固醇的逆向转运（RCT）。

（三）填空题

1. 脂蛋白　CM　前 β-脂蛋白　β-脂蛋白　α-脂蛋白

2. 低密度脂蛋白　转运内源性胆固醇至肝外

3. 乙酰 CoA　NADPH　HMG-CoA 还原酶　胆汁酸　1,25-$(OH)_2$-D_3　类固醇激素

4. 经三羧酸循环氧化供能　合成脂肪酸　合成胆固醇　合成酮体

5. 激素敏感性脂肪酶　脂解激素　抗脂解激素

6. 脱氢　加水　再脱氢　硫解

7. 乙酰乙酸　β-羟丁酸　丙酮

8. 乙酰 CoA　NADPH　糖代谢

9. 胞质　线粒体　丙酮酸-柠檬酸　胞质

10. 乙酰 CoA 羧化酶　生物素

11. 丝氨酸　甲硫氨酸　CDP-胆碱　CDP-乙醇胺

12. 卵磷脂　脑磷脂

（四）问答题

1. 何谓酮体？酮体是如何生成及氧化利用的？

答：酮体包括乙酰乙酸、β-羟丁酸和丙酮。酮体是在肝细胞内由乙酰 CoA 经 HMG-CoA 转化而来的，但肝不能利用酮体。在肝外组织，酮体经乙酰乙酸硫激酶或琥珀酰 CoA 转硫酶催化后，转变成乙酰 CoA 并进入三羧酸循环，被氧化利用。

2. 简述甘油的代谢途径。

答：合成脂肪；进行糖异生；氧化分解供能。

3. 为什么吃糖多了人体会发胖（写出主要反应过程）？脂肪能转变成葡萄糖吗？为什么？

答：人吃过多的糖造成体内能量物质过剩，进而合成脂肪储存，所以会发胖。主要反应过程为：葡萄糖→丙酮酸→乙酰 CoA→合成脂肪酸→脂酰 CoA；葡萄糖→磷酸二羟丙酮→甘油-3-磷酸；脂酰 CoA+甘油-3-磷酸→脂肪（储存）。

脂肪分解产生脂肪酸和甘油，脂肪酸不能转变成葡萄糖。因为脂肪酸氧化产生的乙酰 CoA 不能逆转为丙酮酸，但脂肪分解产生的甘油可以通过糖异生而生成葡萄糖。

4. 简述磷脂在体内的主要生理功能。写出合成卵磷脂所需要的物质。

答：（1）磷脂在体内的主要生理功能是构成生物膜、参与细胞识别及信息传递。

（2）合成卵磷脂需要脂肪酸、甘油、磷酸盐及胆碱。

5. 简述脂肪肝的成因。

答：肝是合成脂肪的主要器官，在肝细胞合成的脂肪不能顺利移出而造成堆积，称为脂肪肝。在正常生理条件下，在肝细胞合成的脂肪主要以 VLDL 的形式移出。由于磷脂合成的原料不足等原因，造成 VLDL 合成障碍，使肝内脂肪不能及时转移出肝而造成堆积，形成脂肪肝。

6. 简述饥饿或糖尿病患者出现酮症的原因。

答：在正常生理条件下，肝外组织氧化利用酮体的能力大大超过肝内生成酮体的能力，血中仅含少量的酮体。出现饥饿、糖尿病等糖代谢障碍时，脂肪动员加强，脂肪酸的氧化也加强，肝生成酮体大大增加，当酮体的生成超过肝外组织的氧化利用能力时，血酮体升高，可导致酮血症、酮尿症及酮症酸中毒。

7. 简述血脂的来源和去路。

答：(1) 血脂的来源为食物消化吸收、糖等物质转变成脂、脂库分解。

(2) 血脂的去路：①氧化供能；②储存；③构成生物膜；④转变为其他物质。

8. 脂蛋白分为几类？各种脂蛋白的主要功能是什么？

答：脂蛋白分为四类，即 CM、VLDL（前 β-脂蛋白）、LDL（β-脂蛋白）和 HDL（α-脂蛋白）。

它们的主要功能分别是转运外源性甘油三酯、转运内源性甘油三酯、转运肝内胆固醇至肝外及逆向转运胆固醇。

9. 简述载脂蛋白的种类及主要作用。

答：载脂蛋白主要有 A、B、C、D、E 五大类及许多亚类，如 AⅠ、AⅡ、CⅠ、CⅡ、CⅢ、B_{48}、B_{100} 等。载脂蛋白的主要作用是结合转运脂质并稳定脂蛋白结构，调节脂蛋白代谢关键酶，识别脂蛋白受体等，如 apoAⅠ 激活 LCAT，apoCⅡ 可激活 LPL，$apoB_{100}$、apoE 识别 LDL 受体等。

10. 胰高血糖素、胰岛素是如何调节脂肪代谢的？

答：胰高血糖素增加激素敏感性脂肪酶（HSL）的活性，促进脂酰基进入线粒体，抑制乙酰 CoA 羧化酶的活性，故能增加脂肪的分解及脂肪酸的氧化，抑制脂肪酸合成。胰岛素抑制 HSL 及肉碱脂酰转移酶 Ⅰ 的活性，增加乙酰 CoA 羧化酶的活性，故能促进脂肪合成，抑制脂肪分解及脂肪酸的氧化。

（邵世滨）

第八章 | 氨基酸代谢

一、内容要点

蛋白质是生命的物质基础，氨基酸是蛋白质的基本组成单位。体内细胞不停地利用氨基酸合成蛋白质、分解蛋白质成为氨基酸，然后氨基酸再进一步代谢。因此，氨基酸代谢是蛋白质分解代谢的中心内容。

氮平衡表明摄入氮和排出氮之间的关系，可以反映人体蛋白质的代谢状况。氮平衡有3种类型：氮的总平衡、氮的正平衡和氮的负平衡。

必需氨基酸是人体所需要，但又不能在体内合成，必须由食物供给的氨基酸。必需氨基酸有9种：苏氨酸、缬氨酸、亮氨酸、异亮氨酸、赖氨酸、甲硫氨酸、苯丙氨酸、色氨酸、组氨酸。蛋白质营养价值的高低取决于其所含必需氨基酸的种类是否齐全、数量是否充足、比例是否与人体蛋白质相接近，越接近者，营养价值越高，反之则越低。营养价值较低的蛋白质混合食用，必需氨基酸可以相互补充，从而提高营养价值，称为蛋白质的互补作用。

氨基酸分解代谢主要是通过脱氨基作用，生成氨和 α-酮酸。体内脱氨基的方式有氧化脱氨、转氨基、联合脱氨，其中以联合脱氨作用最为重要。联合脱氨作用是通过转氨酶与 L-谷氨酸脱氢酶联合作用脱氨。肌肉组织中存在另一种联合脱氨方式，即嘌呤核苷酸循环。大多数氨基酸能进行转氨基作用，最为重要的转氨酶是丙氨酸转氨酶（谷丙转氨酶）和天冬氨酸转氨酶（谷草转氨酶），前者在肝细胞中含量最高，后者在心肌细胞中含量最高。

血氨的来源有3条途径：体内氨基酸的脱氨基作用（主要来源）、肠道产氨和肾泌氨。氨的转运有两种形式，即丙氨酸-葡萄糖循环和谷氨酰胺运氨。氨的主要去路是在肝通过鸟氨酸循环途径合成尿素。

氨是一种剧毒物质，肝几乎是唯一合成尿素的器官，尿素是氨基酸在人体内代谢的终产物，主要通过肾排泄。肝功能严重损伤时，尿素合成发生障碍，血氨浓度升高，称为高氨血症。严重时影响大脑功能，可产生昏迷，即肝昏迷（肝性脑病）。

一碳单位是指某些氨基酸在分解代谢过程中产生的含有一个碳原子的基团，包括甲基（—CH_3）、甲烯基（—CH_2—）、甲炔基（—CH＝）、甲酰基（—CHO）和亚氨甲基（—CH＝NH）等。在体内一碳单位不能游离存在，四氢叶酸（FH_4）是其载体。一碳单位通常结合在 FH_4 分子的 N^5、N^{10} 位上。一碳单位主要来源于甘氨酸、丝氨酸、组氨酸及色氨酸的代谢。一碳单位的主要生理功能是参与嘌呤及嘧啶的合成,在核酸生物合成中占有重要地位。

含硫氨基酸包括甲硫氨酸、半胱氨酸和胱氨酸。甲硫氨酸在体内代谢的主要意义在于产生 S-腺苷甲硫氨酸(SAM),SAM 为体内多种物质的甲基化反应提供甲基。半胱氨酸和胱氨酸可以互变,其代谢可产生活性硫酸根(PAPS)、GSH、牛磺酸等物质。

芳香族氨基酸包括苯丙氨酸、酪氨酸和色氨酸。苯丙氨酸羟化生成酪氨酸是其主要代谢去路,后者进一步代谢生成甲状腺素、儿茶酚胺、黑色素等重要物质。色氨酸除生成5-羟色胺,还可进行分解代谢,产生一碳单位、烟酸等。

二、重点和难点解析

(一)氨基酸脱氨基作用

1. 氧化脱氨作用　氧化脱氨作用是指在酶的催化下,氨基酸脱去氨基同时伴随脱氢氧化的过程。L-谷氨酸由 L-谷氨酸脱氢酶催化脱氢生成亚谷氨酸,再水解脱氨生成 α-酮戊二酸和氨。但此酶只能催化 L-谷氨酸氧化脱氨,不能承担体内其他氨基酸的脱氨基作用。

2. 转氨基作用　转氨基作用是指 α-氨基酸的氨基在氨基转移酶(即转氨酶)的催化下,转移至 α-酮酸的酮基上,生成相应的 α-氨基酸;而原来的 α-氨基酸则转变成相应的 α-酮酸。大多数氨基酸均能进行转氨基反应。转氨酶所催化的反应是可逆的,反应没有使氨基真正脱下,只是发生氨基转移。

3. 联合脱氨作用　联合脱氨作用是指转氨基作用与氧化脱氨作用相偶联,使氨基酸的 α-氨基脱去并产生游离氨的过程。联合脱氨作用是脱氨基作用的主要方式,其逆过程是合成非必需氨基酸的主要途径。

4. 嘌呤核苷酸循环　肌肉中 L-谷氨酸脱氢酶活性不高,故肌肉组织中的氨基酸主要通过嘌呤核苷酸循环脱氨。在此过程中,氨基酸首先通过连续的转氨基作用,将氨基转移给草酰乙酸,生成天冬氨酸;天冬氨酸与次黄嘌呤核苷酸(IMP)反应生成腺苷酸基琥珀酸,后者经过裂解释放出延胡索酸,并生成腺嘌呤核苷酸(AMP)。AMP 在活性较强的腺苷酸脱氨酶催化下脱去氨基生成 IMP,最终完成了氨基酸的脱氨基作用。IMP 可再参加循环,延胡索酸则可经三羧酸循环转变成草酰乙酸,再次参加转氨基反应。

(二)氨的代谢

1. 体内氨的来源

(1)氨基酸脱氨基作用:这是体内氨的主要来源。

(2)肠道吸收:食物蛋白质经肠道细菌的腐败作用产生的氨,及血中尿素扩散入肠道后经细菌尿素酶作用水解生成的氨,均可在肠道被吸收。

(3)肾小管上皮细胞分泌:血液中的谷氨酰胺流经肾脏时可被肾小管上皮细胞中的谷氨酰胺酶催化,水解生成谷氨酸和 NH_3,NH_3 可被吸收入血,成为血氨的又一来源。

(4)其他来源:其他含氮化合物如胺类、嘌呤、嘧啶等分解时可产生少量氨。

2. 体内氨的去路

(1)合成尿素:肝几乎是唯一合成尿素的器官。反应可分为 4 步:①氨基甲酰磷酸的合成（线粒体），氨与 CO_2 在氨基甲酰磷酸合成酶 I 催化下合成氨基甲酰磷酸。②瓜氨酸的合成（线粒体），在鸟氨酸氨甲酰基转移酶的催化下，将氨基甲酰磷酸的氨甲酰基转移至鸟氨酸上生成瓜氨酸。③精氨酸的合成（胞质），瓜氨酸与天冬氨酸在精氨酸代琥珀酸合成酶的催化下，由 ATP 供能，合成精氨酸代琥珀酸，后者在精氨酸代琥珀酸裂合酶催化下，分解成为精氨酸和延胡索酸。在尿素合成的酶系中，精氨酸代琥珀酸合成酶的活性最低，是尿素合成的限速酶。④精氨酸水解生成尿素（胞质），精氨酸在精氨酸酶的作用下水解生成尿素和鸟氨酸，鸟氨酸再进入线粒体参与瓜氨酸的合成，如此反复循环，尿素不断合成。

合成尿素的两个氮原子，一个来自氨基酸脱氨基生成的氨，另一个则由天冬氨酸提供，都是直接或间接来源于多种氨基酸。尿素的生成是耗能过程，每合成 1 分子尿素需消耗 3 分子 ATP（消耗 4 个高能磷酸键，其中每一个氮原子进入尿素合成途径时消耗 2 个高能磷酸键）。

（2）合成谷氨酰胺：在脑、肌肉等组织中，有毒的氨与谷氨酸合成无毒的谷氨酰胺。

（3）其他代谢途径：合成非必需氨基酸，参与嘌呤、嘧啶碱等含氮化合物的合成。

（三）甲硫氨酸循环

甲硫氨酸在 ATP 供能的情况下，由腺苷转移酶作用生成 S-腺苷甲硫氨酸（SAM）。SAM 的甲基被高度活化，称为活性甲硫氨酸。SAM 在甲基转移酶催化下，将甲基转移给某化合物生成甲基化合物，然后水解除去腺苷，生成同型半胱氨酸，后者在甲硫氨酸合成酶（又称 N^5-CH_3-FH_4 转甲基酶，辅酶为维生素 B_{12}）作用下，从 N^5-甲基四氢叶酸获得甲基再合成甲硫氨酸，形成一个循环过程，称为甲硫氨酸循环。

三、习题测试

（一）选择题

【A型题】

1. 下列人群处于氮的总平衡状态的是
    A. 婴幼儿   B. 青少年   C. 成年人
    D. 孕妇   E. 消耗性疾病患者
2. 中国营养学会推荐成人每日蛋白质需要量约为
    A. 20g   B. 40g   C. 60g   D. 80g   E. 50g
3. 下列食物蛋白质互补作用的叙述不正确的是
    A. 通常将营养价值较低的蛋白质混合食用
    B. 使食物中必需氨基酸相互补充
    C. 能够提高混合食物蛋白质的营养价值
    D. 谷类与豆类食物适合混合食用
    E. 适用于蛋白质营养价值高的食物混合食用
4. 氧化脱氨作用中最重要的酶是
    A. L-谷氨酸脱氢酶   B. D-谷氨酸脱氢酶   C. L-氨基酸氧化酶
    D. D-氨基酸氧化酶   E. 转氨酶

5. 生物体内氨基酸脱氨基作用的主要方式是

    A. 氧化脱氨　　　　　　　B. 嘌呤核苷酸循环　　　　　　C. 还原脱氨基

    D. 转氨基作用　　　　　　E. 联合脱氨

6. 经脱氨基作用直接生成 α-酮戊二酸的氨基酸是

    A. 丝氨酸　　　　B. 甘氨酸　　　　C. 谷氨酸　　　　D. 天冬氨酸　　　　E. 苏氨酸

7. 经转氨基作用生成草酰乙酸的氨基酸是

    A. 甘氨酸　　　　　　　　B. 天冬氨酸　　　　　　　　C. 丝氨酸

    D. 苏氨酸　　　　　　　　E. 甲硫氨酸

8. ALT 活性最高的组织是

    A. 脑　　　　　B. 心肌　　　　　C. 肝　　　　　D. 骨骼肌　　　　E. 肾

9. AST 活性最高的组织是

    A. 心肌　　　　B. 脑　　　　　C. 骨骼肌　　　　D. 肾　　　　　E. 肝

10. 转氨酶的辅酶组分是

    A. 泛酸　　　　　　　　　B. 磷酸吡哆醛　　　　　　　C. 烟酸

    D. 硫胺素　　　　　　　　E. 核黄素

11. 转氨酶的辅酶中含有的维生素是

    A. 维生素 B_1　　　　　　B. 维生素 B_{12}　　　　　C. 维生素 C

    D. 维生素 B_6　　　　　　E. 维生素 B_2

12. 急性肝炎时血清中活性升高的酶是

    A. LDH_1、ALT　　　　　B. LDH_5、ALT　　　　　C. LDH_5、AST

    D. LDH_1、AST　　　　　E. CK

13. 心肌梗死时血清中活性升高的酶是

    A. LDH_1、ALT　　　　　B. LDH_5、ALT　　　　　C. LDH_1、AST

    D. LDH_5、AST　　　　　E. AST、ALT

14. 血清 AST 活性升高最常见于

    A. 胰腺炎　　　　　　　　B. 脑动脉栓塞　　　　　　　C. 肾炎

    D. 急性心肌梗死　　　　　E. 肝炎

15. 心肌和骨骼肌中最主要的脱氨基反应是

    A. 转氨基作用　　　　　　B. 联合脱氨作用　　　　　　C. 嘌呤核苷酸循环

    D. 氧化脱氨作用　　　　　E. 非氧化脱氨作用

16. 三羧酸循环和尿素循环中共同存在的中间物质是

    A. 草酰乙酸　　　　　　　B. α-酮戊二酸　　　　　　　C. 琥珀酸

    D. 延胡索酸　　　　　　　E. 柠檬酸

17. 下列组织中主要通过嘌呤核苷酸循环进行脱氨基作用的是

    A. 肝　　　　　B. 肾　　　　　C. 脑　　　　　D. 肌肉　　　　　E. 肺

18. 肾产生的氨主要来自

    A. 联合脱氨作用　　　　　B. 谷氨酰胺水解　　　　　　C. 尿素水解

    D. 氧化脱氨作用　　　　　E. 胺的氧化

19. 体内氨基酸分解产生的 NH_3 主要的储存形式是
    A. 天冬氨酸　　　　　　　　B. 尿素　　　　　　　　　　C. 谷氨酰胺
    D. 丙氨酸　　　　　　　　　E. 氨基甲酰磷酸
20. 组织之间氨的主要运输形式是
    A. 尿素　　　　B. NH_4Cl　　　　C. 甲硫氨酸　　　D. 谷氨酰胺　　　E. 鸟氨酸
21. 氨在人体内最主要的代谢去路是
    A. 合成必需氨基酸　　　　B. 合成尿素随尿排出　　　C. 合成 NH_4^+ 随尿排出
    D. 合成非必需氨基酸　　　E. 合成嘌呤及嘧啶
22. 血氨的最主要来源是
    A. 氨基酸脱氨基作用
    B. 蛋白质腐败作用
    C. 体内胺类物质分解
    D. 尿素在肠道细菌尿素酶作用下产生的氨
    E. 肾小管远端谷氨酰胺水解产生的氨
23. 血氨的来源不包括
    A. 氨基酸脱氨　　　　　　　B. 肠道细菌代谢产氨
    C. 肠腔尿素分解产氨　　　　D. 肾小管细胞
    E. 转氨基作用生成的氨
24. 在线粒体中进行反应的是
    A. 鸟氨酸与氨基甲酰磷酸　　B. 瓜氨酸与天冬氨酸
    C. 精氨酸生成反应　　　　　D. 精氨酸水解生成尿素的反应
    E. 延胡索酸生成的反应
25. 鸟氨酸循环的限速酶是
    A. 氨基甲酰磷酸合成酶　　　B. 鸟氨酸氨基甲酰转移酶
    C. 精氨酸代琥珀酸合成酶　　D. 精氨酸代琥珀酸裂合酶
    E. 精氨酸酶
26. 鸟氨酸循环中合成尿素的第二分子氨来源于
    A. 游离氨　　　B. 谷氨酰胺　　　C. 谷氨酸　　　D. 天冬氨酸　　　E. 天冬酰胺
27. 促进鸟氨酸循环的氨基酸是
    A. 丙氨酸　　　B. 甘氨酸　　　C. 精氨酸　　　D. 谷氨酸　　　E. 天冬氨酸
28. 合成 1 分子尿素消耗
    A. 2 个高能磷酸键的能量　　B. 3 个高能磷酸键的能量
    C. 4 个高能磷酸键的能量　　D. 5 个高能磷酸键的能量
    E. 6 个高能磷酸键的能量
29. 氨基酸分解代谢的终产物最主要是
    A. 尿素　　　B. 肌酸　　　C. 尿酸　　　D. 胆碱　　　E. NH_3
30. 氨中毒根本原因是
    A. 合成谷氨酰胺减少　　　　B. 氨基酸在体内分解代谢增强

C. 肾衰竭排出障碍   D. 肝功能损伤不能合成尿素

E. 肠吸收氨过量

31. 血氨代谢去路不包括

A. 合成氨基酸   B. 合成尿素   C. 合成谷氨酰胺

D. 合成含氮化合物   E. 合成肌酸

32. 氨基酸脱羧酶的辅酶是

A. 磷酸吡哆醛   B. 维生素 B_1 C. 维生素 B_2

D. 维生素 B_{12} E. 维生素 PP

33. γ-氨基丁酸（GABA）由哪种氨基酸转化生成

A. 谷氨酸   B. 天冬氨酸   C. 苏氨酸   D. 色氨酸   E. 甲硫氨酸

34. 下列哪项不是 γ-氨基丁酸（GABA）具有的生理功能

A. 中枢神经系统抑制性神经递质

B. 可用于治疗小儿惊厥

C. 可用于治疗妊娠呕吐

D. 能够抑制中枢神经系统的过度兴奋

E. 有兴奋中枢神经系统的作用

35. 组胺由哪种氨基酸转化生成

A. 甘氨酸   B. 组氨酸   C. 丝氨酸   D. 色氨酸   E. 甲硫氨酸

36. 下列哪项不是组胺的生理功能

A. 能够刺激胃酸分泌   B. 能舒张血管和增加毛细血管通透性

C. 能够引起过敏反应   D. 能引起血压下降和局部水肿

E. 有消除神经紧张的作用

37. 体内转运一碳单位的载体是

A. 维生素 B_{12} B. 叶酸   C. 生物素

D. 硫胺素   E. 四氢叶酸

38. 下列物质中不是一碳单位的是

A. $-CH_3$ B. CO_2 C. $-CH_2-$

D. $-CH=$ E. $-CH=NH-$

39. 体内 FH_4 缺乏时合成受阻的物质是

A. 脂肪酸   B. 胆固醇   C. 嘌呤核苷酸

D. 糖原   E. 氨基酸

40. 甲基的直接供体是

A. 肾上腺素   B. S-腺苷甲硫氨酸   C. 甲硫氨酸

D. 胆碱   E. N^{10}-甲基四氢叶酸

41. 由 S-腺苷甲硫氨酸提供的活性甲基实际来源于

A. N^5-甲基四氢叶酸   B. N^5, N^{10}-亚甲基四氢叶酸

C. N^5, N^{10}-次甲基四氢叶酸   D. N^5-亚甲基四氢叶酸

E. N^{10}-甲酰基四氢叶酸

42. 合成活性硫酸根（PAPS）需要

    A. 酪氨酸   B. 半胱氨酸   C. 甲硫氨酸   D. 苯丙氨酸   E. 谷氨酸

43. 白化病根本原因之一是因为先天性缺乏

    A. 酪氨酸转氨酶   B. 对羟苯丙氨酸氧化酶   C. 酪氨酸酶

    D. 尿黑酸氧化酶   E. 苯丙氨酸羟化酶

44. 与黑色素合成有关的氨基酸是

    A. 酪氨酸   B. 组氨酸   C. 丙氨酸   D. 苏氨酸   E. 甲硫氨酸

【B 题型】

（1、2 题备选项）

    A. SAM   B. PAPS   C. NAD$^+$ D. FAD   E. FMN

1. 可提供硫酸基团的是

2. 可提供活性甲基的是

（3、4 题备选项）

    A. 亮氨酸   B. 苯丙氨酸   C. 甲硫氨酸

    D. 甘氨酸   E. 精氨酸

3. 尿素循环中出现的是

4. 属于含硫氨基酸的是

（5~7 题备选项）

    A. γ-谷氨酰基循环   B. 葡萄糖-丙氨酸循环   C. 甲硫氨酸循环

    D. 尿素循环   E. 嘌呤核苷酸循环

5. 肌肉代谢产生的氨在血中运输方式是

6. 肌肉中氨基酸脱氨基的方式是

7. 细胞内提供活性甲基的方式是

（8、9 题备选项）

    A. 腺苷酸基琥珀酸   B. 精氨酸   C. 氨基甲酰磷酸

    D. 天冬氨酸   E. 鸟氨酸

8. 裂解生成尿素的物质是

9. 尿素合成的起点和终点均出现的是

（10、11 题备选项）

    A. 尿素   B. 尿酸   C. 多胺

    D. 精氨酸代琥珀酸   E. 腺苷酸基琥珀酸

10. 氨基酸代谢的终产物是

11. 鸟氨酸循环的中间产物是

（12、13 题备选项）

    A. 维生素 B_{12} B. 磷酸吡哆醛   C. NAD$^+$

    D. 四氢叶酸   E. 维生素 PP

12. 转氨酶的辅酶是

13. N^5-CH$_3$-FH$_4$ 转甲基酶的辅酶是

（14、15题备选项）

A. 苯丙氨酸羟化酶   B. 苯丙氨酸转氨酶

C. 酪氨酸酶   D. 酪氨酸羟化酶

E. 酪氨酸转氨酶

14. 苯丙酮尿症是由于哪种酶的缺陷

15. 白化病与哪种酶的缺陷有关

【C 型题】

（1、2题备选项）

A. 缬氨酸   B. 丝氨酸

C. 两者均是   D. 两者均否

1. 属于必需氨基酸的是

2. 可产生一碳单位的氨基酸是

（3~5题备选项）

A. 甲硫氨酸   B. 半胱氨酸

C. 两者均是   D. 两者均否

3. 可为物质合成提供甲基的是

4. 分解后可形成 PAPS 的是

5. 参加 GSH 组成的是

（6、7题备选项）

A. GTP   B. ATP

C. 两者均是   D. 两者均否

6. 转氨基反应消耗

7. 尿素合成时消耗

【X 型题】

1. 体内常参与转氨基作用的 α-酮酸有

A. α-酮戊二酸   B. 丙酮酸   C. 草酰乙酸

D. 苯丙酮酸   E. 对羟苯丙酮酸

2. 嘌呤核苷酸循环脱氨基作用主要在

A. 肝组织   B. 心肌组织   C. 脑组织

D. 骨骼肌组织   E. 肺组织

3. 组织之间氨的主要运输形式有

A. NH_4Cl B. 尿素   C. 丙氨酸   D. 谷氨酰胺   E. 鸟氨酸

4. 消除血氨的方式有

A. 合成氨基酸   B. 合成尿素   C. 合成谷氨酰胺

D. 合成含氮化合物   E. 合成肌酸

5. 氨基酸经脱氨基产生的 α-酮酸的去路有

A. 氧化供能   B. 转变成脂肪   C. 转变成糖

D. 转变成酮体   E. 转变成非必需氨基酸

6. 体内提供一碳单位的氨基酸有

    A. 甘氨酸   B. 亮氨酸   C. 色氨酸   D. 组氨酸   E. 赖氨酸

7. 一碳单位的主要形式有

    A. —CH=NH—   B. —CHO—   C. —CH_2—

    D. —CH_3 E. —CH=

8. 当体内 FH_4 缺乏时,合成受阻的物质是

    A. 脂肪酸   B. 糖原   C. 嘌呤核苷酸

    D. RNA 和 DNA   E. 嘧啶核苷酸

9. 叶酸可以转变成的物质有

    A. 二氢硫辛酸   B. 泛酸   C. 二氢叶酸

    D. 四氢叶酸   E. 硫酸

10. 体内含硫氨基酸有

    A. 精氨酸   B. 鸟氨酸   C. 甲硫氨酸

    D. 半胱氨酸   E. 胱氨酸

11. 酪氨酸可转变生成的物质有

    A. 嘧啶   B. 黑色素   C. 肾上腺素

    D. 去甲肾上腺素   E. 甲状腺素

12. 与黑色素合成有关的物质有

    A. 酪氨酸   B. 苯丙氨酸   C. 酪氨酸酶   D. 甲硫氨酸   E. 苏氨酸

13. 苯丙氨酸和酪氨酸代谢缺陷时可能导致

    A. 苯丙酮尿症   B. 白化病   C. 尿黑酸症

    D. 镰刀状红细胞性贫血   E. 蚕豆病

(二)名词解释

1. 氮平衡   2. 营养必需氨基酸

3. 食物蛋白质的互补作用   4. 联合脱氨作用

5. 一碳单位

(三)填空题

1. 摄入氮=排出氮称为＿＿＿＿＿＿＿＿＿,摄入氮>排出氮称为＿＿＿＿＿＿＿＿＿,摄入氮<排出氮称为＿＿＿＿＿＿＿＿＿。

2. 正常情况下,肝组织中活性最高的转氨酶是＿＿＿＿＿＿＿＿＿;心肌组织中活性最高的转氨酶是＿＿＿＿＿＿＿＿＿。

3. 氨基酸脱氨基的方式有＿＿＿＿＿＿＿＿＿、＿＿＿＿＿＿＿＿＿、＿＿＿＿＿＿＿＿＿。

4. 体内氨的来源是＿＿＿＿＿＿＿＿＿、＿＿＿＿＿＿＿＿＿、＿＿＿＿＿＿＿＿＿。

5. 体内氨的去路是＿＿＿＿＿＿＿＿＿、＿＿＿＿＿＿＿＿＿、＿＿＿＿＿＿＿＿＿。

6. 尿素合成的主要部位是＿＿＿＿＿＿＿,尿素合成启动以后的关键酶是＿＿＿＿＿＿＿。

7. 鸟氨酸循环的亚细胞定位在＿＿＿＿＿＿＿＿＿和＿＿＿＿＿＿＿＿＿。

8. 谷氨酸脱羧基生成＿＿＿＿＿＿＿＿＿,组氨酸脱羧基生成＿＿＿＿＿＿＿＿＿。

9. 一碳单位包括＿＿＿＿＿＿＿＿＿、＿＿＿＿＿＿＿＿＿、＿＿＿＿＿＿＿＿＿、

_____、_____。

10. 在体内一碳单位不能游离存在，_____是其载体。

11. 一碳单位通常结合在 FH_4 分子的_____、_____位上。

12. 含硫氨基酸包括_____和_____。

13. _____是体内活性甲基的供体，_____是体内活性甲基的间接供体。

14. 儿茶酚胺是_____代谢转变而来，包括_____、_____、_____三种物质。

（四）问答题

1. 简述血氨的来源与去路。

2. 简述在蛋白质分解代谢中谷氨酰胺的生成及其作用。

3. 简述丙氨酸-葡萄糖循环的过程及其意义。

4. 简述鸟氨酸循环及其意义。

5. 从生物化学角度阐明肝性脑病的发病机制。

四、参考答案

（一）选择题

【A 型题】

1. C	2. D	3. E	4. A	5. E	6. C	7. B	8. C
9. A	10. B	11. D	12. B	13. C	14. D	15. C	16. D
17. D	18. B	19. C	20. D	21. B	22. A	23. E	24. A
25. C	26. D	27. C	28. C	29. A	30. D	31. E	32. A
33. A	34. E	35. B	36. E	37. E	38. B	39. C	40. B
41. A	42. B	43. C	44. A				

【B 型题】

1. B	2. A	3. E	4. C	5. B	6. E	7. C	8. B
9. E	10. A	11. D	12. B	13. A	14. A	15. C	

【C 型题】

1. A	2. B	3. A	4. B	5. B	6. D	7. B

【X 型题】

1. ABC	2. BD	3. CD	4. ABCD	5. ABCDE	6. ACD
7. ABCDE	8. CDE	9. CD	10. CDE	11. BCDE	12. ABC
13. ABC					

（二）名词解释

1. 测定摄入食物的含氮量（摄入氮）及尿与粪中的含氮量（排出氮），可反映体内蛋白质的代谢概况，称为氮平衡。

2. 由食物提供、体内不能合成的氨基酸称为营养必需氨基酸。

3. 将几种营养价值较低的蛋白质混合食用，以提高蛋白质的营养价值，称为食物蛋白质的互补作用。

4. 由转氨酶催化的转氨基作用和 L-谷氨酸脱氢酶催化的谷氨酸氧化脱氨作用联合进行，称为联合脱氨作用。

5. 某些氨基酸在代谢过程中可分解生成含有一个碳原子的化学基团，包括甲基、甲烯基、甲炔基、甲酰基、亚氨甲基等，统称为一碳单位。

（三）填空题

1. 氮的总平衡　氮的正平衡　氮的负平衡

2. ALT　AST

3. 氧化脱氨　转氨基　联合脱氨

4. 氨基酸脱氨　肠道吸收氨　肾产氨

5. 合成尿素　合成非必需氨基酸　合成其他含氮化合物

6. 肝脏　精氨酸代琥珀酸合成酶

7. 胞质　线粒体

8. γ-氨基丁酸　组胺

9. 甲基　甲烯基　甲炔基　甲酰基　亚氨甲基

10. 四氢叶酸

11. N^5　N^{10}

12. 甲硫氨酸　半胱氨酸

13. S-腺苷甲硫氨酸　$N^5—CH_3—FH_4$

14. 酪氨酸　多巴胺　去甲肾上腺素　肾上腺素

（四）问答题

1. 简述血氨的来源与去路。

答：(1) 血氨的来源：氨基酸脱氨基、肠道吸收、肾产生。

(2) 血氨的去路：合成尿素、重新合成非必需氨基酸、合成其他含氮化合物。

2. 简述在蛋白质分解代谢中谷氨酰胺的生成及其作用。

答：谷氨酰胺的生成是氨在组织中的解毒方式。大脑、骨骼肌、心肌等是生成谷氨酰胺的主要组织。谷氨酰胺的合成对维持中枢神经系统的正常活动具有重要作用。谷氨酰胺又是氨在体内的运输形式，经过血液运输至肝、肾及小肠等组织中参加进一步代谢。在肾中，谷氨酰胺经谷氨酰胺酶水解释放氨，NH_3 可与肾小管管腔内的 H^+ 结合成 NH_4^+ 随尿排出，以促进排出多余的 H^+ 并换回 Na^+，从而调节酸碱平衡。

3. 简述丙氨酸-葡萄糖循环的过程及其意义。

答：肌肉中的氨基酸经转氨基作用将氨基转移至丙酮酸，丙酮酸接受氨基生成丙氨酸，即以丙氨酸的形式携带着肌肉氨基酸脱下的氨经血液运输到肝。在肝中，丙氨酸经联合脱氨作用释放出氨，可用于合成尿素。脱氨后生成的丙酮酸异生为葡萄糖，葡萄糖可进入血液输送至肌肉，在肌肉中葡萄糖又可分解成丙酮酸，供再次接受氨基生成丙氨酸，如此循环地将氨从肌肉中转运到肝，此途径称为丙氨酸-葡萄糖循环。

丙氨酸-葡萄糖循环的意义为：一方面使肌肉中氨以无毒的丙氨酸形式运输到肝，以便进一步代谢；另一方面又使肝为肌肉提供了葡萄糖，作为肌肉活动的供能物质。

4. 简述鸟氨酸循环及其意义。

答：鸟氨酸循环是指鸟氨酸与氨基甲酰磷酸（由 NH_3、CO_2 和 ATP 缩合生成）反应生成瓜氨酸，瓜氨酸再与另一分子氨生成精氨酸，精氨酸在精氨酸酶的催化下水解生成尿素和鸟氨酸，鸟氨酸可再重复上述过程。如此循环一次，2 分子氨和 1 分子 CO_2 变成 1 分子尿素。

鸟氨酸循环的意义为：通过鸟氨酸循环合成尿素是血氨的主要代谢去路，是体内解除氨毒的重要方式。

5. 从生物化学角度阐明肝性脑病的发病机制。

答：当肝功能严重受损时，尿素合成受阻，血氨浓度升高，大量氨进入脑组织，与 α-酮戊二酸结合生成谷氨酸及谷氨酰胺，以解除氨的毒性。因为氨使脑组织中 α-酮戊二酸的过度消耗，而导致三羧酸循环减慢，ATP 生成减少，致使大脑供能不足，引起大脑功能障碍，严重时发生昏迷，称为肝性脑病，又称肝昏迷。

（王　齐）

第九章 | 核苷酸代谢

一、内容要点

人体所需的核苷酸主要由机体细胞自身合成，所以核苷酸不属于人体的营养必需物质。体内核苷酸的合成有两种形式：从头合成途径和补救合成途径。

嘌呤核苷酸从头合成是在核糖-5-磷酸的基础上逐渐合成嘌呤环的。最先合成的核苷酸是次黄嘌呤核苷酸（IMP），IMP 再转变成 AMP 和 GMP。参与嘌呤核苷酸补救合成的酶有腺嘌呤磷酸核糖基转移酶（APRT）、次黄嘌呤-鸟嘌呤磷酸核糖基转移酶（HGPRT）和腺苷激酶。嘌呤核苷酸补救合成的意义为：一方面是补救合成过程简单，耗能少，节省了从头合成的能量和一些氨基酸的消耗；另一方面对脑和骨髓等组织有着重要意义。莱施-奈恩综合征（或称自毁容貌症）是由于先天基因缺陷导致 HGPRT 缺失所引起的一种遗传代谢性疾病。

嘧啶核苷酸从头合成的主要原料包括谷氨酰胺、CO_2、天冬氨酸和核糖-5-磷酸。嘧啶核苷酸从头合成最主要的特点是先合成嘧啶环，再与核糖-5-磷酸相连；首先生成的核苷酸是 UMP，之后 UMP 在 UTP 水平上被氨基化成胞苷酸（CTP）。参与嘧啶核苷酸补救合成的主要酶是嘧啶磷酸核糖转移酶，它能催化尿嘧啶、胸腺嘧啶及乳清酸生成相应的嘧啶核苷酸，但对胞嘧啶不起作用。

除 dTMP 外，脱氧核糖核苷酸是由相应的核糖核苷酸在核苷二磷酸的水平上直接还原而成的。dTMP 由 dUMP 经甲基化生成。

嘌呤（或嘧啶）核苷酸的抗代谢物是一些嘌呤、嘧啶、氨基酸及叶酸等的类似物。

人体嘌呤碱分解代谢的终产物是尿酸。嘧啶碱分解产物是 NH_3、CO_2 和小分子的 β-丙氨酸、β-氨基异丁酸。

二、重点和难点解析

（一）核苷酸从头合成的原料与特点

1. 嘌呤核苷酸从头合成原料　核糖-5-磷酸、甘氨酸、谷氨酰胺、一碳单位、天冬氨酸、CO_2。主要特点：在核糖-5-磷酸的基础上逐渐合成嘌呤环。

2. 嘧啶核苷酸从头合成原料　谷氨酰胺、CO_2、天冬氨酸、核糖-5-磷酸。主要特点：先合成嘧啶环，再与核糖-5-磷酸相连。

（二）核苷酸补救合成的生理意义与临床意义

1. 生理意义　核苷酸补救合成的意义：一方面补救合成过程简单，耗能少，节省了从头合成的能量和一些氨基酸的消耗；另一方面对于脑和骨髓等组织有着重要意义。

2. 临床意义　莱施-奈恩综合征（自毁容貌症）是由于先天基因缺陷导致 HGPRT 缺失引起的一种遗传代谢性疾病。

（三）核苷酸抗代谢物的基本作用机制

核苷酸抗代谢物主要以竞争性抑制或"以假乱真"的方式干扰或阻断核苷酸的合成代谢，从而进一步阻止核酸和蛋白质生物合成。肿瘤细胞的核酸和蛋白质合成较正常组织旺盛，能摄取更多的抗代谢物，从而使其生长受到抑制，所以这些抗代谢物具有抗肿瘤的作用。

1. 竞争性抑制　某些核苷酸抗代谢物与核苷酸合成代谢中的底物结构相似，因此对相应的酶可产生竞争性抑制作用，从而抑制核苷酸的合成。

2. 以假乱真　某些核苷酸抗代谢物的衍生物可代替正常核苷酸参与核酸分子的组成，破坏核酸分子的结构。

（四）嘌呤的分解

1. 终产物　尿酸，黄嘌呤氧化酶是尿酸生成的关键酶。

2. 尿酸与痛风　尿酸的水溶性较差，当血中尿酸含量超过 0.48mmol/L 时，尿酸盐结晶可沉积于关节、软组织、软骨和肾等处，最终导致关节炎、尿路结石及肾脏疾病等，称为痛风。

3. 痛风的治疗　别嘌醇是一种抑制尿酸生成的药物，常用来治疗痛风。别嘌醇结构与次黄嘌呤类似，只是在分子中的 N_7 与 C_8 互换了位置，可竞争性抑制黄嘌呤氧化酶，从而抑制尿酸的生成。

三、习题测试

（一）选择题

【A 型题】

1. 下列嘌呤核苷酸从头合成的叙述正确的是

　　A. 氨基甲酰磷酸为嘌呤环提供氨基甲酰

　　B. 嘌呤环的 N 原子均来自氨基酸的 α-氨基

　　C. 合成过程中不会产生自由的嘌呤碱

　　D. AMP 和 GMP 的合成均由 ATP 供能

　　E. 首先合成嘌呤碱，再与 PRPP 结合成嘌呤核苷酸

2. 体内进行嘌呤核苷酸从头合成的最主要组织是

　　A. 小肠黏膜　　　B. 骨髓　　　　C. 胸腺　　　　D. 脾　　　　E. 肝

3. 嘌呤核苷酸从头合成首先合成的是

　　A. GMP　　　　　B. AMP　　　　C. IMP　　　　D. XMP　　　　E. ATP

4. 下列物质中不是嘌呤核苷酸从头合成的直接原料的是

　　A. 甘氨酸　　　　B. 天冬氨酸　　C. 谷氨酸　　　D. 一碳单位　　E. CO_2

5. 莱施-奈恩综合征是因为体内缺乏

    A. HGPRT   B. IMP 脱氢酶   C. 腺苷激酶

    D. 磷酸核糖酰胺转移酶   E. PRPP 合成酶

6. 嘧啶核苷酸从头合成的特点是

    A. 先合成碱基，再合成核苷酸

    B. 氨基甲酰磷酸在线粒体中合成

    C. 谷氨酸提供氮原子

    D. 需要一碳单位的参与

    E. 不需要 CO_2 的参与

7. 下列酶中参与嘧啶核苷酸的补救合成的是

    A. 脱羧酶   B. 脱氢酶   C. 胞苷激酶

    D. 嘧啶磷酸核糖转移酶   E. 氨基甲酰磷酸合成酶

8. 胸腺嘧啶的甲基来自

    A. N^5, N^{10}-甲炔 FH_4 B. N^5, N^{10}-甲烯 FH_4 C. N^{10}-甲酰 FH_4

    D. N^5-亚氨甲基 FH_4 E. N^5-甲基 FH_4

9. 催化 dUMP 转变成 dTMP 的酶是

    A. 核糖核苷酸还原酶   B. 甲基转移酶   C. 胸苷酸合酶

    D. 核苷酸激酶   E. 脱氧胸苷激酶

10. 脱氧核糖核苷酸是由下列哪种物质直接还原而成

    A. 核糖   B. 核糖核苷   C. 核苷一磷酸

    D. 核苷二磷酸   E. 核苷三磷酸

11. 下列 6-巯基嘌呤的叙述错误的是

    A. 抑制 IMP 生成 AMP   B. 抑制 IMP 生成 GMP

    C. 抑制腺苷生成 AMP   D. 抑制鸟嘌呤生成 GMP

    E. 抑制次黄嘌呤生成 IMP

12. 氮杂丝氨酸能干扰下列哪种物质参与核苷酸的合成

    A. 丝氨酸   B. 叶酸   C. 谷氨酰胺   D. 天冬氨酸   E. 甘氨酸

13. 甲氨蝶呤的抑癌机制是可以竞争性抑制

    A. 核糖核苷酸还原酶   B. 甲基转移酶   C. 胸苷酸合酶

    D. 二氢叶酸还原酶   E. 脱氧胸苷激酶

14. 5-FU 是下列哪种物质的类似物

    A. 尿嘧啶   B. 胸腺嘧啶   C. 胞嘧啶   D. 腺嘌呤   E. 次黄嘌呤

15. 5-FU 抗癌作用的机制是

    A. 合成错误的 DNA

    B. 抑制尿嘧啶的生成

    C. 抑制胞嘧啶的生成

    D. 抑制 dTMP 的合成

    E. 抑制二氢叶酸还原酶的活性

16. 人体内嘌呤碱分解的终产物是

    A. 尿素　　　　B. 尿酸　　　　C. 肌酸　　　　D. 丙氨酸　　　　E. 肌酸酐

17. 痛风是由于体内哪种物质升高引起的

    A. 尿素　　　　B. 甘油三酯　　C. 胆固醇　　D. 尿酸　　　　E. LDL

18. 别嘌醇治疗痛风的机制是抑制

    A. 腺苷脱氢酶　　　　　　　B. 尿酸氧化酶　　　　　　C. 黄嘌呤氧化酶

    D. 鸟嘌呤脱氢酶　　　　　　E. 核苷磷酸化酶

19. 体内催化尿酸生成的关键酶是

    A. 核苷磷酸化酶　　　　　　B. 鸟嘌呤脱氨酶　　　　　C. 腺苷脱氨酶

    D. 黄嘌呤氧化酶　　　　　　E. 尿酸氧化酶

20. 下列哪种酶的缺失可导致痛风

    A. 腺苷脱氢酶

    B. 鸟嘌呤-次黄嘌呤磷酸核糖转移酶（HGPRT）

    C. 黄嘌呤氧化酶

    D. 鸟嘌呤脱氢酶

    E. 核苷磷酸化酶

21. 在体内能分解产生 β-氨基异丁酸的核苷酸是

    A. AMP　　　　B. GMP　　　　C. CMP　　　　D. dTMP　　　　E. UMP

22. 下列化合物中既参与 UMP 的合成，又参与 IMP 的合成

    A. 天冬酰胺　　　　　　　　B. 谷氨酰胺　　　　　　　C. 甘氨酸

    D. 甲硫氨酸　　　　　　　　E. 一碳单位

23. 阿糖胞苷抗肿瘤作用的机制是

    A. 抑制 IMP 生成 GMP　　　　　　B. 抑制 UTP 生成 CTP

    C. 抑制 IMP 生成 AMP　　　　　　D. 抑制 CDP 生成 dCDP

    E. 抑制 dUMP 生成 dTMP

24. 抗肿瘤药物阿糖胞苷是抑制下列哪种酶的活性而干扰核苷酸合成的

    A. 二氢叶酸还原酶　　　　　B. 二氢乳清酸脱氢酶

    C. 胸苷酸合酶　　　　　　　D. 核糖核苷酸还原酶

    E. 氨基甲酰转移酶

25. 下列哪条途径能作为氨基酸代谢与核苷酸代谢的桥梁

    A. 戊糖磷酸途径　　　　　　B. 三羧酸循环　　　　　　C. 一碳单位代谢

    D. 嘌呤核苷酸循环　　　　　E. 鸟氨酸循环

26. 下列哪种物质能将核苷酸代谢与糖代谢联系起来

    A. 核糖-5-磷酸　　　　　　B. 一碳单位　　　　　　　C. 天冬氨酸

    D. 葡萄糖　　　　　　　　　E. 核苷

27. 某老年男性患者关节疼痛，经检查，血浆尿酸达到 600μmol/L，医生劝他不要食用动物肝脏，原因是肝富含

    A. 氨基酸　　　B. 糖原　　　　C. 嘌呤碱　　　D. 嘧啶碱　　　E. 胆固醇

28. 患者，男性，51岁，近3年来出现关节炎症状和尿路结石，进食肉类食物时病情加重。该患者发生的疾病涉及的代谢途径是

    A. 糖代谢   B. 脂代谢   C. 嘌呤核苷酸代谢

    D. 嘧啶核苷酸代谢   E. 氨基酸代谢

29. 患者，男性，50岁，夜间关节剧烈疼痛伴红肿，医院检查发现血尿酸为 680μmol/L。如果你是医生，该患者所患的疾病可能是

    A. 风湿性关节炎   B. 痛风

    C. 类风湿关节炎   D. 系统性红斑狼疮

    E. 糖尿病周围神经病变

30. 患儿，男性，2岁，智力发育障碍并有咬自己的手指和足趾等自残行为。该患儿所患的疾病可能是

    A. 莱施-奈恩综合征   B. 苯丙酮尿症   C. 呆小症

    D. 乳清酸尿症   E. 缺微量元素

【B型题】

（1~4题备选项）

    A. 参与嘌呤核苷酸的从头合成

    B. 参与嘌呤核苷酸的补救合成

    C. 参与嘧啶核苷酸的从头合成

    D. 参与嘧啶核苷酸的分解

    E. 参与嘌呤核苷酸的分解

1. 一碳单位

2. HGPRT

3. 黄嘌呤氧化酶

4. 氨基甲酰磷酸合成酶Ⅱ

（5~9题备选项）

    A. 抑制嘌呤核苷酸的从头合成

    B. 抑制 dCDP 的生成

    C. 抑制 dTMP 的生成

    D. 抑制嘧啶核苷酸的分解

    E. 抑制尿酸的生成

5. 6-MP

6. 氮杂丝氨酸

7. 5-氟尿嘧啶

8. 阿糖胞苷

9. 别嘌醇

（10~13题备选项）

    A. 痛风   B. 苯丙酮尿症   C. 莱施-奈恩综合征

    D. 白化病   E. 乳清酸尿症

10. 嘌呤核苷酸分解代谢加强可导致

11. HGPRT 缺陷可导致

12. 酪氨酸酶缺乏可导致

13. 嘧啶核苷酸合成障碍可导致

（14~17 题备选项）

　　A. 嘧啶类似物　　　　　　B. 叶酸类似物　　　　　　C. 次黄嘌呤类似物

　　D. 谷氨酰胺类似物　　　　E. 核糖类似物

14. 6-MP 属于

15. 5-FU 属于

16. MTX 属于

17. 别嘌醇属于

（18~20 题备选项）

　　A. 尿酸　　　　　　　　　B. 尿素　　　　　　　　　C. β-氨基异丁酸

　　D. β-羟丁酸　　　　　　　E. 氨基甲酰磷酸

18. 鸟苷酸分解的终产物是

19. 在体内水平升高可引发痛风的是

20. 脱氧胸苷酸的分解产物是

【C 型题】

（1~4 题备选项）

　　A. 氨基甲酰磷酸合成酶 I　　　B. 氨基甲酰磷酸合成酶 II

　　C. 两者均可　　　　　　　　　D. 两者均不可

1. 存在于哺乳类动物的肝中的是

2. 参与尿素的合成的是

3. 参与嘧啶的合成的是

4. 参与嘌呤的合成的是

（5~7 题备选项）

　　A. 嘌呤核苷酸的合成　　　　　B. 嘧啶核苷酸的合成

　　C. 两者均可　　　　　　　　　D. 两者均不可

5. 一碳单位参与

6. CO_2 参与

7. 天冬氨酸参与

（8~10 题备选项）

　　A. 脑　　　　　　　　　　　　B. 肝

　　C. 两者均可　　　　　　　　　D. 两者均不可

8. 能进行核苷酸补救合成的是

9. 能进行核苷酸从头合成的是

10. 不能进行核苷酸从头合成的是

（11~13题备选项）

    A. AMP   B. UMP

    C. 两者均可   D. 两者均不可

11. 能分解产生尿酸的是

12. 能分解产生 β-氨基异丁酸的是

13. 能分解产生 β-丙氨酸的是

【X 型题】

1. 下列嘌呤核苷酸的从头合成叙述正确的有

    A. IMP 可转变成 AMP

    B. 合成中不会产生游离的嘌呤碱

    C. 嘌呤环的氮原子均来自氨基酸

    D. N^{10}-甲酰 FH_4 为嘌呤环提供甲酰基

    E. IMP 合成 AMP 和 GMP 时都需要 ATP 供能

2. 嘌呤核苷酸从头合成的原料包括

    A. 核糖-5-磷酸   B. CO_2 C. 一碳单位

    D. 谷氨酰胺和天冬氨酸   E. 延胡索酸

3. 下列嘌呤核苷酸补救合成途径的叙述错误的有

    A. 主要在肝中进行

    B. 核苷可在核苷酸酶的直接催化下生成核苷酸

    C. 是脑组织合成核苷酸的唯一途径

    D. 与从头合成相比，需要消耗更多的氨基酸等原料

    E. 嘌呤碱与 PRPP 经酶可直接生成嘌呤核苷酸

4. 合成嘌呤核苷酸和嘧啶核苷酸的共同原料是

    A. 谷氨酰胺   B. 天冬氨酸   C. 甘氨酸

    D. CO_2 E. 一碳单位

5. 嘧啶核苷酸从头合成的原料包括

    A. 核糖-5-磷酸   B. 谷氨酰胺   C. CO_2

    D. 一碳单位   E. 天冬氨酸

6. 嘧啶磷酸核糖转移酶能催化的底物包括

    A. 尿嘧啶   B. 胸腺嘧啶   C. 胞嘧啶   D. 乳清酸   E. 鸟苷

7. 氨基甲酰磷酸可用于下列哪种物质的合成

    A. 尿酸   B. 尿素   C. 嘧啶   D. 肌酸   E. 尿苷酸

8. 下列嘧啶核苷酸从头合成的叙述错误的是

    A. 嘧啶碱是在 PRPP 的基础上生成的

    B. 先生成的是 UMP

    C. 胞苷酸是直接由 UMP 氨基化而成的

    D. 氨基甲酰磷酸是在线粒体中生成的

    E. 氮原子都是由谷氨酰胺提供的

9. 6-MP 抗代谢的机制包括

    A. 抑制 IMP 生成 AMP   B. 抑制 IMP 生成 GMP

    C. 其结构与次黄嘌呤相似   D. 抑制补救途径

    E. 抑制次黄嘌呤的合成

10. 能抑制嘌呤核苷酸从头合成的抗代谢物有

    A. 6-MP   B. 氮杂丝氨酸   C. 甲氨蝶呤

    D. 5-FU   E. 阿糖胞苷

11. 叶酸类似物可抑制

    A. 嘌呤核苷酸的从头合成   B. 嘌呤核苷酸的补救合成

    C. 嘧啶核苷酸的从头合成   D. 嘧啶核苷酸的补救合成

    E. dTMP 的生成

12. 临床上常作为肿瘤靶点的酶是

    A. 二氢叶酸还原酶   B. 二氢乳清酸脱氢酶   C. 胸苷酸合酶

    D. 核糖核苷酸还原酶   E. 氨基甲酰转移酶

13. 下列物质能分解产生尿酸的有

    A. AMP   B. UMP   C. IMP   D. TMP   E. CMP

14. 下列情况可能与痛风的产生有关的有

    A. 嘌呤核苷酸分解增强   B. 嘧啶核苷酸分解增强

    C. 嘧啶核苷酸合成增强   D. 尿酸生成过多

    E. 尿酸排泄障碍

15. 别嘌醇抑制尿酸生成的机制包括

    A. 别嘌醇是次黄嘌呤的类似物

    B. 别嘌醇抑制黄嘌呤氧化酶

    C. 别嘌醇可降低痛风患者体内尿酸水平

    D. 别嘌醇使痛风患者尿中次黄嘌呤和黄嘌呤的排泄量减少

    E. 别嘌醇抑制鸟嘌呤转变为黄嘌呤

16. 人体内嘧啶碱的分解产物包括

    A. CO_2 B. β-氨基酸   C. NH_3 D. 尿酸   E. 尿素

（二）名词解释

1. 从头合成途径   2. 补救合成途径   3. 痛风

（三）填空题

1. 体内核苷酸的合成有＿＿＿＿＿＿＿和＿＿＿＿＿＿＿两条途径。

2. 在嘌呤核苷酸从头合成中首先合成＿＿＿＿＿＿＿，然后由＿＿＿＿＿＿＿提供氨基转化为 AMP，由＿＿＿＿＿＿＿提供氨基转化为 GMP。

3. 体内脱氧核苷酸是由＿＿＿＿＿＿＿直接还原而生成；dTMP 是由＿＿＿＿＿＿＿经甲基化而成的。

4. 嘌呤碱在体内分解代谢的终产物是＿＿＿＿＿＿＿，当血中浓度超过 0.48mmol/L 时，可导致＿＿＿＿＿＿＿，临床上常用＿＿＿＿＿＿＿治疗。

5. 嘧啶核苷酸分解代谢的终产物是＿＿＿＿＿＿＿、＿＿＿＿＿＿＿、＿＿＿＿＿＿＿。

（四）问答题

1. 比较嘌呤核苷酸和嘧啶核苷酸从头合成途径的异同。
2. 核苷酸抗代谢物的抗肿瘤机制是什么？请举例说明。
3. 嘌呤核苷酸的补救合成有何意义？
4. 简述别嘌醇治疗痛风的生化机制。

四、参考答案

（一）选择题

【A 型题】

1. C	2. E	3. C	4. C	5. A	6. A	7. D	8. B
9. C	10. D	11. C	12. C	13. D	14. B	15. D	16. B
17. D	18. C	19. D	20. B	21. D	22. B	23. D	24. D
25. C	26. A	27. C	28. C	29. B	30. A		

【B 型题】

1. A	2. B	3. E	4. C	5. A	6. A	7. C	8. B
9. E	10. A	11. C	12. D	13. E	14. C	15. A	16. B
17. C	18. A	19. A	20. C				

【C 型题】

1. C	2. A	3. B	4. D	5. A	6. C	7. C	8. A
9. B	10. A	11. A	12. D	13. B			

【X 型题】

1. ABCD	2. ABCD	3. ABD	4. ABD	5. ABCE	6. ABD
7. BC	8. ACDE	9. ABCDE	10. ABC	11. AE	12. AC
13. AC	14. ADE	15. ABC	16. ABC		

（二）名词解释

1. 从头合成途径是指利用核糖-5-磷酸、氨基酸、一碳单位及 CO_2 等简单物质为原料，经过一系列酶促反应合成核苷酸的过程。

2. 补救合成途径是指利用体内游离的碱基或核苷，经过简单的反应合成核苷酸的过程。

3. 由于嘌呤核苷酸代谢障碍等原因导致血中尿酸含量升高，当超过 0.48mmol/L 时，尿酸盐结晶沉积于关节、软组织、软骨和肾等处，最终导致关节炎、尿路结石及肾疾病等，临床上称为痛风。

（三）填空题

1. 从头合成　补救合成
2. IMP　天冬氨酸　谷氨酰胺
3. 核苷二磷酸　dUMP
4. 尿酸　痛风　别嘌醇

5. NH_3、CO_2、β-氨基酸

（四）问答题

1. 比较嘌呤核苷酸和嘧啶核苷酸从头合成途径的异同。

答：嘌呤核苷酸和嘧啶核苷酸从头合成途径的异同列表如下。

		嘌呤核苷酸从头合成途径	嘧啶核苷酸从头合成途径
相同点		都需要核糖-5-磷酸（PRPP）、谷氨酰胺、天冬氨酸、CO_2 为原料	
不同点	原料	还需一碳单位、甘氨酸	
	反应过程	在核糖-5-磷酸的基础上逐渐合成嘌呤环；首先合成的是 IMP	先合成嘧啶环，再与核糖-5-磷酸相连；首先生成的是 UMP
	起始阶段关键酶	PRPP 合成酶和磷酸核糖酰胺转移酶	氨基甲酰磷酸合成酶Ⅱ

2. 核苷酸抗代谢物的抗肿瘤机制是什么？请举例说明。

答：主要是以竞争性抑制或"以假乱真"的方式干扰或阻断核苷酸的合成代谢，从而进一步阻止核酸和蛋白质生物合成。肿瘤细胞的核酸和蛋白质合成较正常组织旺盛，能摄取更多的抗代谢物，从而使其生长受到抑制。例如，5-FU 是临床上常用的抗肿瘤药物。5-FU 的结构与胸腺嘧啶相似，在体内转变成 FdUMP。FdUMP 与 dUMP 的结构相似，是胸苷酸合酶的抑制剂，可阻断 dTMP 的合成，进而影响 DNA 的合成。

3. 嘌呤核苷酸的补救合成有何意义？

答：嘌呤核苷酸的补救合成意义有两个方面。一方面补救合成过程简单，耗能少，这样节省了从头合成的能量和一些氨基酸的消耗。另一方面补救合成对体内某些组织有重要意义，如脑和骨髓等缺乏从头合成的酶系，只能进行嘌呤核苷酸的补救合成。

4. 简述别嘌醇治疗痛风的生化机制。

答：别嘌醇治疗痛风的基本机制是抑制尿酸的生成。主要通过两个方面的作用实现：①作为次黄嘌呤类似物，可竞争性抑制黄嘌呤氧化酶，从而直接抑制尿酸的生成；②别嘌醇与 PRPP 反应生成别嘌醇核苷酸，这样一是消耗了核苷酸合成所必需的 PRPP，减弱了嘌呤核苷酸的从头合成，使尿酸生成减少，二是别嘌醇核苷酸可作为 IMP 的类似物代替 IMP，反馈地抑制嘌呤核苷酸的从头合成，使尿酸生成减少。

（赵 婷）

第十章 | 物质代谢的联系与调节

一、内容要点

机体内的各种物质代谢虽然不同，但有共同的代谢池、共同的能量储存和利用形式、共同的还原当量 NADPH 以及共同的代谢中间产物，形成了相互联系、相互转变、相互依赖的有机整体，并在细胞、激素及整体水平受到精细调节。糖、脂质、蛋白质在供应能量上可以相互替代、相互制约，但不能完全互相转变，因为有些反应是不可逆的。细胞水平、激素水平和整体水平的调节相互协调，通过细胞水平代谢调节，激素和神经对代谢实现精细调节，使各种物质代谢井然有序地进行。

二、重点和难点解析

（一）各种物质代谢的特点

一是体内物质代谢相互联系形成一个整体；二是物质代谢受到精细的调节；三是不同组织、器官的物质代谢各具特色；四是代谢物具有共同的代谢通路；五是 ATP 是能量利用的主要形式；六是 NADPH 作为还原剂参与多种物质代谢。

（二）糖、脂质和蛋白质代谢之间的相互联系

糖、脂质、蛋白质在供应能量上可以相互替代、相互制约，但不能完全互相转变，因为有些反应是不可逆的。葡萄糖能转变为脂质，脂质仅甘油部分可转变为糖；糖代谢的中间产物可转变为某些非必需氨基酸，大部分氨基酸可转变为糖；氨基酸可转变为多种脂质，但脂质仅甘油部分可转变为非必需氨基酸。

（三）物质代谢的调节

1. 代谢的三级水平调节　细胞水平的调节、激素水平的调节和整体水平的调节在高等动物和人体内全都存在，统称为三级水平调节。其中细胞水平调节是基础，激素水平调节与整体水平调节均通过细胞水平调节来实现。

2. 调节的方式　细胞水平的调节通过调节酶的活性与含量的改变来调控代谢速率。一种是快速调节，通过改变酶分子的构象或对酶分子进行化学修饰来实现酶促反应速度的迅速改变，即别构调节与化学修饰。一般在数秒或数分钟内即可发生。另一种是迟缓调节，一般经数小时后才能实现。这种方式主要是通过改变酶分子的合成或降解速度来调节细胞内酶分子的含量。激素水平的调节通过激素来调控物质代谢，是高等动物体内代谢调节的重要方式。不同激素作用于不同组织，产生不同的生物学效应，表现较高的

组织特异性和效应特异性。整体水平的调节是指在神经系统的支配下，通过神经-体液途径直接调节所有细胞水平和激素水平的调节方式，使机体内各组织器官的物质代谢途径相互协调和整合，以应对内外环境的变化，维持内环境的相对稳定。

三、习题测试

（一）选择题

【A型题】

1. 短期饥饿时血糖浓度的维持主要靠
   A. 肌糖原的分解   B. 蛋白质分解增加   C. 糖异生作用
   D. 酮体的利用率升高   E. 肝糖原的分解

2. 下列体内物质代谢特点的叙述错误的是
   A. 各种物质在代谢过程中是相互联系的
   B. 进入人体的能源物质超过需要，即被氧化分解
   C. 体内各种物质的分解、合成和转变维持着动态平衡
   D. 物质的代谢速度和方向取决于生理状态的需要
   E. 体内物质代谢不断受到精细调节

3. 下列糖、脂质、氨基酸代谢的叙述错误的是
   A. 乙酰 CoA 是糖、脂质、氨基酸分解代谢共同的中间代谢物
   B. 三羧酸循环是糖、脂质、氨基酸分解代谢的最终途径
   C. 当摄入糖量超过体内消耗时，多余的糖可转变为脂质
   D. 当摄入大量脂质时，脂质可大量异生为糖
   E. 氨基酸可转变为多种脂质

4. 酶化学修饰调节的主要方式是
   A. 乙酰化与去乙酰化   B. 甲基化与去甲基化   C. 磷酸化与去磷酸化
   D. 聚合与解聚   E. 酶蛋白的合成与降解

5. 饥饿时体内的代谢变化不包括
   A. 胰岛素分泌增加   B. 胰高血糖素分泌增加   C. 脂肪动员加强
   D. 酮体生成增加   E. 糖异生加强

6. 下列关键酶的叙述错误的是
   A. 关键酶常位于代谢途径的第一步反应
   B. 关键酶在代谢途径中活性最高，所以才对整个代谢途径的流量起决定作用
   C. 受激素调节的酶常是关键酶
   D. 关键酶常是别构酶
   E. 关键酶常催化单向反应或非平衡反应

7. 下列机体各器官物质代谢的叙述错误的是
   A. 肝脏是机体物质代谢的枢纽
   B. 心脏对葡萄糖的分解以有氧氧化为主
   C. 通常情况下大脑主要以葡萄糖供能

D. 红细胞所需的能量主要来自糖酵解途径

E. 肝脏是体内能进行糖异生的唯一器官

8. 下列酶含量的调节错误的是

A. 酶含量的调节属细胞水平的调节

B. 酶含量的调节属快速调节

C. 底物常可诱导酶的合成

D. 产物常阻遏酶的合成

E. 激素或药物也可诱导某些酶的合成

9. 下列糖、脂质代谢的叙述错误的是

A. 糖分解产生的乙酰 CoA 可作为脂肪酸合成的原料

B. 脂肪酸合成所需的 NADPH 主要来自戊糖磷酸途径

C. 脂肪酸分解产生的乙酰 CoA 可经三羧酸循环异生成糖

D. 甘油可异生成糖

E. 脂肪分解代谢的顺利进行有赖于糖代谢的正常进行

10. 柠檬酸循环所需的草酰乙酸通常主要来自

A. 天冬氨酸脱氨基　　　B. 食物直接提供　　　C. 苹果酸脱氢

D. 丙酮酸羧化　　　　　E. 乙酰辅酶 A 羧化

11. 细胞水平的调节通过下列机制实现,但不包括

A. 别构调节　　　　　　B. 化学修饰　　　　　C. 同工酶调节

D. 激素调节　　　　　　E. 酶含量调节

12. 从营养的角度,下列叙述正确的是

A. 糖完全可以替代蛋白质

B. 脂质完全可以替代蛋白质

C. 胆固醇完全可以替代蛋白质

D. 核酸完全可以替代蛋白质

E. 体内蛋白质需要从外界摄取

13. 下列酶属于化学修饰酶的是

A. 己糖激酶　　　　　　B. 葡萄糖激酶　　　　C. 丙酮酸羧激酶

D. 糖原合酶　　　　　　E. 柠檬酸合酶

14. 下列物质代谢的叙述错误的是

A. 三大营养物质是指糖、脂质及蛋白质

B. 糖、脂质及蛋白质均可以供能

C. 乙酰 CoA 是三大营养物质共同的中间代谢物

D. TAC 是三大营养物质分解的共同代谢途径

E. 正常情况下三大营养物质供能的比例一样多

15. 长期饥饿时大脑的能量来源主要是

A. 葡萄糖　　　　　　　B. 氨基酸　　　　　　C. 甘油

D. 酮体　　　　　　　　E. 糖原

16. 作用于细胞内受体的激素是
    A. 类固醇激素　　　　　　B. 儿茶酚胺类激素　　　　C. 生长因子
    D. 肽类激素　　　　　　　E. 蛋白类激素

17. 人体内某些物质代谢的速率主要取决于
    A. 整个酶系的活性
    B. 任意一个酶的活性
    C. 该酶系中关键酶的活性
    D. 底物浓度的变化
    E. 反应体系中第一个酶的活性

18. 下列细胞水平代谢调节的叙述正确的是
    A. 是高等生物体内代谢调节的重要方式
    B. 主要通过细胞内代谢产物结构的变化对酶进行调节
    C. 主要对酶活性进行调节而不能调节酶的含量
    D. 对酶的调节主要通过迟缓调节进行
    E. 主要通过细胞内代谢物浓度的变化对酶进行调节

19. 别构效应剂与别构酶的结合部位是
    A. 酶活性中心的必需基团　　　B. 底物结合的部位
    C. 调节亚基或调节部位　　　　D. 辅助因子
    E. 活性中心以内的必需基团

20. 饥饿条件下，肝脏中哪条代谢途径增强
    A. 糖酵解　　　　　　　　B. 糖原合成　　　　　　　C. 戊糖磷酸途径
    D. 糖异生　　　　　　　　E. 脂肪酸合成

21. 下列酶化学修饰的描述错误的是
    A. 被修饰的酶一般有两种不同的活性形式
    B. 两种形式在不同酶的催化下互变
    C. 一般不消耗能量
    D. 催化互变的酶活性受激素等因素的控制
    E. 化学修饰的方式多为磷酸化和去磷酸化

22. 底物对酶含量的影响通常是
    A. 诱导酶的合成　　　　　B. 阻遏酶的合成　　　　　C. 促进酶的降解
    D. 抑制酶的降解　　　　　E. 降低酶的活性

23. 应激状态下，下列血中物质的改变错误的是
    A. 胰高血糖素↑　　　　　B. 肾上腺素↑　　　　　　C. 胰岛素↑
    D. 葡萄糖↑　　　　　　　E. 氨基酸↑

24. 体内合成代谢所需的还原当量是
    A. NADH　　　B. NADPH　　　C. $FADH_2$　　　D. $FMNH_2$　　　E. H_2

25. 下列哪项不是物质代谢的特点
    A. 体内各物质代谢可以孤立进行

B. 物质代谢普遍受到调节

C. 肝脏是人体物质代谢的枢纽

D. 各种代谢物均具有各自共同的代谢池

E. ATP 是机体能量利用的共同形式

26. 正常情况下以葡萄糖作为唯一能源的器官是

    A. 肝脏　　　　　B. 肾脏　　　　　C. 脑组织　　　　　D. 皮肤　　　　　E. 心脏

【B 型题】

(1~5 题备选项)

    A. ATP/ADP 比值降低　　　　B. ATP/ADP 比值增加

    C. 乙酰 CoA/CoA 比值增大　　D. 乙酰 CoA/CoA 比值减小

    E. G-6-P 浓度降低

1. 使丙酮酸羧化酶活性降低的是

2. 使丙酮酸脱氢酶活性降低的是

3. 促进氧化磷酸化的是

4. 使糖的有氧氧化减弱的是

5. 能抑制糖原合酶活性的是

(6~10 题备选项)

    A. 核酸合成　　　　　　B. 蛋白质合成

    C. 糖酵解　　　　　　　D. 脂肪酸 β-氧化

    E. 尿素合成

6. 在细胞质和线粒体进行的是

7. 在线粒体中进行的是

8. 在细胞质中进行的是

9. 在细胞核进行的是

10. 在核糖体进行的是

【X 型题】

1. 下列酶的别构调节的叙述正确的有

    A. 酶的别构调节都是酶活性增高

    B. 酶多有调节亚基和催化亚基

    C. 别构剂共价结合于酶的调节亚基

    D. 体内代谢物可作为别构效应剂

    E. 通过改变酶蛋白构象而改变酶活性

2. 酶化学修饰的特点有

    A. 修饰变化是一种酶促反应

    B. 需要 ATP 参与，所以耗能多

    C. 调节时酶蛋白发生共价变化

    D. 受调节的酶多由数个亚基构成

    E. 调节过程有放大效应

3. 下列别构调节的叙述正确的有

    A. 别构调节后酶反应迅速下降

    B. 酶活性调节时可有酶构象改变

    C. 只有酶的底物或反应终产物可做效应剂

    D. 别构酶有两个以上亚基

    E. 别构调节属于酶的快速调节方式

4. 早期饥饿时体内的主要代谢改变包括

    A. 脂肪利用增加   B. 糖原显著减少血糖降低

    C. 增加肌肉蛋白分解   D. 胰岛素分泌增加

    E. 糖异生增强

5. 下列别构酶结构及作用的叙述正确的有

    A. 调节酶活性的过程比较缓慢且持续

    B. 小分子物质与酶别构部位共非价结合

    C. 活性中心与调节部位非共价结合

    D. 别构效应物抑制或激活酶作用

    E. 别构调节属于不可逆结合

6. 关于酶共价修饰调节的叙述错误的有

    A. 酶修饰需 ATP 供给磷酸基，所以不经济

    B. 受共价修饰调节的酶不能被别构调节

    C. 磷酸化后酶形成共价键过程是不可逆的

    D. 是需其他酶参与的逐级联放大的

    E. 共价修饰属于迟缓调节

7. 下列酶的别构调节的叙述正确的有

    A. 有构型变化

    B. 有构象变化

    C. 作用物或代谢物常是别构剂

    D. 无共价键变化

    E. 酶动力学遵守米氏方程

8. 可以诱导酶合成的有

    A. 酶反应途径的产物   B. 酶反应途径的底物

    C. 某些激素   D. 某些药物

    E. 酶反应途径的中间产物

9. 作为糖和脂质代谢交叉点的物质有

    A. 乙酰 CoA   B. 果糖-6-磷酸   C. 磷酸二羟丙酮

    D. 甘油醛-3-磷酸   E. 草酰乙酸

10. 下列属于细胞酶活性的代谢调节方式有

    A. 酶的共价修饰调节   B. 酶的别构调节   C. 诱导酶的合成

    D. 通过膜受体调节   E. 调节细胞内酶含量

（二）名词解释

1. 调节酶   2. 膜受体激素   3. 应激

（三）填空题

1. 对于高等生物而言，物质代谢调节可分为三级水平，包括＿＿＿＿＿＿＿＿＿、
＿＿＿＿＿＿＿＿＿及＿＿＿＿＿＿＿＿＿。

2. 细胞水平的调节主要通过改变关键酶的＿＿＿＿＿＿＿＿＿及＿＿＿＿＿＿＿＿＿以
影响酶的活性，从而对物质代谢进行调节。

3. 按受体在细胞的分布不同，可将激素分为＿＿＿＿＿＿＿＿和＿＿＿＿＿＿＿＿。

4. 改变酶结构的快速调节，主要包括＿＿＿＿＿＿＿＿＿与＿＿＿＿＿＿＿＿。

5. 酶含量的调节主要通过改变酶＿＿＿＿＿＿＿＿或＿＿＿＿＿＿＿＿以调节细胞
内酶的含量，从而调节代谢的速度和强度。

6. 化学修饰调节最常见的方式是＿＿＿＿＿＿＿＿＿，磷酸化可使糖原合成酶活性
＿＿＿＿＿＿＿＿＿，糖原磷酸化酶活性＿＿＿＿＿＿＿＿＿。

7. 脑是机体耗能的主要器官之一，正常情况下主要以＿＿＿＿＿＿＿＿作为供能物
质，长期饥饿时则主要以＿＿＿＿＿＿＿＿作为能源。

8. 成熟红细胞所需能量主要来自＿＿＿＿＿＿＿＿＿，因为红细胞没有线粒体，不能
进行＿＿＿＿＿＿＿＿。

9. 关键酶所催化的反应具有以下特点：催化反应的速度＿＿＿＿＿＿；催化＿＿＿＿＿＿。
因此它的活性决定整个代谢途径的方向，这类酶常受多种效应剂的调节。

10. 当体内葡萄糖有剩余时，糖在体内很容易转变为脂质，因为糖分解产生的＿＿＿＿＿
可作为合成脂肪酸的原料，戊糖磷酸途径产生的＿＿＿＿＿可为脂肪酸合成提供还原当量。

（四）问答题

1. 简述糖代谢与脂质代谢的相互关系。
2. 简述糖代谢与蛋白质代谢的相互关系。
3. 简述蛋白质代谢与脂质代谢的相互关系。
4. 简述关键酶的催化特点。
5. 简述物质代谢调节的主要方式。

四、参考答案

（一）选择题

【A 型题】

1. C	2. B	3. D	4. C	5. A	6. B	7. E	8. B
9. C	10. C	11. D	12. E	13. D	14. E	15. D	16. A
17. C	18. A	19. C	20. D	21. C	22. A	23. C	24. B
25. A	26. C						

【B 型题】

1. D	2. C	3. A	4. B	5. E	6. E	7. D	8. C
9. A	10. B						

【X型题】
1. BDE   2. ACE   3. BDE   4. ABCE   5. BDE   6. ABCE
7. BCD   8. BCD   9. AC   10. ABCE

（二）名词解释

1. 每条代谢途径都是由一系列酶促反应组成的，其反应速率和方向通常是由一个或几个具有调节作用的酶决定的，这些在代谢过程中具有调节作用的酶称为调节酶。

2. 膜受体是存在于细胞质膜上的跨膜糖蛋白，能够与其结合的激素包括胰岛素、生长激素、促性腺激素、促甲状腺激素和甲状旁腺激素等蛋白类激素。

3. 应激是指人体受到一些异乎寻常的刺激所做出的一系列反应的"紧张状态"。

（三）填空题

1. 细胞水平的调节　激素水平的调节　整体水平的调节

2. 活性　含量

3. 膜受体激素　胞内受体激素

4. 别构调节　共价修饰

5. 合成　降解

6. 磷酸化与去磷酸化　降低　升高

7. 葡萄糖　酮体

8. 糖酵解　有氧氧化

9. 较慢　活性较低

10. 乙酰辅酶 A　NADPH+H$^+$

（四）问答题

1. 简述糖代谢与脂质代谢的相互关系。

答：葡萄糖氧化产生的乙酰辅酶 A 羧化为丙二酰辅酶 A，进而合成为甘油三酯，储存在脂肪组织中，即葡萄糖可以转变为甘油三酯。甘油三酯仅甘油部分可以转变为磷酸二羟丙酮，进而异生为葡萄糖，而脂肪酸部分不能转变为葡萄糖，因为脂肪酸分解产生的乙酰辅酶 A 不能转变为丙酮酸。

2. 简述糖代谢与蛋白质代谢的相互关系。

答：除生酮氨基酸亮氨酸、赖氨酸外，其余氨基酸均可通过脱氨基作用生成相应的 α-酮酸，经糖异生途径转变为葡萄糖。糖代谢的中间产物可以转变为 12 种非必需氨基酸。

3. 简述蛋白质代谢与脂质代谢的相互关系。

答：所有氨基酸均能分解生成乙酰辅酶 A，后者可作为脂肪酸合成的原料，进而合成为甘油三酯。乙酰辅酶 A 还可合成为胆固醇。甘油三酯的甘油部分经糖异生为葡萄糖，再转变为某些非必需氨基酸，而脂肪酸部分不能转变为氨基酸。

4. 简述关键酶的催化特点。

答：①关键酶常催化一条代谢途径的第一步反应或分支点上的反应，反应速度最慢，其活性能决定整个代谢途径的总速度；②关键酶常催化单向反应或非平衡反应，其活性能决定整个代谢途径的方向；③关键酶活性除受底物控制，还受多种代谢物或效应剂调节。

5. 简述物质代谢调节的主要方式。

答：通过细胞内代谢物浓度变化的影响，改变其各种相关酶的活性和酶的含量，从而调节代谢的速度，这是细胞水平的调节。内分泌器官分泌的激素可以改变某些酶的催化活性或含量，也可以改变细胞内代谢物的浓度，从而影响代谢反应的速度，这称为激素水平的调节。在中枢神经的控制下，通过神经递质对效应器直接发生影响或者改变某些激素的分泌调节某些细胞的功能状态，并通过各种激素的互相协调，从而对整体代谢进行综合调节，这种调节即称整体水平的调节。

（赵 婷）

第十一章 | DNA 的生物合成

一、内容要点

DNA 是遗传的物质基础,生物体内 DNA 的生物合成主要包括 DNA 复制、逆转录合成 DNA 和 DNA 修复合成。

DNA 复制是以亲代 DNA 为模板合成子代 DNA 的过程,是体内生物合成 DNA 的主要方式。其主要特征包括半保留复制、双向复制、半不连续复制和高保真复制。

DNA 复制合成体系包括底物、模板、引物、DNA 聚合酶及蛋白质因子等,并由 ATP 和 GTP 提供能量。

DNA 复制的底物是四种脱氧核苷三磷酸(dNTP),即 dATP、dTTP、dCTP、dGTP。原核生物 DNA 聚合酶主要有 I、II、III 三种,DNA 聚合酶III 是催化子链 DNA 延伸的主要酶。真核生物 DNA 聚合酶主要有 α、β、γ、δ、ε 五种,其中 DNA 聚合酶 δ、ε 分别催化后随链和前导链的合成。原核生物、真核生物的 DNA 聚合酶均具有聚合酶和外切酶活性。DNA 解旋酶和拓扑异构酶协同作用解开 DNA 双链为单链,单链结合蛋白质结合在已解开的 DNA 单链上,维持模板处于稳定的单链状态。引发酶以模板 DNA 为指导合成短片段 RNA,为 DNA 聚合酶发挥催化作用提供 3'-OH 末端。DNA 连接酶将复制过程中形成的冈崎片段连接为连续的 DNA 单链。

真核生物与原核生物的 DNA 复制过程都可分为起始、延伸和终止 3 个阶段。

在起始阶段,特定蛋白质因子识别起始点,DNA 解旋酶、拓扑异构酶、单链结合蛋白质与多种蛋白质因子协同作用,识别复制起点并解开双螺旋,形成复制叉;引发酶进入复制叉特定位点,与模板 DNA 复制起始区域共同构成引发体,并合成 RNA 引物。

在延伸阶段,在复制叉处 DNA pol 以模板 DNA 为指导,按照碱基配对规则催化 dNTP 以 dNMP 方式逐个加入到引物或延伸中子链的 3'-OH 上,不断生成 3',5'-磷酸二酯键,使子链不断延伸。子链 DNA 延伸方向为 5'→3'。

在终止阶段,新合成子链中引物被切除并填补空缺,连接切口,形成完整的 DNA 子链。

端粒在维持真核生物染色体的稳定性和复制完整性上起着重要的作用,而端粒酶在保证端粒的结构与功能方面发挥了关键作用。该酶由端粒酶 RNA、端粒酶协同蛋白质-1 和端粒酶逆转录酶组成,兼有提供 RNA 模板和催化逆转录的功能。

逆转录是指以 RNA 为模板,以 4 种 dNTP 为原料,在逆转录酶的催化下合成 DNA 的过程。逆转录酶主要有三种功能:①依赖 RNA 模板催化合成 DNA;②水解 RNA-DNA 杂交体上的 RNA 的功能;③依赖 DNA 模板催化合成 DNA。逆转录是逆转录病毒遗传信息的复制方式,也扩充发展了中心法则。

各种因素导致的 DNA 组成和结构的改变称为 DNA 损伤。引起 DNA 损伤的因素包括体内因素和体外因素。体内因素包括 DNA 复制错误、核苷酸自身结构的不稳定性及活性氧(ROS)造成的氧化损伤等。体外因素包括物理因素、化学因素和生物因素。

DNA 损伤主要有碱基损伤、DNA 链断裂、DNA 链交联三种类型。如果一种 DNA 损伤在下一轮 DNA 复制之前还没有被修复,就有可能被保留下来传递给子代,从而使 DNA 分子发生可遗传的结构变化,即 DNA 突变。突变主要包括点突变和移码突变。

DNA 修复是指对已发生损伤的 DNA 进行的修补纠正,主要方式如下。①直接修复:直接作用于受损核苷酸,将之恢复为原来的结构,如嘧啶二聚体的直接修复、烷基化碱基的直接修复、单链断裂的直接修复。②切除修复:是细胞内最普遍的修复机制,包括碱基切除修复、核苷酸切除修复和碱基错配修复。③重组修复:是指利用重组酶系,将一段未受损伤的 DNA 链移到损伤部位,提供正确的模板进行修复的过程。重组修复可分为同源重组修复和非同源重组修复。④SOS 修复:是指 DNA 损伤严重、细胞处于危急状态下产生的一种抢救性修复。

二、重点和难点解析

(一)半不连续复制

亲代 DNA 分子的两条单链反向平行,这两条链各自作为模板,同时合成两条新的互补链。由于子代 DNA 链的合成方向只能是 $5' \rightarrow 3'$,所以复制时一条链的合成方向与复制叉前进方向(解链方向)相同,在引物的基础上可以连续合成;另一条链的合成方向与复制叉前进方向相反,必须待模板链解开一定长度后才能沿 $5' \rightarrow 3'$ 方向合成引物,再合成一段 DNA 片段。连续合成的 DNA 子链称为前导链,不能连续合成的 DNA 子链称为后随链。DNA 复制时,前导链连续合成而后随链不连续合成的方式称为半不连续复制。后随链上的不连续合成的 DNA 片段称为冈崎片段。

(二)DNA 拓扑异构酶

DNA 拓扑异构酶简称拓扑酶,广泛存在于原核生物及真核生物。其作用是改变 DNA 分子的超螺旋状态,理顺 DNA 链,以便 DNA 复制。DNA 解螺旋时,在复制叉前方的 DNA 分子将要打结或已打结处,拓扑酶水解 DNA 分子中的磷酸二酯键,"剪开"DNA 的一股链,或两股链同时"剪断",旋转一定角度,使结打开或解松。拓扑酶还能将水解的磷酸二酯键连接,将"剪开"的 DNA 链连接起来,从而松解超螺旋结构。拓扑酶分为Ⅰ型和Ⅱ型。拓扑酶Ⅰ可以切断 DNA 双链中的一股链,适当时候又把切口封闭,使 DNA 变为松弛状态,这一反应无须 ATP。拓扑酶Ⅱ能切断处于正超螺旋的 DNA 双链,使超螺旋松弛;然后利用 ATP 供能,再将松弛状态 DNA 的断端连接恢复。

(三)引发体

DNA 复制具有固定的起始点。在复制的起始点部位,DNA 解旋酶、拓扑酶和多种蛋白质因子协同作用,使得模板 DNA 分子中碱基间氢键断裂,DNA 双链解旋成为两股单链,单链结合蛋白质结合到解开的单链上,以维持稳定的单链状态,形成复制叉。此时,引发酶参与进来,形成包括 DNA 复制的起始区域、DNA 解旋酶、引发酶及单链结合蛋白质等蛋白质因子的复合结构,这一复合结构称为引发体。

（四）逆转录酶

逆转录酶全称为 RNA 指导的 DNA 聚合酶。逆转录酶主要有三种功能:①依赖 RNA 模板催化合成 DNA,与其他 DNA 聚合酶一样,该酶能沿 $5' \rightarrow 3'$ 方向合成 DNA,此过程需要 tRNA 作为引物;②水解 RNA-DNA 杂交体上的 RNA 的功能;③依赖 DNA 模板催化 DNA 合成的功能。逆转录酶没有 $3' \rightarrow 5'$ 外切酶的活性,因而没有校对功能,致使逆转录的错误率相对较高,这可能是逆转录病毒能较快出现新毒株的原因之一。

三、习题测试

（一）选择题

【A 型题】

1. 中心法则阐明的遗传信息传递方式是
   A. RNA→DNA→蛋白质　　　B. 蛋白质→RNA→DNA　　　C. RNA→蛋白质→DNA
   D. DNA→RNA→蛋白质　　　E. DNA→蛋白质→RNA

2. DNA 复制发生在细胞周期的
   A. G_1 期　　　B. G_2 期　　　C. M 期　　　D. S 期　　　E. O 期

3. 原核生物 DNA 复制时辨认复制起点的是
   A. DNA 聚合酶　　B. 引发酶　　C. DnaA 蛋白　　D. DnaB 蛋白　　E. DnaC 蛋白

4. DNA 复制时子代 DNA 合成的特点是
   A. 两条链均为不连续合成
   B. 两条链均为连续合成
   C. 两条链均为不对称转录合成
   D. 两条链均为 $5' \rightarrow 3'$ 合成
   E. 一条链为 $5' \rightarrow 3'$,另一条链为 $3' \rightarrow 5'$

5. 下列 DNA 复制的特点错误的是
   A. 半保留复制　　　　　　　　B. 半不连续性
   C. 一般从定点开始,双向复制　　D. 不对称复制
   E. 高保真复制

6. 下列 DNA 半不连续合成的叙述错误的是
   A. 前导链是连续合成的
   B. 后随链是不连续合成的
   C. 不连续合成的片段称为冈崎片段
   D. 前导链和后随链合成中有一半是不连续合成的
   E. 后随链的合成迟于前导链的合成

7. 前导链为连续合成,后随链为不连续合成,这种 DNA 复制方式为
   A. 半保留复制　　　　　B. 全连续复制　　　　　C. 全保留复制
   D. 半不连续复制　　　　E. 全不连续复制

8. DNA 复制需要：①DNA 解旋酶；②引发酶；③DNA 聚合酶；④DNA 拓扑异构酶；⑤DNA 连接酶。其作用的顺序是

    A. ①②④③⑤   B. ④①②③⑤   C. ①④③②⑤

    D. ①④②③⑤   E. ④③②⑤①

9. DNA 合成原料是

    A. dNMP   B. dNDP   C. dNTP   D. NTP   E. NMP

10. DNA 复制时，以序列 5′-TpApGpAp-3′ 为模板将合成的互补结构是

    A. 5′-pTpCpTpA-3′   B. 5′-pApTpCpT-3′   C. 5′-pUpCpUpA-3′

    D. 5′-pGpCpGpA-3′   E. 3′-pTpCpTpG-5′

11. DNA 复制时不需要的酶是

    A. DNA 指导的 DNA 聚合酶   B. DNA 连接酶

    C. DNA 拓扑异构酶   D. DNA 解旋酶

    E. 限制性核酸内切酶

12. DNA 复制的产物是

    A. DNA   B. mRNA   C. 蛋白质

    D. tRNA   E. rRNA

13. 参与 DNA 复制的酶不包括

    A. DNA 聚合酶   B. RNA 聚合酶   C. DNA 连接酶

    D. 引发酶   E. 拓扑异构酶

14. 真核生物 DNA 复制与原核生物相比，下列说法错误的是

    A. 引物长度较短

    B. 冈崎片段长度较短

    C. 复制速度较慢

    D. 复制起点只有一个

    E. 由 DNA 聚合酶 ε 及 δ 催化核内 DNA 的合成

15. 端粒酶是一种

    A. DNA 聚合酶   B. RNA 聚合酶   C. DNA 酶

    D. 逆转录酶   E. DNA 连接酶

16. 在 DNA 复制中 RNA 引物的作用是

    A. 使 DNA 聚合酶Ⅲ活化

    B. 使 DNA 双链解开

    C. 提供 5′-P 端作合成新 DNA 链起点

    D. 提供 3′-OH 端作合成新 DNA 链起点

    E. 提供 5′-OH 端作合成新 DNA 链起点

17. 下列 DNA 复制中 DNA 聚合酶的说法错误的是

    A. 底物是 dNTP   B. 必须有 DNA 模板

    C. 合成方向只能是 5′→3′   D. 需要 ATP 和 Mg^{2+} 参与

    E. 使 DNA 双链解开

18. 下列大肠埃希菌 DNA 聚合酶 I 的说法正确的是

    A. 具有 3′→5′ 核酸外切酶活性

    B. 具有 5′→3′ 核酸内切酶活性

    C. 是唯一参与大肠埃希菌 DNA 复制的聚合酶

    D. dUTP 是它的一种底物

    E. 可催化引物的合成

19. 冈崎片段

    A. 是因为 DNA 复制速度太快而产生

    B. 由于复制中有缠绕打结而生成

    C. 因为有 RNA 引物,就有冈崎片段

    D. 复制完成后,冈崎片段被水解

    E. 由于复制与解链方向相反,在后随链生成

20. 冈崎片段是指

    A. DNA 模板上的 DNA 片段   B. 后随链上合成的 DNA 片段

    C. 前导链上合成的 DNA 片段   D. 引发酶催化合成的 RNA 片段

    E. 由 DNA 连接酶合成的 DNA

21. 下列过程中需要 DNA 连接酶的是

    A. DNA 复制   B. RNA 转录   C. DNA 断链

    D. 翻译   E. 逆转录

22. 下列 DNA 拓扑异构酶的叙述正确的是

    A. 解开 DNA 双链,便于复制

    B. 只存在于原核生物

    C. 既能水解又有连接磷酸二酯键的作用

    D. 稳定分开的 DNA 单链

    E. 连接 DNA 单链的缺口

23. 下列引发酶的叙述正确的是

    A. 是一种 DNA 聚合酶   B. 是一种逆转录酶

    C. 是一种 RNA 聚合酶   D. dnaA 基因的产物

    E. 可以单独起作用的酶

24. 引发体不包括

    A. 引发酶   B. 解螺旋酶

    C. DnaC   D. 引物 RNA

    E. DNA 被打开的一段双链

25. 原核生物复制延伸中起校读、修复和填补缺口的作用的酶是

    A. DNA pol I   B. DNA pol II   C. DNA pol III

    D. DNA pol δ   E. DNA pol α

26. 比较真核生物与原核生物的 DNA 复制,两者的相同之处是

    A. 引物长度   B. 合成方向   C. 冈崎片段长度

D. 复制子数量　　　　　　　　E. DNA 复制的速度

27. 在 DNA 生物合成中, 具有催化 RNA 指导的 DNA 聚合反应、RNA 水解及 DNA 指导的 DNA 聚合反应三种功能的酶是
    A. DNA 聚合酶　　　　　　B. RNA 聚合酶　　　　　　C. 逆转录酶
    D. DNA 水解酶　　　　　　E. 连接酶

28. 下列 DNA 复制与转录的叙述错误的是
    A. 转录时只有一条 DNA 链作为模板, 而复制时两条 DNA 链均可为模板链
    B. 在复制和转录中合成方向都为 $5' \rightarrow 3'$
    C. 复制的产物通常大于转录产物
    D. 两个过程均需 RNA 引物
    E. 两个过程均需聚合酶和多种蛋白因子

29. DNA 复制时需要解开 DNA 的双螺旋结构, 参与此过程的酶是
    A. DNA pol Ⅰ　　　　　　B. DNA pol Ⅱ　　　　　　C. DNA pol Ⅲ
    D. 端粒酶　　　　　　　　E. DNA 解旋酶

30. 原核生物复制延伸中起主要催化作用的酶是
    A. DNA pol Ⅰ　　　　　　B. DNA pol Ⅱ　　　　　　C. DNA pol Ⅲ
    D. DNA pol δ　　　　　　　E. DNA pol α

31. 端粒酶的化学组成是
    A. 蛋白质　　　　　　　　B. 糖蛋白　　　　　　　　C. 脂蛋白
    D. DNA 与蛋白质　　　　　E. RNA 与蛋白质

32. 下列端粒与端粒酶的叙述正确的是
    A. 端粒是真核生物染色体线性 DNA 分子核小体结构
    B. 端粒在维持 DNA 二级结构的稳定中起作用
    C. 端粒酶是一种 RNA-蛋白质复合物
    D. 端粒酶既有模板又有转录酶的作用
    E. 细胞水平的老化与端粒酶的活性升高有关

33. 下列逆转录的表述错误的是
    A. 底物为四种 dNTP
    B. 催化 RNA 的水解反应
    C. 合成方向 $3' \rightarrow 5'$
    D. 催化以 RNA 为模板进行 DNA 合成
    E. 可形成 DNA-RNA 杂交体中间产物

34. 镰状细胞贫血患者血红蛋白 β 链发生的突变是
    A. 插入　　　B. 断裂　　　C. 缺失　　　D. 交联　　　E. 点突变

35. 逆转录过程中需要的酶是
    A. DNA 指导的 DNA 聚合酶　　　B. 核酸酶
    C. RNA 指导的 RNA 聚合酶　　　D. DNA 指导的 RNA 聚合酶
    E. RNA 指导的 DNA 聚合酶

36. 在真核生物复制过程中催化前导链合成的酶是

    A. DNA pol δ   B. DNA pol α   C. DNA pol γ

    D. DNA pol β   E. DNA pol ε

37. 紫外线对 DNA 的损伤主要是因为

    A. 引起碱基置换   B. 导致碱基缺乏

    C. 发生碱基插入   D. 使磷酸二酯键断裂

    E. 形成嘧啶二聚体

38. 紫外线照射对 DNA 分子的损伤中最常形成的二聚体是

    A. C-C   B. C-T   C. T-T   D. T-U   E. U-C

39. 下列 NA 损伤后切除修复的说法错误的是

    A. 修复机制中以切除修复最为重要

    B. 切除修复包括重组修复及 SOS 修复

    C. 切除修复包括糖基化酶起始作用的修复

    D. 切除修复中有以 UvrA、UvrB、UvrC 进行的修复

    E. 是对 DNA 损伤部位进行切除,随后进行正确合成的修复

40. 不参与 DNA 损伤修复的酶是

    A. 光复活酶   B. 引发酶   C. DNA 聚合酶 I

    D. DNA 连接酶   E. 解旋酶

【B 型题】

(1~3 题备选项)

    A. DNA 的半保留复制   B. DNA 的全保留复制

    C. DNA 的全不连续复制   D. DNA 的半不连续复制

    E. 逆转录

1. ^{15}N 及 ^{14}N 标记大肠埃希菌繁殖传代的实验证明的机制是

2. 前导链与后随链的合成说明 DNA 的复制方式是

3. 以 RNA 为模板合成 DNA 的过程是

(4~7 题备选项)

    A. UvrA、UvrB、UvrC   B. 重组修复   C. DNA 甲基化修饰

    D. SOS 修复   E. 端粒酶

4. 当 DNA 双链分别进行复制中突发损伤时,采用的修复方式是

5. 大肠埃希菌对紫外照射形成的损伤所进行的修复是

6. 减少染色体 DNA 端区降解和缩短的方式是

7. 当 DNA 损伤时,因应急而诱导产生的修复作用是

(8~11 题备选项)

    A. DNA 拓扑异构酶   B. DNA 解旋酶   C. DNA pol I

    D. DNA pol III   E. DNA 连接酶

8. 使原核生物 DNA 形成负超螺旋结构的是

9. 使大肠埃希菌 DNA 解开双链的是

10. 使大肠埃希菌 DNA 复制时去除引物、补充空隙的是

11. 使大肠埃希菌 DNA 复制时延伸 DNA 链的是

（12~15 题备选项）

    A. 噬菌体病毒   B. 端粒酶   C. 末端转移酶

    D. 逆转录病毒   E. 逆转录酶

12. 属于 DNA 病毒的是

13. 真核生物染色体中具逆转录作用的是

14. 以 RNA 作为模板，催化合成 cDNA 第一条链的酶是

15. 属于 RNA 病毒的是

【X 型题】

1. DNA 复制的特点有

    A. 半保留复制   B. 需合成 RNA 引物   C. 形成复制叉

    D. 有半不连续性   E. 全保留复制

2. DNA 聚合酶具有

    A. $5' \rightarrow 3'$ 外切酶活性   B. $3' \rightarrow 5'$ 外切酶活性

    C. $5' \rightarrow 3'$ 聚合酶活性   D. $3' \rightarrow 5'$ 聚合酶活性

    E. 逆转录酶活性

3. 下列 DNA 聚合酶作用的叙述正确的有

    A. DNA pol I 在损伤修复中发挥作用

    B. DNA pol I 有去除引物、填补合成片段空隙的作用

    C. DNA pol III 是复制中起主要作用的酶

    D. DNA pol II 是复制中起主要作用的酶

    E. DNA pol II 有去除引物、填补合成片段空隙的作用

4. 参与原核生物 DNA 复制的 DNA 聚合酶有

    A. DNA 聚合酶 I   B. DNA 聚合酶 II   C. DNA 聚合酶 III

    D. DNA 聚合酶 α   E. DNA 聚合酶 β

5. 参与 DNA 复制中解旋、解链的酶和蛋白质有

    A. DNA 解旋酶   B. 单链结合蛋白质   C. 拓扑异构酶

    D. 核酸外切酶   E. 转位酶

6. 紫外线照射常引起的突变是

    A. 点突变   B. 碱基插入   C. DNA 链断裂

    D. 形成嘧啶二聚体   E. 移码突变

7. 需要 DNA 连接酶参与的过程有

    A. DNA 复制   B. DNA 体外重组   C. DNA 损伤修复

    D. RNA 逆转录   E. RNA 转录

8. DNA 复制需要

    A. DNA 聚合酶   B. RNA 聚合酶   C. DNA 连接酶

    D. DNA 解旋酶   E. 转位酶

9. 下列对逆转录酶催化的反应描述正确的是

    A. RNA 指导的 DNA 合成反应

    B. RNA 的水解反应

    C. DNA 指导的 DNA 合成反应

    D. 有 $3'\rightarrow5'$ 外切酶活性

    E. 有 $3'\rightarrow5'$ 内切酶活性

10. DNA 复制需要

    A. DNA 模板   B. DNA 指导的 DNA 聚合酶

    C. 逆转录酶   D. 4 种核糖核苷酸

    E. DNA 指导的 RNA 聚合酶

（二）填空题

1. DNA pol I 的小片段有_____活性，klenow 片段具有_____活性和_____活性。

2. DNA 复制的保真性至少依赖三种机制_____、_____、_____。

3. 复制起始是打开_____，形成_____和_____合成。

4. 端粒酶由_____、_____、_____三部分组成。

5. 冈崎片段的生成是因为 DNA 复制过程中，_____和_____的方向不一致。

6. DNA 拓扑异构酶 I 切断 DNA 双链中_____链，使 DNA 解链旋转不致打结；适当时候封闭切口，DNA 变为松弛状态。

7. 真核生物端粒 DNA 的复制由_____催化完成。

8. DNA 损伤修复的类型主要有_____、_____、_____和_____。

9. 逆转录反应包括_____、_____及_____。

10. _____是原核生物核基因组复制方式。

11. 复制过程能催化磷酸二酯键生成的，除了 DNA 聚合酶，还有_____和_____。

12. 复制是遗传信息从_____传递至_____；翻译是遗传信息从_____传递至_____。

13. 连接核苷酸和核苷酸的化学键是_____，连接氨基酸和氨基酸的化学键是_____。

14. DNA 复制延伸中起催化作用的 DNA 聚合酶在原核生物是_____。

15. DnaA、DnaB、DnaC 三种蛋白质在复制中的作用是_____，其中_____有酶的作用。

16. UvrA、UvrB、UvrC 三种蛋白质在 DNA 损伤修复中的作用是_____，其中_____有酶的作用。

17. 端粒酶能保证染色体线性复制的完整性，是因为它兼有_____和_____两种作用。

（三）名词解释

1. 半保留复制   2. 双向复制   3. 前导链
4. 后随链   5. 冈崎片段   6. cDNA
7. DNA 损伤   8. 中心法则   9. 复制叉
10. 复制子

（四）问答题

1. 参与 DNA 复制的物质有哪些？
2. 原核生物 DNA 复制的基本过程是什么？
3. 参与原核生物 DNA 复制的主要酶有哪些？其作用各是什么？
4. 试比较原核生物与真核生物 DNA 复制。
5. 试述逆转录的基本过程。

四、参考答案

（一）选择题

【A 型题】

1. D	2. D	3. C	4. D	5. D	6. D	7. D	8. B
9. C	10. A	11. E	12. A	13. B	14. D	15. D	16. D
17. E	18. A	19. E	20. B	21. A	22. C	23. C	24. D
25. A	26. B	27. C	28. D	29. E	30. C	31. E	32. C
33. C	34. E	35. E	36. E	37. E	38. C	39. B	40. B

【B 型题】

1. A	2. D	3. E	4. B	5. A	6. E	7. D	8. A
9. B	10. C	11. D	12. A	13. B	14. E	15. D	

【X 型题】

1. ABCD	2. ABC	3. ABC	4. AC	5. ABC	6. AD
7. ABC	8. ACD	9. ABC	10. AB		

（二）填空题

1. 5′→3′核酸外切酶   DNA 聚合酶   5′→3′核酸外切酶
2. 遵守严格的碱基配对规律   聚合酶在复制延伸中对碱基的选择功能   复制出错时有即时的校读功能
3. 复制叉   引发体   RNA 引物
4. 端粒酶 RNA   端粒酶协同蛋白   端粒酶逆转录酶
5. 解链   复制
6. 一股
7. 端粒酶
8. 直接修复   切除修复   重组修复   SOS 修复

9. 以 RNA 为模板合成 DNA　杂化双链上 RNA 的水解　以单链 DNA 为模板合成双链 DNA

10. 半保留复制

11. DNA 拓异构酶　DNA 连接酶

12. DNA　DNA　RNA　蛋白质

13. 磷酸二酯键　肽键

14. DNA pol Ⅲ

15. 解开 DNA 双链　DnaB

16. 切除损伤的 DNA　UvrB

17. RNA 模板　逆转录酶

（三）名词解释

1. DNA 生物合成时,母链 DNA 解开为两股单链,各自作为模板按碱基配对规律合成与模板互补的子链。子代细胞的 DNA,一股单链从亲代完整地接受过来,另一股单链则完全重新合成。两个子细胞的 DNA 都与亲代 DNA 碱基序列一致。这种复制方式称为半保留复制。

2. 双向复制是指复制从起点开始,向两个方向进行解链。

3. 顺着解链方向生成的子链,其复制是连续进行的,称为前导链。

4. DNA 复制时解链的一股链因为复制的方向与解链方向相反,不能顺着解链方向连续延伸,这股不连续复制的链称为后随链。

5. 复制中的不连续片段称为冈崎片段。

6. cDNA 是以 mRNA 为模板,经逆转录合成的与 mRNA 碱基序列互补的 DNA 链。

7. 各种因素导致的 DNA 组成与结构的变化称为 DNA 损伤。

8. 遗传信息从 DNA 传给 RNA,再从 RNA 传给蛋白质这一规律,称为遗传信息传递的中心法则。

9. DNA 复制启动时解开的两股单链和未解开的双螺旋所形成的"Y"字形结构,称为复制叉。

10. 从一个 DNA 复制起点起始的 DNA 复制区域称为复制子。

（四）问答题

1. 参与 DNA 复制的物质有哪些?

答：①底物,即 dNTP;②DNA 聚合酶;③模板,即解开成单链的 DNA 母链;④引物,即提供 3′-OH 末端使 dNTP 可以依次聚合;⑤其他酶和蛋白质因子,如解旋酶、拓扑异构酶、SSB 和连接酶等。

2. 原核生物 DNA 复制的基本过程是什么?

答：DNA 复制过程分为三个步骤,即复制起始、延伸和终止。复制起始是在复制起始点,在 DNA 拓扑异构酶、DNA 解旋酶等作用下,将 DNA 双链解开成复制叉,然后形成引发体,合成引物。复制延伸是在复制叉处,DNA 聚合酶Ⅲ按照碱基配对规律催化底物 dNTP 以 dNMP 的方式逐个加入引物或延伸中子链的 3′-OH 上,其化学本质是 3′,5′-磷酸二酯键的不断生成,延伸方向是 5′→3′。复制终止是复制在终止点处汇合,DNA 聚合酶Ⅰ

切除引物并填补空隙，DNA 连接酶连接缺口生成子代 DNA。

3. 参与原核生物 DNA 复制的主要酶有哪些？其作用各是什么？

答：参与原核生物 DNA 复制的主要酶有 DNA 聚合酶、DNA 解旋酶、DNA 拓扑异构酶、引发酶、DNA 连接酶等。

DNA 聚合酶是催化底物 dNTP 聚合为新生 DNA 的酶，聚合时需要 DNA 为模板，全称 DNA 指导的 DNA 聚合酶。原核生物有至少三种 DNA 聚合酶：DNA 聚合酶Ⅰ、DNA 聚合酶Ⅱ和 DNA 聚合酶Ⅲ。DNA 解旋酶在原核生物又称 DnaB，其功能是解开 DNA 双链。DNA 拓扑异构酶简称拓扑酶，可切断 DNA 链，使 DNA 在解链旋转中不致打结缠绕。引发酶是复制起始时催化生成 RNA 引物的酶。DNA 连接酶利用 NAD^+ 供能，连接 DNA 链的 3′-OH 末端和 5′-P 末端，使两者生成磷酸二酯键，从而把相邻的 DNA 链连成完整的链。

4. 试比较原核生物与真核生物 DNA 复制。

答：两者的相同点如下。①模板（DNA）；②底物（dNTP）；③掺入新链成分（dNMP）；④需 DNA pol；⑤引物；⑥化学键（3′,5′-磷酸二酯键）；⑦过程（三个阶段）；⑧延伸方向（5′→3′）；⑨产物（双链 DNA）；⑩遵从碱基配对规律（A=T、G≡C）、复制规律。

不同点如下。①DNA 聚合酶种类不同：原核生物 DNA 聚合酶分为三类（Ⅰ、Ⅱ和Ⅲ），真核生物分为 5 类（α、β、γ、δ、ε）。②复制起始不同：原核生物只有一个复制起始点，序列较长，是单复制子复制；真核生物有多个复制起始点，序列较短，是多复制子复制；原核生物参与的酶和蛋白质较少，包括 DnaA、DnaB（解旋酶）、DnaC、DnaG（引发酶）、SSB、拓扑异构酶，真核生物参与的酶和蛋白质较多（复制因子、PCNA 等）；原核生物复制的引物是 RNA，较长（几十个核苷酸），真核生物是 RNA（较短，约 10 个核苷酸）和 DNA。③复制延伸过程中的不同：原核生物催化的酶是 DNA pol Ⅲ，真核生物是 DNA pol δ；原核生物冈崎片段长度较长，真核生物较短；原核生物聚合酶催化速率较快，真核生物较慢；原核生物不伴有核小体解聚，真核生物伴有。④复制终止不同：原核生物终止方式是环状 DNA，双向复制的复制叉在终止点处汇合，真核生物是线性 DNA，相邻的两个复制叉相遇并汇合，末端的端粒有端粒酶催化延伸；原核生物水解引物的酶是 DNA pol Ⅰ，真核生物是 RNase、核酸外切酶；原核生物填补空隙的酶是 DNA pol Ⅰ，真核生物是 DNA pol ε；原核生物连接缺口的酶是 DNA 连接酶，反应需要 NAD^+，真核生物是 DNA 连接酶，反应需要 ATP。

5. 试述逆转录的基本过程。

答：逆转录的基本过程分为三步。首先，逆转录酶以 RNA 为模板催化 dNTP 聚合生成互补 DNA，形成杂化双链；其次，杂化双链的 RNA 被逆转录酶水解；最后逆转录酶再以剩下的 DNA 单链为模板，合成第二条 DNA 链，产物是双链 DNA。

（梁金环）

第十二章 ｜ RNA 的生物合成

一、内容要点

RNA 生物合成有两种方式：DNA 的转录和 RNA 的复制。转录是绝大多数生物 RNA 合成的方式。转录体系包括模板 DNA、底物（4 种核糖核苷酸）、RNA 聚合酶及蛋白质因子等。

转录的方式是不对称转录。转录时只以结构基因 DNA 双链中的一条链作为模板指导转录。原核生物的 RNA 聚合酶只有一种，全酶由核心酶（$\alpha_2\beta\beta'\omega$）与 σ 因子组成。σ 因子识别启动子特定序列，介导 RNA 聚合酶全酶与模板启动子结合，启动转录；核心酶催化 RNA 延伸过程。真核生物的 RNA 聚合酶主要有 Ⅰ、Ⅱ、Ⅲ 三种，分别负责 mRNA、tRNA、rRNA 等的转录。

转录的基本过程可分为起始、延伸及终止 3 个阶段。原核细胞的转录起始是指 RNA 聚合酶以全酶的形式结合在 DNA 模板的启动子部位，DNA 双链局部解开，第一个和第二个核苷酸通过磷酸二酯键聚合，启动转录。σ 因子脱落，RNA 聚合酶核心酶离开启动子，沿模板 DNA 链向下游滑动，RNA 链不断延伸。转录终止有两种方式：一种是依赖 ρ 因子的转录终止，另一种是非依赖 ρ 因子的转录终止。真核生物的转录过程更为复杂，需要更多转录因子的参与。

转录具有不对称性、有特定起始和终止位点、连续性、单向性及忠实性等特点。

转录生成的是 RNA 前体，须经过加工修饰才能成为具有生物学功能的 RNA。转录后加工修饰的方式有剪切、剪接、碱基修饰等。不同 RNA 的具体加工修饰过程不同。在研究 rRNA 前体转录后加工时发现了核酶，即具有催化作用的 RNA。

RNA 病毒（逆转录病毒除外）具有 RNA 指导的 RNA 聚合酶，能在宿主细胞中以病毒的单链 RNA 为模板，催化合成 RNA，这种 RNA 合成方式称为 RNA 复制。这是一种依赖 RNA 的 RNA 合成，产物是基因组 RNA 或 mRNA。

二、重点和难点解析

（一）不对称转录

不对称转录有两层含义：一是在结构基因的双链中只有一条链可以作为模板链进行转录；二是模板链并非永远在一条链上，在某个基因节段以其中某一条链为模板链进行转录，而在另一个基因节段以其对应单链为模板链。

（二）原核生物的 RNA 聚合酶

原核生物的 RNA 聚合酶是由 5 种亚基 α、β、β′、σ、ω 构成的六聚体。$α_2ββ′ω$ 亚基合称核心酶；σ 亚基又称 σ 因子，与核心酶共同构成 RNA 聚合酶全酶。σ 亚基辨认 DNA 模板上的启动子启动转录，核心酶的 α 亚基决定哪些基因被转录，β′ 亚基能结合 DNA 模板，β 亚基催化新生 RNA 链的延伸，ω 与核心酶的组装有关。抗结核药物利福霉素、利福平通过与 RNA 聚合酶的 β 亚基以非共价键结合，阻止第一个 NTP 的进入，抑制 RNA 合成的起始，进而抑制转录过程。

（三）转录起始

原核生物 RNA 的转录起始：RNA 聚合酶的 σ 因子辨认启动子→RNA 聚合酶全酶与启动子结合→形成酶-启动子开链复合物，DNA 模板链暴露→催化合成第一个磷酸二酯键→形成由 RNA 聚合酶全酶-DNA-pppGpN-OH-3′ 组成的转录起始复合物，转录起始完成。

真核生物转录起始：基本过程与原核生物相似，但需要在一系列转录因子的协同作用下 RNA 聚合酶逐步与 DNA 模板启动子结合，形成起始复合物，启动转录。

（四）转录终止

原核生物转录终止有两种方式：一种是依赖 ρ 因子的转录终止，另一种是非依赖 ρ 因子的转录终止。

依赖 ρ 因子的转录终止：通过 ρ 因子识别新生 RNA 链的终止信号并与之结合，然后 ρ 因子水解 ATP 并借此获得能量沿新生的 RNA 链快速移动，直至遇到 RNA 聚合酶，使 RNA-DNA 双螺旋解开，停止转录，释放 RNA。

非依赖 ρ 因子的转录终止：在终止子部位，DNA 模板上有 GC 富集区组成的反向重复序列和一连串的 T 结构，该部位转录生成的 RNA 产物可形成特殊的发夹结构，可以阻止 RNA 聚合酶继续沿 DNA 模板向前移动，终止转录。

（五）真核生物 mRNA 前体的剪接加工

真核生物的结构基因由若干个编码区（外显子）和非编码区（内含子）相互间隔开，称为断裂基因。在转录过程中外显子和内含子序列均转录到 hnRNA 中。剪接就是在细胞核中由特定的酶催化，切除由内含子转录而来的非信息区，然后将由外显子转录而来的信息区进行拼接，使之成为具有翻译功能的模板，即成熟的 mRNA。

三、习题测试

（一）选择题

【A 型题】

1. 转录是指

　　A. 以 DNA 为模板合成 DNA 的过程

　　B. 以 DNA 为模板合成 RNA 的过程

　　C. 以 RNA 为模板合成 RNA 的过程

　　D. 以 RNA 为模板合成 DNA 的过程

　　E. 以 DNA 为模板合成蛋白质的过程

2. 下列 RNA 生物合成的叙述正确的是

    A. 转录过程需 RNA 引物

    B. 转录生成的 RNA 都是翻译模板

    C. DNA 双链一股单链是转录模板

    D. 蛋白质在胞质中生成,所以转录也在胞质中进行

    E. RNA 聚合酶以 DNA 为辅酶,所以称为 DNA 指导的 RNA 聚合酶

3. RNA 合成时需要的原料是

    A. dNTP   B. dNMP   C. NMP   D. NTP   E. NDP

4. 下列真核细胞 mRNA 的叙述不正确的是

    A. 它是从细胞核的 RNA 前体——核不均一 RNA 加工生成的

    B. 在其链的 3'-端有 7-甲基鸟苷,5'-端连有多腺苷酸的尾巴

    C. 它是从 RNA 前体通过剪接酶切除内含子、连接外显子而形成的

    D. 是单顺反子的

    E. 有开放阅读框

5. RNA 转录的不对称性是指

    A. 双向复制后的转录

    B. 转录只以 DNA 分子一条链为模板链,另一条为编码链,对于同一 DNA 分子上不同的结构基因,模板链不见得总在一条 DNA 单链上

    C. 没有规律的转录

    D. 同一 DNA 模板转录可以从 5' 到 3' 延伸和从 3' 到 5' 延伸

    E. 模板链永远是同一单链 DNA

6. 原核生物启动子的-35 区的保守序列是

    A. TATAAT   B. TTGACA   C. AATAAA

    D. CTTACC   E. GCACCC

7. 原核生物启动子的-10 区的保守序列是

    A. TATAAT   B. TTGACA   C. AATAAA

    D. CTTACC   E. GCCCAC

8. 真核生物 RNA 聚合酶 I 催化转录的产物是

    A. hnRNA   B. 45S rRNA   C. 5S rRNA

    D. tRNA   E. snRNA

9. 下列 DNA 指导的 RNA 聚合酶的说法错误的是

    A. 以 DNA 为模板合成 RNA

    B. 是 DNA 合成的酶

    C. 以 4 种 NTP 为底物

    D. 催化 3',5'-磷酸二酯键的形成

    E. 没有 DNA 时不能发挥作用

10. 下列原核生物 RNA 聚合酶的叙述正确的是

    A. σ 因子参与转录的延伸

B. 全酶含有σ因子

C. 全酶与核心酶的差别在于β亚基的存在

D. 核心酶由$\alpha_2\beta\beta'\omega$组成

E. 核心酶由$\alpha\beta\beta'\omega$组成

11. 下列σ因子的描述正确的是

A. RNA聚合酶的亚基

B. DNA聚合酶的亚基

C. 可识别DNA模板上的终止信号

D. 是一种小分子的有机化合物

E. 参与逆转录过程

12. 下列RNA聚合酶的叙述不正确的是

A. 由核心酶与σ因子构成

B. 核心酶由$\alpha_2\beta\beta'\omega$组成

C. 全酶包括σ因子

D. 全酶与核心酶的差别在于β亚单位的存在

E. σ因子仅与转录起动有关

13. 原核生物识别转录起始点的亚基是

A. α   B. β   C. ρ   D. σ   E. β′

14. 真核生物催化tRNA转录的酶是

A. DNA聚合酶Ⅲ   B. RNA聚合酶Ⅰ   C. RNA聚合酶Ⅱ

D. RNA聚合酶Ⅲ   E. DNA聚合酶Ⅰ

15. 催化真核生物mRNA转录的酶是

A. RNA聚合酶   B. RNA聚合酶Ⅰ   C. RNA聚合酶Ⅱ

D. RNA聚合酶Ⅲ   E. DNA聚合酶Ⅰ

16. 原核生物中DNA指导的RNA聚合酶的核心酶组成是

A. $\alpha_2\beta\beta'\sigma$ B. $\alpha_2\beta\beta'\omega$ C. $\alpha\beta\beta'$ D. $\alpha_2\beta$ E. $\beta\beta'$

17. 利福平专一性的作用于RNA聚合酶的哪个亚基

A. α   B. β   C. β′   D. α_2 E. σ

18. 利福霉素抑制结核菌的原因是

A. 抑制细菌的RNA聚合酶   B. 激活细菌的RNA聚合酶

C. 抑制细菌的DNA聚合酶   D. 激活细菌的DNA聚合酶

E. 抑制细菌RNA转录终止

19. 下列真核生物的RNA聚合酶的说法错误的是

A. RNA聚合酶Ⅰ的转录产物是45S rRNA

B. RNA聚合酶Ⅱ转录生成hnRNA

C. 利福平是其特异性抑制剂

D. 真核生物的RNA聚合酶是由多个亚基组成

E. RNA聚合酶催化转录时,还需要多种蛋白质因子

20. 下列大肠埃希菌的转录过程的叙述正确的是
    A. 由冈崎片段形成
    B. 需 RNA 引物
    C. 不连续合成同一链
    D. 与翻译过程几乎同时进行
    E. RNA 聚合酶覆盖的全部 DNA 均打开

21. 下列不是原核生物转录泡的结构成分的是
    A. DNA 模板链   B. DNA 编码链   C. 新生成的 RNA 链
    D. 转录因子   E. RNA 聚合酶

22. 在原核生物转录延伸阶段起催化作用的是
    A. ρ 因子   B. α 亚基   C. σ 因子   D. 核心酶   E. β 亚基

23. 下列原核生物转录延伸阶段的叙述错误的是
    A. σ 因子从转录起始复合物上脱落
    B. RNA 聚合酶全酶催化此过程
    C. RNA 聚合酶核心酶催化链的延伸
    D. 新生 RNA 链只有一部分与 DNA 模板结合
    E. 转录过程未终止时即开始翻译

24. 参与 RNA 聚合酶 II 转录的转录因子中，能结合 TATA 盒的是
    A. TFIIA   B. TFIIB   C. TFIID   D. TFIIE   E. TFIIF

25. 下列真核细胞 RNA 聚合酶 II 的说法正确的是
    A. 在细胞核中催化合成 mRNA 前体
    B. 对鹅膏蕈碱不敏感
    C. 仅存在于线粒体中
    D. 催化转录生成 45S rRNA
    E. 利福平是其特异性抑制剂

26. mRNA 转录后的加工不包括
    A. 5′-端加帽结构   B. 3′-端加多（A）尾   C. 切除内含子
    D. 连接外显子   E. 3′-端加 CCA

27. 下列对 tRNA 合成的描述不正确的是
    A. tRNA 3′-端需要加上 CCA-OH
    B. tRNA 前体中没有内含子
    C. tRNA 前体还需要进行化学修饰加工
    D. RNA 聚合酶 III 催化 tRNA 前体的生成
    E. tRNA 前体在酶的催化下切除 5′-端和 3′-端处多余的核苷酸

28. ρ 因子的功能是
    A. 结合阻遏物于启动区域处
    B. 增加 RNA 合成速率
    C. 释放结合在启动子上的 RNA 聚合酶

D. 参与转录的终止过程

E. 允许特定转录的启动过程

29. DNA 上某段碱基顺序为 5′-ATCAGTCAG-3′，转录后 RNA 上相应的碱基顺序为

A. 5′-CUGACUGAU-3′　　　B. 5′-CTGACTGAT-3′　　　C. 5′-UAGUCAGUC-3′

D. 5′-ATCAGTCAG-3′　　　E. 5′-UTGUCAGUG-3′

30. 新合成的 mRNA 链的 5′-端最常见的核苷酸是

A. ATP　　　　B. TTP　　　　C. GMP　　　　D. CTP　　　　E. GTP

31. 下列真核生物 mRNA 的多（A）尾结构的叙述错误的是

A. 是在细胞核内加工接上的

B. 其出现不依赖 DNA 模板

C. 维持 mRNA 作为翻译模板的活性

D. 先切除 3′-端的部分核苷酸，然后加上去的

E. 直接在转录初级产物的 3′-端加上去的

32. 下列外显子的叙述正确的是

A. 基因突变的序列　　　　　　B. mRNA 5′-端的非编码序列

C. 断裂基因中的编码序列　　　D. 断裂基因中的非编码序列

E. 成熟 mRNA 中的编码序列

33. 下列反应不属于转录后修饰的是

A. 5′-端加上帽结构　　　B. 3′-端加多（A）尾　　　C. 脱氨反应

D. 外显子去除　　　　　E. 内含子去除

34. 如果 DNA 编码链的碱基组成是：G=24.1%，C=18.5%，A=24.6%，T=32.8%。那么，新合成的 RNA 分子的碱基组成应该是

A. G=24.1%，C=18.5%，A=24.6%，U=32.8%

B. G=24.6%，C=24.1%，A=18.5%，U=32.8%

C. G=18.5%，C=24.1%，A=32.8%，U=24.6%

D. G=32.8%，C=24.6%，A=18.5%，U=24.1%

E. G=24.1%，C=24.1%，A=32.8%，U=24.6%

35. 下列原核细胞转录终止的叙述正确的是

A. 是随机进行的

B. 需要全酶的 ρ 亚基参加

C. 如果基因的末端含 G-C 丰富的回文结构，则不需要 ρ 亚基参加

D. 如果基因的末端含 A-T 丰富的片段，则对转录终止最为有效

E. 需要 ρ 因子以外的 ATP 酶

【B 型题】

（1~4 题备选项）

A. DNA 聚合酶　　　　　B. RNA 聚合酶　　　　　C. 逆转录酶

D. DNA 连接酶　　　　　E. RNA 聚合酶 II

1. 催化 RNA 转录的是

2. 催化 hnRNA 转录的是

3. 催化 DNA 复制的是

4. 催化逆转录的是

（5、6题备选项）

    A. 利福平   B. 肉毒碱   C. 卡那霉素   D. 干扰素   E. 鹅膏蕈碱

5. 抑制原核生物 RNA 聚合酶的是

6. 抑制 RNA 聚合酶Ⅱ的是

（7~9题备选项）

    A. 核酶   B. 鸟苷酸转移酶   C. 多腺苷酸聚合酶

    D. RNA 聚合酶Ⅲ   E. 核酸内切酶

7. 为 rRNA 前体并具有催化活性的是

8. 催化 mRNA 3'-端多（A）尾生成的酶是

9. 催化 tRNA 生成的酶是

（10~12题备选项）

    A. RNA 聚合酶σ亚基   B. RNA 聚合酶核心酶   C. RNA 聚合酶Ⅰ

    D. TFⅡD   E. RNA 聚合酶Ⅲ

10. 原核生物 RNA 链的延伸需要

11. 真核生物 snRNA 的合成需要

12. 原核生物识别转录起始点需要

（13~16题备选项）

    A. 内含子   B. 外显子   C. 断裂基因   D. mRNA 剪接   E. 并接体

13. 基因中被转录的非编码序列是

14. 内含子和外显子间隔排列是

15. 基因中能表达活性的编码序列是

16. 切除内含子、连接外显子的是

【C型题】

（1~3题备选项）

    A. 需 RNA 聚合酶   B. 需逆转录酶

    C. 两者均有   D. 两者均无

1. RNA 转录

2. 逆转录

3. 蛋白质合成

（4~6题备选项）

    A. 以 RNA 为模板   B. 以 RNA 为引物

    C. 两者均有   D. 两者均无

4. 逆转录

5. DNA 聚合酶

6. RNA 聚合酶

(7~9题备选项)

    A. 利福霉素   B. 鹅膏蕈碱

    C. 两者均有   D. 两者均无

7. 能抑制原核生物 RNA 聚合酶的是

8. 能抑制真核生物 RNA 聚合酶 II 的是

9. 能抑制 DNA 聚合酶的是

(10~12题备选项)

    A. 催化磷酸二酯键形成   B. 以 NTP 为底物

    C. 两者均有   D. 两者均无

10. DNA 聚合酶

11. DNA 连接酶

12. RNA 聚合酶

(13、14题备选项)

    A. TATA 盒   B. Pribnow 盒

    C. 两者均有   D. 两者均无

13. 真核生物的启动子序列含有

14. 原核生物的启动子序列含有

【X 型题】

1. 下列 RNA 转录的叙述不正确的有

    A. 模板 DNA 两条链均具有转录功能

    B. 需要引物

    C. 是不对称转录

    D. $\alpha_2\beta\beta'$ 识别转录起始点

    E. σ 识别转录起始点

2. 参与转录的物质有

    A. 单链 DNA 模板   B. DNA 指导的 RNA 聚合酶

    C. NTP   D. NMP

    E. DNA 指导的 DNA 聚合酶

3. RNA 转录需要的原料有

    A. TTP   B. GTP   C. CTP   D. UTP   E. ATP

4. DNA 复制与 RNA 转录的共同点有

    A. 需要 DNA 作为模板   B. 需要 DNA 指导的 DNA 聚合酶

    C. 合成方式为半保留复制   D. 合成方向为 $5' \rightarrow 3'$

    E. 合成原料为 NTP

5. 比较 DNA 复制和 RNA 转录,下列正确的选项有

    A. 原料都是 dNTP

    B. 链的延伸方向都为 $5' \rightarrow 3'$

    C. 都是在细胞核内进行的

D. 合成的产物需剪接加工

E. 与模板链的碱基配对均为 G-C

6. 下列属于 *E. coli* RNA 聚合酶亚基的有

A. α   B. ε   C. γ   D. β   E. σ

7. 下列原核生物 RNA 聚合酶的叙述正确的有

A. 全酶由 5 种亚基（α、β、β′、ω、σ）组成

B. 在体内核心酶的任何亚基都不能单独与 DNA 结合

C. 核心酶的组成是 $α_2ββ′ω$

D. σ 亚基也有催化 RNA 进行复制的功能

E. σ 亚基协助转录起始

8. 原核生物 RNA 聚合酶的抑制剂有

A. 利福平   B. 红霉素   C. 放线菌素 D

D. 链霉素   E. 利福霉素

9. 真核生物和原核生物 RNA 聚合酶

A. 都有全酶、核心酶之分   B. 都从 5′→3′ 延伸 RNA 链

C. 都受利福平的特异性抑制   D. 作用时都不需要引物

E. 合成的原料一样

10. 下列与转录的终止过程有关的有

A. ρ 因子识别转录终止信号

B. RNA 聚合酶识别新生 RNA 链上的终止信号

C. 在 DNA 模板上终止部位有特殊碱基序列

D. σ 因子识别 DNA 上的终止信号

E. 核酸酶参与终止

11. tRNA 前体的加工包括

A. 5′-端加帽结构   B. 切除 5′-端和 3′-端多余的核苷酸

C. 去除内含子   D. 3′-端加 CCA

E. 对核苷酸进行化学修饰

12. tRNA 碱基化学修饰作用有

A. 甲基化   B. 羟化   C. 转位   D. 碱基还原   E. 脱氨基

13. 真核生物 mRNA 前体的加工包括

A. 5′-端加帽结构   B. 3′-端加多（A）尾   C. 3′-端加 CCA-OH

D. 去除内含子   E. 连接外显子

14. RNA 生物合成中碱基配对的原则有

A. A-U   B. T-A   C. C-G   D. G-A   E. T-U

15. 原核生物转录起始区

A. -10 区有 TATAAT 序列

B. -35 区有 TTGACA 序列

C. 结合 RNA 聚合酶后不易受核酸外切酶水解

D. 转录起点转录出起始密码子 AUG

E. –25~–30 区有 TATA 序列

（二）名词解释

1. 转录   2. 不对称转录   3. 结构基因

4. 操纵子   5. 启动子   6. 断裂基因

（三）填空题

1. 大肠埃希菌的 RNA 聚合酶由_____个亚基组成，其中辨认起始点的亚基是_____，组成核心酶的亚基是_____。

2. RNA 转录是沿着模板链的_____方向进行，RNA 链按_____方向延伸。

3. DNA 双链中具有转录功能的单股链称_____，相对应的另一股单链称_____。

4. RNA 的转录过程分为_____、_____、_____3 个阶段。

5. 以 5′-CATGTA-3′ 为模板，转录产物是_____。

6. hnRNA 生成后，需要在 5′-端形成_____结构，3′-端加上_____尾巴。

7. 真核生物的断裂基因中，具有表达活性的编码序列称为_____，没有表达活性的序列称为_____。

（四）问答题

1. 简述转录与复制的异同点。

2. 简述原核生物 RNA 聚合酶的结构特点及功能。

3. 简述原核生物 RNA 转录体系及作用。

4. 简述原核生物 RNA 转录的终止方式。

5. 简述真核生物 mRNA 转录后加工过程。

四、参考答案

（一）选择题

【A 型题】

1. B	2. C	3. D	4. B	5. B	6. B	7. A	8. B
9. B	10. B	11. A	12. D	13. D	14. D	15. C	16. B
17. B	18. A	19. C	20. D	21. D	22. D	23. B	24. C
25. A	26. E	27. B	28. D	29. A	30. E	31. E	32. C
33. D	34. A	35. C					

【B 型题】

1. B	2. E	3. A	4. C	5. A	6. E	7. A	8. C
9. D	10. B	11. E	12. A	13. A	14. C	15. B	16. D

【C 型题】

1. A	2. B	3. D	4. A	5. B	6. D	7. A	8. B

9. D　　　　10. A　　　　11. A　　　　12. C　　　　13. A　　　　14. B

【X 型题】

1. ABD　　　2. ABC　　　3. BCDE　　　4. AD　　　5. BCE　　　6. ADE

7. ACE　　　8. AE　　　9. BDE　　　10. AC　　　11. BCDE　　　12. ADE

13. ABDE　　14. ABC　　15. ABC

（二）名词解释

1. 以 DNA 一条链为模板,四种 NTP 为原料,在 DNA 指导的 RNA 聚合酶作用下,按照碱基配对原则合成 RNA 链的过程,称为转录。

2. 在结构基因的 DNA 双链中,只有一条链可以作为模板指导转录,转录的这种方式称为不对称转录。

3. 结构基因是指能转录出 RNA 的 DNA 区段。

4. 原核生物的每一转录区段可视为一个转录单位,称为操纵子,由若干个结构基因及调控序列组成。

5. 启动子是指位于转录起始点之前的一段核苷酸序列,是 RNA 聚合酶识别和结合的部位,在转录的调控中起着重要作用。

6. 真核生物的结构基因由若干个编码区和非编码区相互间隔但又连续镶嵌而成的,这种结构的基因称为断裂基因。

（三）填空题

1. 5　σ 亚基　$\alpha_2\beta\beta'\omega$

2. $3'\rightarrow5'$　$5'\rightarrow3'$

3. 模板链　编码链

4. 起始　延伸　终止

5. 5'-UACAUG-3'

6. 帽（$m^7GpppNm$）　多（A）尾

7. 外显子　内含子

（四）问答题

1. 简述转录与复制的异同点。

答:复制与转录相同点如下。①都是酶促的核苷酸聚合过程;②都以 DNA 为模板;③都需要依赖 DNA 的聚合酶;④合成方向是 $5'\rightarrow3'$;⑤服从碱基配对原则。

复制与转录不同点列表如下:

	复制	转录
模板	两股链都复制	模板链转录（不对称转录）
原料	dNTP	NTP
酶	DNA 聚合酶	RNA 聚合酶
配对	A-T, G-C	A-U, G-C, T-A
产物	子代双链 DNA	mRNA、tRNA、rRNA

2. 简述原核生物 RNA 聚合酶的结构特点及功能。

答：原核生物的 RNA 聚合酶是由 5 种亚基 α、β、β'、ω、σ 构成的六聚体。其中，$\alpha_2\beta\beta'\omega$ 亚基合称核心酶；σ 亚基与核心酶共同构成 RNA 聚合酶全酶。α 亚基决定哪些基因被转录，β' 亚基能结合 DNA 模板，σ 亚基辨认 DNA 模板上的启动子启动转录，β 亚基催化新生 RNA 链的延伸。

3. 简述原核生物 RNA 转录体系及作用。

答：RNA 转录体系及其作用如下。

（1）模板：DNA 单链。

（2）原料：四种核糖核苷酸（NTP）。

（3）RNA 聚合酶：①RNA 聚合酶全酶参与转录起始，其中 σ 因子辨认 DNA 模板链上转录起始点；②核心酶，催化四种 NTP，以 DNA 为模板按碱基配对原则形成 $3',5'$-磷酸二酯键，生成 RNA 链。

（4）ρ 因子：结合转录产物 RNA，协助转录产物从转录复合物中释放。

4. 简述原核生物 RNA 转录的终止方式。

答：原核生物转录终止有两种方式，一种是非依赖 ρ 因子的转录终止，另一种是依赖 ρ 因子的转录终止。

（1）非依赖 ρ 因子的转录终止：DNA 模板上有 GC 富集区组成的反向重复序列和一连串的 T 结构，该部位转录生成的 RNA 产物可形成特殊的发夹结构，阻止 RNA 聚合酶继续沿 DNA 模板向前移动，从而终止转录。

（2）依赖 ρ 因子的转录终止：通过 ρ 因子识别新生 RNA 链的终止信号并与之结合，然后 ρ 因子水解 ATP，并借此获得能量沿新生的 RNA 链快速移动，直至遇到 RNA 聚合酶，使 RNA-DNA 双螺旋解开，停止转录，释放 RNA。

5. 简述真核生物 mRNA 转录后加工过程。

答：mRNA 转录后的加工如下。

（1）$5'$-端加帽结构：hnRNA 第一个核苷酸往往是 $5'$-三磷酸鸟苷（pppG），在磷酸酶的催化下，pppG 水解，释放出 $5'$-端的 Pi 或 PPi，然后在鸟苷酸转移酶作用下连接另一分子 GTP，生成三磷酸双鸟苷（GpppGp-），再在甲基转移酶催化下进行甲基修饰，形成 $5'$-m7Gpppm2'Np-的帽结构。

（2）$3'$-端加多（A）尾：先由核酸外切酶切去 $3'$-端一些多余的核苷酸，然后在多腺苷酸聚合酶催化下，在 $3'$-端加上多（A）尾。

（3）hnRNA 的剪接：通过多种核酸酶的作用，将 hnRNA 中内含子切去，将外显子拼接起来。

（4）编辑：某些基因转录产生的 mRNA 经过局部编辑加工后可发生改变，从而扩展了原基因编码 mRNA 的能力，导致由一个基因产生多种蛋白质。

（梁金环）

第十三章 | 蛋白质生物合成

一、内容要点

蛋白质生物合成是将 mRNA 分子中 4 种核苷酸序列编码的遗传信息解读为蛋白质一级结构中氨基酸排列顺序的过程。

成熟的 mRNA 的开放阅读框中从 5′-端到 3′-端排列的核苷酸顺序决定了多肽链中从 N 端到 C 端的氨基酸排列顺序。每 3 个相邻核苷酸构成一个密码子，生物体内共有 64 个密码子。遗传密码具有简并性、连续性、方向性、摆动性和通用性的特点。

tRNA 结构中有两个关键部位：一个是氨基酸结合部位，能特异性结合并转运氨基酸，另一个是 mRNA 结合位点，通过反密码子与密码子配对结合，使氨基酸能准确定位。

rRNA 与多种蛋白质形成核糖体，作为蛋白质生物合成的场所。原核生物和真核生物的核糖体均存在三个重要的功能位点，即 A 位（氨酰位）、P 位（肽酰位）和 E 位（空载 tRNA 排出位）。

蛋白质生物合成的过程包括氨基酸的活化、核糖体循环、翻译后的加工修饰和靶向输送。其中核糖体循环是肽链合成的过程，包括起始、延伸、终止三个阶段。肽链的延伸是通过进位、成肽和转位构成的循环过程实现的。新生多肽链须进行翻译后加工修饰才能形成完整的空间结构。合成后的蛋白质还需靶向输送到最终发挥其生物学功能的亚细胞部位。

由于基因突变导致蛋白质一级结构的改变，进而引起生物体某些结构和功能的异常而导致的疾病称为分子病。

蛋白质生物合成是很多抗生素和某些毒素的作用靶点。很多抗生素就是通过阻断蛋白质合成体系中某些组分的结构和功能，干扰和抑制蛋白质生物合成过程而起作用的。蛋白质生物合成所必需的关键组分可作为研究新型抗生素药物的作用靶点。某些毒素也可作用于蛋白质合成体系的有效成分，从而发挥其毒性。了解毒素作用的原理既可以研究其致病机制，又可以从中发现研发新药的途径。

二、重点和难点解析

（一）核糖体是蛋白质生物合成的场所

核糖体又称核蛋白体，是完成氨基酸合成多肽链的复杂超分子复合体。核糖体有大、小两亚基，都由多种核糖体蛋白质和 rRNA 组成。原核生物核糖体为 70S，可分为 50S 大亚基和 30S 小亚基。真核生物核糖体为 80S，可分为 60S 大亚基和 40S 小亚基。小亚基有容纳 mRNA 的通道,具有结合模板 mRNA、结合起始 tRNA、结合和水解 ATP 等作用。大亚基具有 3 个 tRNA 的结合位点:第一个称为受位或 A 位,是氨基酰 tRNA 进入核糖体后占据的位置;第二个称为给位或 P 位,是肽酰 tRNA 占据的位置;第三个称为出位或 E 位,是空载 tRNA 占据的位置。真核细胞核糖体没有 E 位,具有肽酰转移酶活性,可催化肽键的形成。

(二)核糖体循环的基本过程

广义的核糖体循环可分为三个阶段:①起始阶段,即核糖体大亚基、小亚基、mRNA、起始 tRNA 组装形成起始复合物的过程;②延长阶段,由进位、成肽和转位三步循环反应构成,是核糖体循环的中心步骤;③终止阶段,由释放因子识别终止密码,导致多肽链水解及核糖体的解离。

(三)翻译起始复合物的形成过程

翻译起始复合物的形成分为四步:①核糖体大、小亚基的分离;②mRNA 在小亚基定位结合;③fMet-tRNA^{fMet} 的结合;④核糖体大亚基结合。形成复合物后再与核糖体大亚基结合,同时 GTP 水解释能,促使 3 种 IF 释放,形成由完整核糖体、mRNA、起始氨基酰-tRNA 组成的翻译起始复合物。此时 A 位空留,接受下一组氨基酰 tRNA。

(四)蛋白质翻译后的加工修饰及其类型

从核糖体上释放出来的新生多肽链必须经过复杂的加工和修饰过程才能转变成具有天然构象的功能蛋白质,这一过程称为翻译后的加工修饰。常见的翻译后加工方式包括多肽链折叠为天然三维构象、多肽链一级结构的修饰及空间结构的修饰等。其中一级结构的修饰包括 N 端甲酰甲硫氨酸或甲硫氨酸的切除、个别氨基酸的共价修饰、水解修饰。空间结构修饰包括亚基的聚合、辅基的连接、疏水脂链的共价连接。

(五)蛋白质的靶向输送

蛋白质合成后被定向输送到其最终发挥生物学功能的场所,这一过程称为靶向输送。所有靶向输送的蛋白质结构中都存在分选信号,主要是 N 端特异氨基酸序列,可引导蛋白质转移到细胞的适当靶部位,这类序列称为信号序列,是决定蛋白质靶向输送特性的最重要元件。其中分泌蛋白所含的信号序列称为信号肽。

三、习题测试

(一)选择题

【A 型题】

1. 蛋白质合成方向

    A. 由 mRNA 的 3′端向 5′端进行   B. 由 N 端向 C 端进行

    C. 由 C 端向 N 端进行   D. 由 28S tRNA 指导

    E. 由 4S rRNA 指导

2. 翻译过程的产物是

    A. 蛋白质   B. tRNA   C. mRNA   D. rRNA   E. DNA

3. 蛋白质生物合成中多肽链的氨基酸排列取决于

    A. 相应 tRNA 的专一性

    B. 相应氨基酰 tRNA 合成酶的专一性

C. 相应 tRNA 中核苷酸排列顺序

D. 相应 mRNA 中核苷酸排列顺序

E. 相应 rRNA 的专一性

4. 下列物质不直接参与蛋白质生物合成的是

A. mRNA   B. tRNA   C. rRNA   D. DNA   E. RF

5. 在蛋白质生物合成中有转运氨基酸的作用的是

A. mRNA   B. rRNA   C. tRNA   D. hnRNA   E. ncRNA

6. 下列氨基酸密码的叙述正确的是

A. 由 DNA 中相邻的三个核苷酸组成

B. 由 tRNA 中相邻的三个核苷酸组成

C. 由 mRNA 中相邻的三个核苷酸组成

D. 由 rRNA 中相邻的三个核苷酸组成

E. 由多肽链中相邻的三个核苷酸组成

7. 下列出现在蛋白质分子中的氨基酸,没有遗传密码的是

A. 色氨酸   B. 甲硫氨酸   C. 羟脯氨酸

D. 谷氨酰胺   E. 赖氨酸

8. 蛋白质生物合成中能终止多肽链延长的密码有

A. 1 个   B. 2 个   C. 3 个   D. 4 个   E. 5 个

9. 下列氨基酸密码的描述错误的是

A. 密码有种属特异性,所以不同生物合成不同的蛋白质

B. 密码阅读有方向性,$5' \rightarrow 3'$

C. 一组氨基酸可有一组以上的密码

D. 一组密码可代表一种氨基酸

E. 密码第 3 位碱基在决定掺入氨基酸的特异性方面重要性较小

10. 遗传密码的简并性是指

A. 一些三联体密码子可缺少一个嘌呤碱或嘧啶碱

B. 密码子中有许多稀有碱基

C. 大多数氨基酸有一组以上的密码子

D. 一些密码子适用于一种以上的氨基酸

E. 密码子的第 3 位碱基与反密码子不严格互补也能相互辨认

11. 能代表多肽链合成起始信号的遗传密码为

A. UAG   B. GAU   C. UAA   D. AUG   E. UGA

12. 下列遗传密码的简并性的叙述正确的是

A. 每种氨基酸都有 2 种以上的遗传密码

B. 密码子的专一性取决于第 3 位碱基

C. 有利于遗传的稳定性

D. 可导致移码突变

E. 两个密码子可合并成一个密码子

13. 能识别 mRNA 中的密码子 5′-GCA-3′ 的反密码子为

    A. 3′-UCC-5′   B. 5′-CCU-3′   C. 3′-CGT-5′

    D. 5′-UGC-3′   E. 5′-TCC-3′

14. 按照标准遗传密码表，生物体编码 20 种氨基酸的密码子数目为

    A. 60   B. 61   C. 62   D. 63   E. 64

15. 摆动配对是指下列哪种形式的不严格配对

    A. 密码子第 1 位碱基与反密码子的第 3 位碱基

    B. 密码子第 3 位碱基与反密码子的第 1 位碱基

    C. 密码子第 2 位碱基与反密码子的第 3 位碱基

    D. 密码子第 2 位碱基与反密码子的第 1 位碱基

    E. 密码子第 3 位碱基与反密码子的第 3 位碱基

16. 遗传密码的特点不包括

    A. 通用性   B. 连续性   C. 特异性   D. 简并性   E. 方向性

17. tRNA 中能辨认 mRNA 密码子的部位是

    A. 3′-CCA-OH 末端   B. 5′-Pi 末端   C. 反密码子环

    D. DHU 环   E. TψC 序列

18. 原核生物新合成多肽链 N 端的第一位氨基酸为

    A. 赖氨酸   B. 苯丙氨酸   C. 半胱氨酸

    D. 甲酰甲硫氨酸   E. 甲硫氨酸

19. 与蛋白质生物合成有关的酶不包括

    A. GTP 水解酶   B. 肽酰转移酶   C. 转位酶（EFG）

    D. 转氨酶   E. 氨基酰 tRNA 合成酶

20. 参与多肽链释放的蛋白质因子是

    A. RF   B. IF   C. eIF   D. EF-Tu   E. EFG

21. 原核生物翻译时的起动 tRNA 是

    A. Met-tRNA^{Met} B. Met-tRNA^{iMet} C. fMet-tRNA^{fMet}

    D. Arg-tRNA^{Arg} E. Ser-tRNA^{Ser}

22. 核糖体大亚基不具有下列哪种功能

    A. 肽酰转移酶活性   B. 结合氨基酰 tRNA   C. 结合肽酰 tRNA

    D. 结合蛋白因子   E. 结合 mRNA

23. 下列氨基酸活化的叙述正确的是

    A. 活化的部位为氨基   B. 氨基酸与 tRNA 以肽键相连

    C. 活化反应需 GTP 供能   D. 在胞质中进行

    E. 需核糖体参与

24. 活化 1 分子氨基酸所需消耗的高能磷酸键数目为

    A. 1 个   B. 2 个   C. 3 个   D. 4 个   E. 5 个

25. 氨基酰 tRNA 合成酶的特点是

    A. 能专一识别氨基酸，但对 tRNA 无专一性

B. 既能专一识别氨基酸，又能专一识别 tRNA

C. 在细胞中只有 20 种

D. 催化氨基酸与 tRNA 以氢键连接

E. 主要存在于线粒体中

26. 核糖体循环是指

A. 活化氨基酸缩合形成多肽链的过程

B. 70S 起始复合物的形成过程

C. 核糖体沿 mRNA 的相对移位

D. 核糖体大、小亚基的聚合与解聚

E. 多核糖体的形成过程

27. 肽链合成的起始阶段所形成的 70S 起始复合物中不包括

A. mRNA   B. fMet-tRNA^{fMet}

C. 核糖体大亚基   D. 核糖体小亚基

E. EF-Tu

28. 需要消耗 GTP 的反应过程为

A. 氨基酸与 tRNA 相结合

B. 核糖体小亚基识别 SD 序列

C. 氨基酰 tRNA 与核糖体结合

D. 脱水缩合生成肽键

E. 空载 tRNA 脱落

29. 多核糖体中每一核糖体

A. 由 mRNA 的 3′ 端向 5′ 端移动

B. 可合成多种肽链

C. 可合成一种多肽链

D. 呈解离状态

E. 可被放线菌酮抑制

30. 下列多核糖体的叙述正确的是

A. 是一种多顺反子

B. 是 mRNA 前体

C. 是 mRNA 与核糖体小亚基的结合物

D. 是一组核糖体与一个 mRNA 不同区段的结合物

E. 是 tRNA 与核糖体小亚基的结合物

31. 下列蛋白质生物合成的描述错误的是

A. 氨基酸必须活化成活性氨基酸

B. 氨基酸的羟基端被活化

C. 体内所有的氨基酸都有相应的密码

D. 活化的氨基酸被搬运到核糖体上

E. tRNA 的反密码子与 mRNA 上的密码子按碱基配对原则结合

32. 蛋白质合成时下列哪种物质能使肽链从核糖体上释出
    A. 终止密码子   B. 肽酰转移酶的酯酶活性
    C. 核糖体释放因子   D. 核糖体解聚
    E. 延伸因子

33. 蛋白质合成时肽链合成终止的原因是
    A. 已达到 mRNA 分子的尽头
    B. 特异的 tRNA 识别终止密码子
    C. 终止密码子本身具有酯酶作用，可水解肽酰基与 tRNA 之间的酯键
    D. 释放因子能识别终止密码子并进入受位
    E. 终止密码子部位有较大阻力，核糖体无法沿 mRNA 移动

34. 氨基酸是通过下列哪种化学键与 tRNA 结合的
    A. 糖苷键   B. 酯键   C. 酰胺键   D. 磷酸酯键   E. 肽键

35. 蛋白质生物合成中氨基酸的活化与 tRNA 结合需要
    A. 氨基酸 tRNA 合成酶   B. 氨基酰 tRNA 转运酶
    C. ATP 合成酶   D. 肽酰转移酶
    E. GTP

36. 肽链延伸阶段不包括
    A. fMet-tRNA^{fMet} 与核糖体小亚基结合
    B. 氨基酰 tRNA 与核糖体结合
    C. 肽键的形成
    D. 空载 tRNA 从核糖体上脱落
    E. 核糖体沿 mRNA 向 3′-端移动

37. 多肽链的延伸过程与下列哪种物质无关
    A. GTP   B. 肽酰转移酶   C. EF-T
    D. EF-G   E. ATP

38. 蛋白质合成过程中每缩合一分子氨基酸需消耗几个高能磷酸键
    A. 4   B. 3   C. 2   D. 1   E. 0

39. 能识别终止密码的是
    A. EF-G   B. polyA   C. RF   D. m^{7}GTP   E. IF

40. 下列多核糖体的描述错误的是
    A. 由一条 mRNA 与多个核糖体构成
    B. 在同一时刻合成相同长度的多肽链
    C. 可提高蛋白质合成的速度
    D. 合成的多肽链结构完全相同
    E. 核糖体沿 mRNA 链移动的方向为 5′→3′

41. 真核生物翻译进行的亚细胞部位为
    A. 胞质   B. 粗面内质网   C. 滑面内质网
    D. 线粒体   E. 微粒体

42. 分泌型蛋白质的定向输送需要
    A. 甲基化酶　　　B. 连接酶　　　　C. 信号肽酶　　　D. 脱甲酰酶　　　E. 转氨酶
43. 翻译后的加工修饰不包括
    A. 新生肽链的折叠　　　　　　　B. N端甲酰甲硫氨酸或甲硫氨酸的切除
    C. 氨基酸残基侧链的修饰　　　　D. 亚基的聚合
    E. 变构剂引起的分子构象改变
44. 分子病是指
    A. 细胞内低分子化合物浓度异常所致的疾病
    B. 蛋白质分子的靶向输送障碍
    C. 基因突变导致蛋白质一级结构和功能的改变
    D. 朊病毒感染引起的疾病
    E. 由于染色体数目改变所致的疾病
45. 下列镰状细胞贫血的叙述错误的是
    A. 血红蛋白β链编码基因发生点突变
    B. 血红蛋白β链第6位缬氨酸被谷氨酸取代
    C. 血红蛋白分子容易相互黏着
    D. 红细胞变形成为镰刀状
    E. 红细胞极易破裂，产生溶血性贫血
46. 氯霉素抑制细菌蛋白质生物合成的机制是
    A. 与核糖体大亚基结合，抑制肽酰转移酶活性
    B. 引起密码错读，干扰蛋白质的合成
    C. 活化蛋白质激酶，使起始因子磷酸化而失活
    D. 与小亚基结合，抑制进位
    E. 通过影响转录阻抑蛋白质的合成
47. 干扰素是
    A. 细菌产生的　　　　　　　　　B. 病毒感染后诱导宿主真核细胞产生的
    C. 通过竞争性抑制起作用的　　　D. 常用的抗生素之一
    E. 病毒体内存在的

【B型题】
(1~3题备选项)
    A. 复制　　　B. 转录　　　C. 翻译　　　D. 逆转录　　　E. 基因表达
1. 遗传信息从DNA→蛋白质称为
2. 遗传信息从RNA→蛋白质称为
3. 遗传信息从RNA→DNA称为
(4~6题备选项)
    A. 注册　　　B. 成肽　　　C. 转位　　　D. 终止　　　E. 起始
4. 氨基酰tRNA进入核糖体A位称为
5. 核糖体沿mRNA的移动称为

6. P 位上的氨酰基与 A 位上氨基酰 tRNA 上的氨基形成肽键称为

(7、8题备选项)

    A. ATP   B. CTP   C. GTP   D. UTP   E. TTP

7. 参与氨基酸活化的是

8. 参与肽链延长的是

(9~11题备选项)

    A. 氨基酰 tRNA 合成酶   B. 肽酰转移酶   C. EFG

    D. RF   E. IF

9. 促进核糖体沿 mRNA 链移动

10. 催化氨基酸与特异 tRNA 结合

11. 促进多肽链从核糖体上释放

(12、13题备选项)

    A. UUA   B. UGA   C. AUG   D. GUA   E. AGU

12. 既是起始密码子又编码甲硫氨酸的是

13. 终止密码子是

(14、15题备选项)

    A. 四环素   B. 利福霉素   C. 氯霉素   D. 丝裂霉素   E. 干扰素

14. 能抑制 RNA 聚合酶活性的是

15. 能抑制肽酰转移酶活性的是

(16~18题备选项)

    A. GTP   B. TTP   C. CTP   D. UTP   E. ATP

16. 蛋白质合成起始阶段氨基酸活化需要

17. 多肽链终止需要

18. 多肽链延长需要

(19~21题备选项)

    A. AUG   B. CUG   C. AUA   D. UAG   E. UUU

19. 蛋白质合成的起始密码是

20. 蛋白质合成的终止密码是

21. 线粒体起始密码是

(22~24题备选项)

    A. 氨基肽酶   B. 多核糖体   C. 羟化酶

    D. 寡聚体   E. 肽酰转移酶

22. 切除多肽链 N-甲硫氨酸残基的是

23. 在同一条 mRNA 链上有多个核糖体排列称为

24. 两条以上多肽链通过非共价连接成

(25~27题备选项)

    A. 甲硫氨酸   B. 赖氨酸   C. 亮氨酸   D. 谷氨酸   E. 瓜氨酸

25. 只有 1 个密码的氨基酸是

26. 有 6 个密码的氨基酸是

27. 无密码的氨基酸是

【C 型题】

(1、2 题备选项)

    A. 密码子与反密码子的辨认结合

    B. 氨基酰 tRNA 合成酶的高度专一性

    C. 两者均有

    D. 两者均无

1. 与遗传信息准确翻译相关的因素

2. 与核糖体循环相关的因素

(3、4 题备选项)

    A. 切除信号肽   B. 切除 N-端甲硫氨酸

    C. 两者均有   D. 两者均无

3. 血红蛋白翻译后的加工方式有

4. 胰岛素翻译后的加工方式有

(5~8 题备选项)

    A. 真核生物的蛋白质生物合成

    B. 原核生物的蛋白质生物合成

    C. 两者均有

    D. 两者均无

5. 它的启动氨基酸为甲酰甲硫氨酸

6. 它的 mRNA 为单顺反子

7. 核糖体小亚基先与甲硫氨酰-tRNA 结合, 再与 mRNA 结合

8. 它的释放因子只有一种, 兼可识别 3 组终止密码子

(9~14 题备选项)

    A. 核糖体大亚基给位   B. 核糖体大亚基受位

    C. 两者均有   D. 两者均无

9. 是肽键形成的部位

10. 含有肽酰 tRNA

11. 需要 EF-Tu 的部位

12. 是反密码子 5′-CAU-3′ 结合的部位

13. 当合成终止时是释放多肽链的部位

14. 是水解 ATP 的部位

(15、16 题备选项)

    A. tRNA   B. rRNA

    C. 两者均有   D. 两者均无

15. 含翻译有关的密码序列

16. 含有氨基酸特异的密码子

【X型题】

1. 直接参与蛋白质生物合成的核酸有

    A. mRNA   B. DNA   C. rRNA   D. tRNA   E. cDNA

2. 密码子的功能包括

    A. 决定肽链合成的起始位点   B. 决定肽链合成的终止位点

    C. 决定肽链合成的速率   D. 决定合成肽链中氨基酸的顺序

    E. 决定肽链合成的多少

3. 下列氨基酸中没有相应的密码子的有

    A. 亮氨酸   B. 羟脯氨酸   C. 羟赖氨酸

    D. 瓜氨酸   E. 胱氨酸

4. 蛋白质合成过程中需 GTP 参与的有

    A. 起始   B. 氨基酸活化   C. 终止

    D. 转位   E. 进位

5. 参与蛋白质生物合成的蛋白质因子有

    A. 起始因子   B. 延伸因子   C. 释放因子   D. 终止因子   E. 细胞因子

6. 能抑制细菌蛋白质生物合成的抗生素有

    A. 链霉素   B. 氯霉素   C. 四环素   D. 嘌呤霉素   E. 利福霉素

7. 下列遗传密码的叙述正确的有

    A. 一种氨基酸只有一种密码子

    B. 有些密码子不代表任何氨基酸

    C. 除个别密码子外，每一种密码子代表一种氨基酸

    D. 在哺乳动物线粒体，个别密码子不通用

    E. AUG 既是起始密码子，又是甲硫氨酸的密码子

8. 核蛋白体的功能部位有

    A. 容纳 mRNA 部位   B. 结合肽酰 tRNA 的部位

    C. 活化氨基酸的部位   D. 肽酰转移酶所在部位

    E. 结合氨基酰 tRNA 的部位

9. 氨基酰 tRNA 合成酶的特性有

    A. 需要 ATP 参与   B. 对氨基酸的识别有专一性

    C. 需要 GTP 供能   D. 对 tRNA 的识别有专一性

    E. 专一性差

10. 翻译后加工包括

    A. 剪切   B. 共价修饰   C. 亚基聚合   D. 加入辅基   E. 水解修饰

11. 参与蛋白质合成的物质有

    A. mRNA   B. GTP   C. 肽酰转移酶

    D. 核糖体   E. 氨基酸

12. 下列真核生物的遗传密码的描述正确的有

    A. 64 种密码子负责编码 20 种氨基酸

B. 具有简并性

C. 具有通用性

D. 摆动配对

E. 具有方向性

13. 遗传密码 AUG 的功能是

    A. 终止密码子   B. 起始密码子   C. 色氨酸密码子

    D. 甲硫氨酸密码子   E. 丙氨酸密码子

14. 与蛋白质生物合成有关的酶有

    A. 转位酶   B. 肽酰转移酶   C. 转氨酶

    D. 氨基酰 tRNA 合成酶   E. 水解酶

15. 蛋白质合成的终止密码有

    A. UAG   B. UGA   C. AUG   D. UAA   E. GUA

16. 多肽链的生物合成包括

    A. 起始阶段   B. 延伸阶段   C. 终止阶段   D. 修饰加工   E. 靶向输送

17. 核糖体循环包括

    A. 注册   B. 成肽   C. 转位   D. 释放   E. 起始

18. 终止密码的特点包括

    A. 能被 RF 识别   B. 不代表任何氨基酸

    C. 可代表赖氨酸   D. 阻止肽链延伸

    E. 包括 UAA、UAG、UGA

（二）名词解释

1. 翻译   2. 多顺反子   3. 遗传密码

4. 氨基酸的活化   5. 核糖体循环   6. 多核糖体

7. 进位   8. 信号肽   9. 分子病

10. 密码子的摆动性

（三）填空题

1. 蛋白质生物合成过程中所需的能源物质是＿＿＿＿＿＿＿＿和＿＿＿＿＿＿＿＿。

2. 肽链延伸由＿＿＿＿＿＿＿＿、＿＿＿＿＿＿＿＿和＿＿＿＿＿＿＿＿三个步骤周而复始进行。

3. 肽链合成后经＿＿＿＿＿＿、＿＿＿＿＿＿、＿＿＿＿＿＿、＿＿＿＿＿＿和＿＿＿＿＿＿等方式加工修饰后才能成为具有生物活性的蛋白质。

4. 蛋白质合成时，沿 mRNA 模板的＿＿＿＿＿＿方向进行，肽链的合成由＿＿＿＿＿＿进行。

5. 遗传密码的主要特点是＿＿＿＿＿＿＿、＿＿＿＿＿＿＿、＿＿＿＿＿＿＿、＿＿＿＿＿＿＿和＿＿＿＿＿＿＿。

6. 参与蛋白质合成的物质主要有＿＿＿＿＿＿＿、＿＿＿＿＿＿＿、＿＿＿＿＿＿＿、＿＿＿＿＿＿＿、＿＿＿＿＿＿＿和＿＿＿＿＿＿＿。

7. 翻译的直接模板是＿＿＿＿＿＿＿，蛋白质合成的接合器是＿＿＿＿＿＿＿，蛋白质合成的场所是_____。

　　8. 核糖体循环可人为地分为_____、_____、_____
三个阶段。

　　9. 氨基酸残基进行的化学修饰有_____、_____、_____、
_____、_____和亲脂性修饰。

（四）问答题

　　1. 蛋白质生物合成体系由哪些物质组成？它们各有何作用？
　　2. 简述氨基酸的活化及相关酶的作用特点。
　　3. 简述真核细胞分泌型蛋白质的靶向输送过程。
　　4. 试述蛋白质生物合成过程。
　　5. 原核生物和真核生物的翻译起始复合物的生成有何异同？

四、参考答案

（一）选择题

【A 型题】

1. B	2. A	3. D	4. D	5. C	6. C	7. C	8. C
9. A	10. C	11. D	12. C	13. D	14. B	15. B	16. C
17. C	18. E	19. D	20. A	21. C	22. E	23. D	24. B
25. B	26. A	27. E	28. C	29. C	30. D	31. B	32. B
33. D	34. B	35. A	36. A	37. E	38. A	39. C	40. D
41. B	42. C	43. E	44. C	45. B	46. A	47. B	

【B 型题】

1. E	2. C	3. D	4. A	5. C	6. B	7. A	8. C
9. C	10. A	11. D	12. C	13. B	14. B	15. C	16. E
17. A	18. A	19. A	20. D	21. C	22. A	23. B	24. D
25. A	26. C	27. E					

【C 型题】

1. C	2. A	3. B	4. C	5. B	6. A	7. A	8. A
9. B	10. A	11. B	12. B	13. A	14. D	15. C	16. A

【X 型题】

1. ACD	2. ABD	3. BCDE	4. ACDE	5. ABC	6. ABCD
7. BCDE	8. ABDE	9. ABD	10. ABCDE	11. ABCDE	12. BCDE
13. BD	14. ABD	15. ABD	16. ABC	17. ABC	18. ABDE

（二）名词解释

　　1. 蛋白质生物合成又称翻译，是细胞内以 mRNA 为模板、按照 mRNA 分子中由核苷酸组成的密码信息合成蛋白质的过程。

　　2. 在原核生物中，每种 mRNA 常带有几个与功能相关的蛋白质的编码信息，能指导多条肽链的合成，这种 mRNA 称为多顺反子。

3. mRNA 分子中每三个相邻的核苷酸组成一组形成三联体，在蛋白质生物合成时代表一种氨基酸的信息，称为遗传密码或密码子。

4. 氨基酸与特异 tRNA 结合形成氨基酰 tRNA 的过程称为氨基酸的活化。

5. 广义的核糖体循环是指活化的氨基酸由 tRNA 携带至核糖体上，以 mRNA 为模板合成多肽链的过程。狭义的核糖体循环是指肽链合成的延伸阶段，包含进位、成肽、转位三步。

6. mRNA 在蛋白质生物合成的过程中同时与多个核糖体结合同时进行翻译，所形成的念珠状结构称为多核糖体。

7. 根据 mRNA 下一组遗传密码指导，使相应氨基酰 tRNA 进入并结合到核糖体 A 位的过程称为进位。

8. 多数靶向输送到溶酶体、质膜或分泌到细胞外的蛋白质，其肽链的 N 端一般都带有一段保守的氨基酸序列，此类序列称为信号肽。

9. 由于基因突变导致蛋白质一级结构的改变，进而引起生物体某些结构和功能的异常而导致疾病称为分子病。

10. mRNA 密码子与 tRNA 反密码子在配对辨认时，密码子的第三位碱基与反密码子的第一位碱基不严格互补也能相互辨认，称为密码子的摆动性。

（三）填空题

1. ATP　GTP

2. 进位　成肽　转位

3. 去除 N-甲酰甲硫氨酸（N-甲硫氨酸）　个别氨基酸的修饰　亚基聚合　辅基连接　水解修饰

4. $5' \rightarrow 3'$　$N \rightarrow C$

5. 连续性　简并性　方向性　摆动性　通用性

6. 各种 RNA　氨基酸　蛋白质因子　ATP 和 GTP　无机离子　酶　核糖体

7. mRNA　tRNA　核糖体

8. 起始　延伸　终止

9. 糖基化　羟基化　甲基化　磷酸化　二硫键形成

（四）问答题

1. 蛋白质生物合成体系由哪些物质组成？它们各有何作用？

答：蛋白质生物合成体系的物质组成及作用如下。

（1）氨基酸：合成蛋白质的原料。

（2）mRNA：翻译的直接模板。

（3）tRNA：转运氨基酸的工具。

（4）核糖体：蛋白质合成的场所。

（5）ATP 和 GTP：能源物质。

（6）无机离子：Mg^{2+} 参与氨基酸的活化，K^+ 参与转肽反应。

（7）氨基酰 tRNA 合成酶：催化氨基酸活化。

（8）肽酰转移酶：催化肽酰基与氨基缩合形成肽键。

（9）转位酶：催化核糖体移位。

（10）蛋白质因子：参与多肽链合成的起始、延伸、终止各阶段。

2. 简述氨基酸的活化及相关酶的作用特点。

答：(1) 氨基酸的活化即氨基酸与特异 tRNA 结合形成氨基酰 tRNA 的过程。反应步骤为：首先在氨基酰 tRNA 合成酶（E）的作用下，ATP 分解为 AMP 和 PPi，AMP 与氨基酸、酶结合形成一种活性中间复合体（氨基酰-AMP-E），氨基酸的羧基得以活化；该复合物再与特异 tRNA 作用，将氨酰基转移到 tRNA 的 3'-端 CCA-OH 上，形成氨基酰 tRNA。

(2) 氨基酰 tRNA 合成酶的作用：氨基酸与 tRNA 分子的正确结合是维持遗传信息准确翻译为蛋白质过程保真性的关键步骤之一，氨基酰 tRNA 合成酶起主要作用。①氨基酰 tRNA 合成酶对底物氨基酸和 tRNA 都有高度特异性，可特异识别结合 ATP、特异氨基酸和数种 tRNA；②氨基酰 tRNA 合成酶具有校正活性，即该酶可将反应中任一步骤出现的错配加以改正，水解错误产物的酯键，换上与密码对应的氨基酸。

3. 简述真核细胞分泌型蛋白质的靶向输送过程。

答：核糖体上合成的肽链先由信号肽引导进入内质网腔，并被折叠成为具有一定功能构象的蛋白质，在高尔基复合体中被包装进分泌小泡，转移至细胞膜，再分泌到细胞外。

4. 试述蛋白质生物合成过程。

答：蛋白质生物合成过程分为三个阶段，即氨基酸的活化、核糖体循环、翻译后加工修饰。

（1）氨基酸的活化：由氨基酰 tRNA 合成酶催化氨基酸与 tRNA 结合形成氨基酰 tRNA。

（2）核糖体循环：氨基酸活化后由 tRNA 转运至核糖体上，以 mRNA 为模板合成多肽链，这一过程分为起始、延伸、终止。起始：形成起始复合物。延伸：由进位、成肽和转位三个步骤周而复始重复进行，每重复一次，肽链延长一个氨基酸残基，核糖体沿 mRNA 向3'-端移动一个密码子的位置。终止：核糖体移至 mRNA 的终止密码子处时，在释放因子的帮助下释出合成的多肽链，核糖体大、小亚基与 RNA 分离。

（3）翻译后加工修饰：从核糖体上释放出的多肽链不具备生物活性，必须进一步加工，进行切割或修饰乃至聚合，才能表现出生物活性。

5. 原核生物和真核生物的翻译起始复合物的生成有何异同？

答：原核生物和真核生物的翻译起始复合物的生成相同点如下。①翻译模板均是mRNA。②均需起始因子。③需要形成起始复合物。④能量均由 GTP 提供。

两者的不同点如下。①两者的 mRNA 结构稍有差异，原核生物 mRNA 上有 SD 序列（核糖体结合序列），真核生物 mRNA 5'-端有帽结构。②起始复合物形成顺序不同。原核生物 mRNA 靠 SD 序列先与核糖体小亚基结合，再结合上甲酰甲硫氨基酰-tRNA 和大亚基形成起始复合物。真核生物 mRNA 无 SD 序列，是先由甲硫氨基酰-tRNA 结合核糖体小亚基，再借助 CBP（帽结合蛋白质）及其他起始因子，mRNA 才能与已结合甲硫氨基酰-tRNA的核糖体小亚基结合，加上大亚基形成起始复合物。③起始因子不同，原核生物需要 3 种起始因子，真核生物则需 9 种。

（李　杰）

第十四章 | 基因表达调控

一、内容要点

基因表达调控是在细胞生物学、分子生物学以及分子遗传学研究基础上发展起来的新领域，涉及很多基本概念和原理。这些基本概念是认识原核基因表达调控、真核基因表达调控的基础。基因表达就是基因转录及翻译的过程。基因表达表现为严格的规律性，即时间、空间特异性。基因表达的方式有组成性表达及诱导或阻遏表达。原核生物、单细胞生物基因表达调控是为适应环境、维持生长和细胞分裂。多细胞生物基因表达调控除为了适应环境，还有维持组织器官分化、个体发育的功能。

基因表达调控是在多级水平上进行的复杂事件。其中，转录起始是基因表达的基本控制点。基因转录激活调节基本要素涉及特异 DNA 序列、调节蛋白以及这些因素通过何种方式对 RNA 聚合酶活性产生影响。除了转录起始水平的调控，其他水平如基因激活、转录后加工、翻译及翻译后加工，对原核生物及真核生物的基因表达均有调控作用。

大多数原核基因表达调控是通过操纵子机制实现的。大肠埃希菌的乳糖操纵子含 Z、Y 及 A 三个结构基因，还包括一个操纵序列 O、一个启动序列 P 在内的调控区以及一个调节基因 I。I 基因与乳糖操纵区相邻，编码一种 Lac 阻遏蛋白。阻遏蛋白、分解代谢物基因激活蛋白（CAP）与调控区结合位点的结合调节着操纵子基因的转录。

真核基因表达调控的某些机制与原核基因表达调控存在明显差别：真核细胞内含有多种 RNA 聚合酶；处于转录激活状态的染色质结构会发生明显变化，如对核酸酶敏感，DNA 碱基的甲基化修饰，组蛋白的乙酰化、甲基化或磷酸化修饰等。此外，微小 RNA 对真核基因表达调控的影响也日益受到重视。

真核基因转录激活受顺式作用元件与反式作用因子相互作用调节。真核基因顺式作用元件按功能特性分为启动子、增强子及沉默子。反式作用因子是指真核转录调节因子，简称转录因子，可分为基本转录因子和特异转录因子。所有基因的转录调节都涉及包括 RNA 聚合酶在内的转录起始复合物的形成。

二、重点和难点解析

（一）基因表达与基因表达调控的基本概念与特点

1. 基因表达　基因表达通常是指基因组 DNA 经过转录生成 RNA，其中 RNA 进一步翻译成蛋白质的过程。并非所有的基因表达过程都产生蛋白质，rRNA、tRNA 等非蛋白编码基因转录产生功能型 RNA 的过程也属于基因表达。

基因表达呈现出严格的规律性，从而形成了其两个基本特性，即时间特异性和空间特异性。基因表达的时间特异性是指某一特定基因的表达严格按一定的时间顺序开启和关闭。基因表达的空间特异性是指个体在生长发育过程中，同一种基因在个体的不同组织细胞中表达不一致。

2. 基因表达调控　基因表达调控是细胞或生物体在接受内外环境信号刺激时或适应环境变化的过程中在基因表达水平上做出的应答，其实质是对基因表达进行调节的过程，又称基因调节。有些基因表达不易受环境的影响，称为看家基因或管家基因。在信号的刺激下，基因表达产物增加，称为可诱导基因；反之，基因表达被抑制，这种基因称为可阻遏基因。

（二）原核生物基因表达的调控

1. 操纵子　操纵子是原核生物转录的功能单位。典型的操纵子可分为调控区和结构基因两部分。调控区由各种调控元件组成；由若干个有关联的结构基因串联在一起构成编码区。常见的调控区由三种调控元件组成：①调节基因，为阻遏蛋白或调节蛋白的编码基因；②启动子 P，为 RNA 聚合酶识别与结合区；③操纵基因（O），为阻遏蛋白（或阻遏因子）的结合位点。

2. 乳糖操纵子　调控区包括调节基因（R）或抑制基因（I）、启动子（P）、操纵基因（O）和 CAP 结合位点；编码区包含三个结构基因 *Lac Z*、*Lac Y* 和 *Lac A*，编码的蛋白质参与乳糖代谢。*Lac Z* 基因编码 β-半乳糖苷酶，*Lac Y* 基因编码通透酶，*Lac A* 基因编码乙酰转移酶。

3. 阻遏蛋白的负调节机制　阻遏蛋白结合于操纵基因上，加强 RNA 聚合酶与乳糖启动子的结合，促使 RNA 聚合酶储存于启动子处，形成 RNA 聚合酶-阻遏蛋白-DNA 复合物，这一复合物被抑制于封闭阶段。半乳糖作为诱导物与阻遏蛋白结合，促使后者构象发生改变，与操纵基因的亲和力大大降低。由此，封闭的复合物随即转变成开放复合物，转录立即起始。

4. cAMP-CAP 的正调节机制　当葡萄糖被消耗尽，腺苷酸环化酶的活性恢复，催化 ATP 环化生成大量 cAMP。高水平的 cAMP 与 CAP 结合形成复合物。cAMP-CAP 复合物与乳糖操纵子的特定区域结合，直接与 RNA 聚合酶 α 亚基相互作用，提高 RNA 聚合酶的活性。阻遏蛋白负性调节与 CAP 正性调节两种机制协同合作。

5. 原核生物翻译水平的基因表达调控　通常把转录水平上的调控看成是基因表达调控的最主要、最经济也是最有效的方式，而把包括翻译水平在内在其他层面上的调控看成是基因转录表达调控的补充方式，但有时翻译水平上的基因表达调控同样也是十分关键的。

（三）真核生物基因表达的调控

1. 真核基因表达调节的特点　真核生物基因表达调控是通过特异的蛋白质因子与特异的 DNA 序列相互作用实现的。这些特异 DNA 序列称为顺式作用元件或分子内作用元件，而特异蛋白质因子称为反式作用因子或分子间作用因子。

2. 真核基因表达调控的基本方式　在真核生物中，DNA 片段是否可以被转录取决于它的染色质结构。染色质结构的改变是通过 DNA 甲基化、非编码 RNA 或 DNA 结合蛋白等修饰组蛋白实现的。

3. 顺式作用元件 顺式作用元件是指 DNA 序列中那些不表达为蛋白质、rRNA 或 tRNA，而是作为 DNA 序列本身在原位发挥功能的序列。顺式作用元件按照功能可以分为启动子、增强子和沉默子。启动子是转录过程中 RNA 聚合酶特异性识别和结合的 DNA 序列。增强子是能增加同它连锁的基因的转录频率的 DNA 序列。沉默子是能结合特异蛋白质因子，对基因转录起阻遏作用的 DNA 序列。

4. 反式作用因子 反式作用因子是指直接或间接识别或结合在顺式作用元件核心序列上，从而参与调控目的基因转录的蛋白质。

5. 翻译水平调控 翻译水平的调控一般是指对 mRNA 品种的选择和对 mRNA 翻译效率的调控。翻译起始因子的调控功能：eIF-2 是蛋白质合成过程中重要的起始因子。

三、习题测试

（一）选择题

【A 型题】

1. 基因表达调控的最基本环节是
   A. 染色质活化   B. 基因转录起始   C. 转录后的加工
   D. 翻译   E. 翻译后的加工

2. 将大肠埃希菌的碳源由葡萄糖转变为乳糖时，细菌细胞内不发生
   A. 乳糖→半乳糖   B. cAMP 浓度升高
   C. 半乳糖与阻遏蛋白结合   D. RNA 聚合酶与启动序列结合
   E. 阻遏蛋白与操纵序列结合

3. 增强子的特点是
   A. 增强子单独存在可以启动转录
   B. 增强子的方向对其发挥功能有较大的影响
   C. 增强子不能远离转录起始点
   D. 增强子增加启动子的转录活性
   E. 增强子不能位于启动子内

4. 下列不属于顺式作用元件的是
   A. UAS   B. TATA 盒   C. CAAT 盒   D. Pribnow 盒   E. GC 盒

5. 下列铁反应元件（IRE）的叙述错误的是
   A. 位于运铁蛋白受体（TfR）的 mRNA 上
   B. IRE 构成重复序列
   C. 铁浓度高时 IRE 促进 TfRmRNA 降解
   D. 每个 IRE 可形成柄环结构
   E. IRE 结合蛋白与 IRE 结合促进 TfRmRNA 降解

6. 启动子是指
   A. DNA 分子中能转录的序列

B. 转录启动时 RNA 聚合酶识别与结合的 DNA 序列

C. 与阻遏蛋白结合的 DNA 序列

D. 含有转录终止信号的 DNA 序列

E. 与反式作用因子结合的 RNA 序列

7. 下列管家基因的叙述错误的是

    A. 在同种生物所有个体的全生命过程中几乎所有组织细胞都表达

    B. 在同种生物所有个体的几乎所有细胞中持续表达

    C. 在同种生物几乎所有个体中持续表达

    D. 在同种生物所有个体中持续表达，表达量一成不变

    E. 在同种生物所有个体的各个生长阶段持续表达

8. 转录调节因子是

    A. 大肠埃希菌的操纵子   B. mRNA 的特殊序列

    C. 一类特殊的蛋白质   D. 成群的操纵子组成的调控网络

    E. 产生阻遏蛋白的调节基因

9. 对大多数基因来说，CpG 序列高度甲基化

    A. 抑制基因转录

    B. 促进基因转录

    C. 与基因转录无关

    D. 对基因转录影响不大

    E. 既可抑制也可促进基因转录

10. HIV 的 Tat 蛋白的功能是

    A. 促进 RNA pol Ⅱ 与 DNA 结合

    B. 提高转录的频率

    C. 使 RNA pol Ⅱ 通过转录终止

    D. 提前终止转录

    E. 抑制 RNA pol Ⅱ 参与组成前起始复合物

11. 活性基因染色质结构的变化不包括

    A. RNA 聚合酶前方出现正超螺旋

    B. CpG 岛去甲基化

    C. 组蛋白乙酰化

    D. 形成茎环结构

    E. 对核酸酶敏感

12. 真核基因组的结构特点不包括

    A. 真核基因是不连续的

    B. 重复序列丰富

    C. 编码基因占基因组的 1%

    D. 一个基因编码一条多肽链

    E. 几个功能相关基因成簇地串联

13. 功能性前起始复合物中不包括

    A. TFⅡA   B. TBP   C. σ因子

    D. initiator（Inr）   E. RNA pol Ⅱ

14. tRNA 基因的启动子和转录的启动正确的是

    A. 启动子位于转录起始点的 5'-端

    B. TFⅢC 是必需的转录因子，TFⅢB 是帮助 TFⅢC 结合的辅助因子

    C. 转录起始需三种转录因子 TFⅢA、TFⅢB 和 TFⅢC

    D. 转录起始首先由 TFⅢB 结合 A 盒和 B 盒

    E. 一旦 TFⅢB 结合，RNA 聚合酶即可与转录起始点结合并开始转录

15. 下列基因转录激活调节的基本要素错误的是

    A. 特异 DNA 序列

    B. 转录调节蛋白

    C. DNA-蛋白质相互作用或蛋白质-蛋白质相互作用

    D. RNA 聚合酶活性

    E. DNA 聚合酶活性

16. 下列基因表达的叙述错误的是

    A. 基因表达并无严格的规律性

    B. 基因表达具有组织特异性

    C. 基因表达具有阶段特异性

    D. 基因表达包括转录与翻译

    E. 有的基因表达受环境影响水平升高或降低

17. 下列基因诱导和阻遏表达的叙述错误的是

    A. 这类基因表达受环境信号影响升或降

    B. 可诱导基因是指在特定条件下可被激活

    C. 可阻遏基因是指应答环境信号时被抑制

    D. 乳糖操纵子机制是诱导和阻遏表达典型例子

    E. 此类基因表达只受启动序列与 RNA 聚合酶相互作用的影响

18. 操纵子不包括

    A. 编码序列   B. 启动序列   C. 操纵序列

    D. 调节序列   E. RNA 聚合酶

19. 顺式作用元件是指

    A. 位于编码基因 5'-端的非编码序列

    B. 位于编码基因 3'-端的非编码序列

    C. 编码基因以外可影响编码基因表达活性的序列

    D. 启动子不属于顺式作用元件

    E. 特异的调节蛋白

20. 下列反式作用因子的叙述不正确的是

    A. 绝大多数转录因子属反式作用因子

B. 大多数的反式作用因子是 DNA 结合蛋白质

C. 指具有激活功能的调节蛋白

D. 与顺式作用元件通常是非共价结合

E. 反式作用因子即反式作用蛋白

21. 乳糖操纵子的直接诱导剂是

    A. 乳糖   B. 半乳糖   C. 葡萄糖

    D. 透酶   E. β-半乳糖苷酶

22. 下列乳糖操纵子的叙述不正确的是

    A. 当乳糖存在时可被阻遏

    B. 含三个结构基因

    C. CAP 是正性调节因素

    D. 阻遏蛋白是负性调节因素

    E. 半乳糖是直接诱导剂

23. 活化基因一个明显特征是对核酸酶

    A. 高度敏感   B. 中度敏感   C. 低度敏感

    D. 不度敏感   E. 不一定

24. lac 阻遏蛋白与 lac 操纵子结合的位置是

    A. I 基因   B. P 序列   C. O 序列

    D. CAP 结合位点   E. Z 基因

25. CAP 介导 lac 操纵子正性调节发生在

    A. 无葡萄糖及 cAMP 浓度较高时

    B. 有葡萄糖及 cAMP 浓度较高时

    C. 有葡萄糖及 cAMP 浓度较低时

    D. 无葡萄糖及 cAMP 浓度较低时

    E. 葡萄糖及 cAMP 浓度均较低时

26. 功能性的前起始复合物(PIC)形成稳定的转录起始复合物需通过 TBP 接近

    A. 结合了沉默子的转录抑制因子

    B. 结合了增强子的转录抑制因子

    C. 结合了沉默子的转录激活因子

    D. 结合了增强子的转录激活因子

    E. 结合了增强子的基本转录因子

27. 某些基因在胚胎期表达,在出生后不表达,属于

    A. 空间特异性表达   B. 时间特异性表达   C. 器官特异性表达

    D. 组织特异性表达   E. 细胞特异性表达

28. 原核及真核生物调节基因表达的共同意义是

    A. 适应环境、维持细胞发育和细胞分裂

    B. 个体发育

    C. 组织分化

D. 细胞分化

E. 细胞分裂

29. 目前认为基因表达调控的主要环节是

A. 复制   B. 转录   C. 转录后加工

D. 翻译   E. 翻译后加工

30. 下列不是顺式作用元件的是

A. 启动子   B. 增强子   C. 沉默子   D. 顺反子   E. 衰减子

【B 型题】

(1~4 题备选项)

A. 操纵子   B. 启动子   C. 增强子   D. 沉默子   E. 转座子

1. 真核基因转录激活必不可少的是

2. 真核基因转录调节中起正性调节作用的是

3. 真核基因转录调节中起负性调节作用的是

4. 原核生物的基因调控机制是

(5~8 题备选项)

A. 顺式作用元件   B. 反式作用因子   C. 顺式作用蛋白

D. 操纵序列   E. 特异因子

5. 由特定基因编码,对另一基因转录具有调控作用的转录因子是

6. 影响自身基因表达活性的 DNA 序列是

7. 由特定基因编码,对自身基因转录具有调控作用的转录因子是

8. 属于原核生物基因转录调节蛋白的是

(9~11 题备选项)

A. Lac 阻遏蛋白   B. RNA 聚合酶   C. cAMP

D. CAP   E. 转录因子

9. 与 CAP 结合的是

10. 与启动序列结合的是

11. 与操纵序列结合的是

(12~14 题备选项)

A. 多顺反子   B. 单顺反子   C. 内含子   D. 外显子   E. 操纵子

12. 真核基因转录产物是

13. 原核基因转录产物是

14. 真核基因编码序列是

(15~18 题备选项)

A. UBF1   B. SL1   C. ICR   D. TFⅢB   E. UCE

15. RNA pol Ⅰ所需转录因子并能与 UCE 和核心元件结合的是

16. tRNA 和 5S rRNA 基因的启动子是

17. 人 rRNA 前体基因的启动子元件是

18. tRNA 和 5S rRNA 基因转录起始所需转录因子是

【X型题】

1. 基因表达的方式有
   A. 诱导表达　　　　　　B. 阻遏表达　　　　　　C. 组成性表达
   D. 协调表达　　　　　　E. 随意表达

2. 基因表达终产物可以是
   A. 核酸　　　B. DNA　　　C. RNA　　　D. 多肽链　　　E. 蛋白质

3. 在遗传信息水平上影响基因的表达包括
   A. 基因拷贝数　　　　　B. 基因扩增　　　　　　C. DNA 的甲基化
   D. DNA 重排　　　　　　E. 转录后加工修饰

4. 操纵子包括
   A. 编码序列　　　　　　B. 启动序列　　　　　　C. 操纵序列
   D. 调节序列　　　　　　E. 顺式作用元件

5. 下列属于转录调节蛋白的有
   A. 特异因子　　　　　　B. 阻遏蛋白　　　　　　C. 激活蛋白
   D. 组蛋白　　　　　　　E. 反式作用因子

6. 基因转录激活调节的基本要素有
   A. 特异 DNA 序列　　　　　　B. 转录调节蛋白
   C. DNA-RNA 相互作用　　　　D. DNA-蛋白质相互作用
   E. 蛋白质-蛋白质相互作用

7. 通常组成最简单的启动子的组件有
   A. TATA 盒　　　　　　B. GC 盒　　　　　　C. CAAT 盒
   D. 转录起始点　　　　　E. 上游激活序列

8. 下列启动子的叙述错误的有
   A. 开始转录生成 mRNA 的 DNA 序列
   B. mRNA 开始被翻译的序列
   C. RNA 聚合酶开始结合的 DNA 序列
   D. 阻遏蛋白结合 DNA 的部位
   E. 产生阻遏物的基因

9. 基因表达过程中仅在原核生物中出现而真核生物没有的有
   A. AUG 用作起始密码子
   B. σ 因子
   C. 电镜下的"羽毛状"现象
   D. 多顺反子 mRNA
   E. 多核糖体现象

10. 在 lac 操纵子中起调控作用的有
   A. *Lac I* 基因　　B. *Lac Z* 基因　　C. Lac O 序列　　D. Lac P 序列　　E. *Lac Y* 基因

(二) 名词解释

1. 基因表达　　　　　　2. 基因表达调控　　　　　　3. 时间特异性

4. 管家基因　　　　　　　　5. 操纵子　　　　　　　　6. 乳糖操纵子

7. 顺式作用元件　　　　　　8. 反式作用因子　　　　　9. 启动子

10. 增强子

（三）填空题

1. 基因表达就是基因_____和_____的过程。

2. 基因表达的特异性包括_____和_____。

3. 按照对刺激的反应性，基因表达的方式有_____、_____。

4. 基因表达的基本控制点是_____。

5. 操纵子通常由_____、_____、_____和_____组成。

6. 原核生物基因转录调节蛋白分为_____、_____和_____三类。

7. DNA-蛋白质相互作用是_____与_____之间的特异识别及结合。

8. 乳糖操纵子的调控区由_____、_____和_____共同构成。

9. 转录因子按功能特性可分为_____和_____两类。

10. 按功能特性，真核基因顺式作用元件分为_____、_____及_____。

11. 在酵母，有一种类似高等真核增强子样作用的序列，称为_____。

12. 转录因子至少包括_____和_____两个不同的结构域。

13. 最常见的 DNA 结合域的结构形式是_____及_____。

14. 原核生物翻译起始的调节分子可以是_____或_____。

15. 帮助 RNA pol Ⅰ 起始转录的转录因子有_____和_____。

16. CAP 分子上有_____结合位点和_____结合位点，与其结合后，再结合至 CAP 位点，可刺激_____活性。

17. RNA pol Ⅲ 转录的基因启动子位于_____，称_____。

（四）问答题

1. 简述基因表达调控的基本特点。

2. 以乳糖操纵子为例简述原核生物基因表达调控原理。

3. 试述原核生物基因转录调节的特点。

4. 简述原核生物转录调控和真核生物转录调控的共同点。

5. 试述原核生物转录调控和真核生物转录调控的区别。

6. 简述 miRNA 的特点。

四、参考答案

（一）选择题

【A 型题】

1. B	2. E	3. D	4. D	5. E	6. B	7. D	8. C
9. A	10. C	11. D	12. E	13. C	14. E	15. E	16. A
17. E	18. E	19. C	20. C	21. B	22. A	23. A	24. C
25. A	26. D	27. B	28. A	29. B	30. D		

1. B   2. C   3. D   4. A   5. B   6. A   7. C   8. E
9. C   10. B   11. A   12. B   13. A   14. D   15. A   16. C
17. E   18. D

【X 型题】
1. ABCD   2. CDE   3. ABCD   4. ABCD   5. ABCE   6. ABDE
7. AD   8. ABDE   9. BCD   10. ACD

（二）名词解释

1. 基因表达就是基因转录及翻译的过程，即生成具有生物学功能产物的过程。

2. 基因表达调控是指细胞或生物体在接受环境信号刺激时或适应环境变化的过程中在基因表达水平上做出应答的分子机制。

3. 按功能需要，某一特定基因的表达严格按一定的时间顺序发生，称为基因表达的时间特异性。多细胞生物基因表达的时间特异性又称阶段特异性。

4. 有些基因在一个生物个体的几乎所有细胞中持续表达，其表达产物对维持生命全过程都是必需的或必不可少的，这类基因称为管家基因。

5. 操纵子通常由 2 个以上的编码序列与启动序列、操纵序列以及其他调节序列在基因组中成簇串联，共同构成一个转录单位。

6. 乳糖操纵子是参与乳糖分解的一个基因群，由乳糖系统的阻遏物和操纵序列组成，使得一组与乳糖代谢相关的基因受到同步的调控。

7. 顺式作用元件是指可影响自身基因表达活性的 DNA 序列，可分为启动子、增强子和沉默子等。

8. 反式作用因子主要指能够识别并结合非自身编码基因的顺式作用元件，调节其基因转录的蛋白质或 RNA。

9. 启动子是指真核基因 RNA 聚合酶结合位点周围的一组转录控制组件，每一组件含 7~20bp 的 DNA 序列，包括至少一个转录起始点以及一个以上的功能组件。

10. 增强子是指真核生物远离转录起始点，决定基因的时间特异性、空间特异性表达，增强启动子转录活性的 DNA 序列，其发挥作用的方式通常与方向、距离无关。

（三）填空题

1. 转录   翻译

2. 时间特异性   空间特异性

3. 基本（或组成性）表达   诱导和阻遏表达

4. 转录起始

5. 2 个以上的编码序列   启动序列   操纵序列   调节序列

6. 特异因子   阻遏蛋白   激活蛋白

7. 反式作用因子   顺式作用元件

8. 启动序列   操纵序列   CAP 结合位点

9. 基本转录因子   特异转录因子

10. 启动子   增强子   沉默子

11. 上游激活序列

12. DNA 结合域　转录激活域

13. 锌指结构　碱性 α-螺旋

14. 蛋白质　RNA

15. 上游结合因子 1　选择性因子 1

16. DNA　cAMP　转录

17. 转录起始点下游/转录区内　内部控制区

（四）问答题

1. 简述基因表达调控的基本特点。

答：（1）基因表达调控具有多层次性和复杂性。基因表达可在复制、转录、翻译等多级水平上进行调控，但发生在转录水平尤其是转录起始水平的调节对基因表达起着至关重要的作用。

（2）基因转录激活受到转录调节蛋白与启动子相互作用的调节。

（3）原核生物大多数基因表达调控是通过操纵子机制实现的，包括启动序列、操纵序列及其他调节序列。

（4）真核生物的特异 DNA 序列比原核生物更为复杂，普遍涉及编码基因两侧的顺式作用元件，包括启动子、增强子及沉默子等。真核生物的转录调节蛋白又称转录调节因子或转录因子，绝大多数是反式作用蛋白，有些是顺式作用蛋白。转录调节蛋白通过与 DNA 或与蛋白质相互作用，对转录起始进行调节。

2. 以乳糖操纵子为例简述原核生物基因表达调控原理。

答：乳糖操纵子结构含有 Z、Y、A 三个结构基因，在结构基因前方还有一个操纵序列 O，一个启动序列 P，及一个调节基因 I。在 P 序列上游还有一个分解物基因激活蛋白（CAP）结合位点。

调控原理：乳糖操纵子受到阻遏蛋白和 CAP 的双重调节。

（1）阻遏蛋白的负性调节：当无乳糖存在时，I 基因编码阻遏蛋白可与操纵序列 O 结合，抑制 RNA 聚合酶与启动序列结合，抑制转录启动；当有乳糖存在时，乳糖经原先存在于细胞中的少数 β-半乳糖苷酶催化，转变为半乳糖，后者与阻遏蛋白结合，使其变构失活，并与操纵序列解离，此时 RNA 聚合酶可启动基因的转录。

（2）CAP 的正性调节：当无葡萄糖（G）及 cAMP 浓度较高时，cAMP 与 CAP 结合，这时 CAP 结合在 CAP 位点，可刺激 RNA 转录活性；当有 G 存在及 cAMP 浓度低时，cAMP 与 CAP 结合受阻，则乳糖操纵子表达下降。

（3）协调调节：当阻遏蛋白封闭转录时，CAP 对该系统不能发挥作用；但是如果没有 CAP 存在来加强转录活性，即使没有阻遏蛋白与操纵序列结合，操纵子仍无转录活性。

3. 试述原核生物基因转录调节的特点。

答：原核特异基因的表达受多级调控，但调控的关键机制主要发生在转录起始阶段。原核基因转录调节有以下特点。①σ 因子决定 RNA 聚合酶识别特异性：在转录起始阶段，σ 亚基识别特异启动序列；不同的 σ 因子决定特异基因的转录激活，决定 mRNA、rRNA 和 tRNA 基因的转录。②操纵子模型在原核基因表达调控中具有普遍性：原核生物绝大多数基因按功能相关性成簇地串联、密集于染色体上,共同组成一个转录单位——操纵子。一个操纵子只含一个启动序列及数个可转录的编码基因。③原核操纵子受到阻遏蛋白的负性调节:在很多原核操纵子系统,特异的阻遏蛋白是调控原核启动序列活性的重要因素。当阻遏蛋白与操纵序列结合或解聚时,就会发生特异基因的阻遏与去阻遏。

4. 简述原核生物转录调控和真核生物转录调控的共同点。

答:原核生物转录调控与真核生物转录调控的共同点如下。①受多级调控;②转录起始是基因表达的基本控制点;③基因转录激活调节基本要素都是特异 DNA 序列、转录调节蛋白、DNA-蛋白质或蛋白质-蛋白质相互作用及 RNA 聚合酶与特异 DNA 序列相互作用;④调节方式都存在正调节、负调节及协同调节。

5. 试述原核生物转录调控和真核生物转录调控的区别。

答:原核生物转录调控和真核生物转录调控的区别如下。

(1) 基本要素:①特异 DNA 序列。原核生物大多数基因表达调控是通过操纵子机制实现的,包括启动序列、操纵序列及其他调节序列;真核生物比原核生物更为复杂,普遍涉及编码基因两侧的顺式作用元件,包括启动子、增强子及沉默子等。②转录调节蛋白。原核生物分为特异因子、阻遏蛋白和激活蛋白,都是 DNA 结合蛋白;真核生物的转录调节蛋白又称转录调节因子或转录因子,绝大多数是反式作用蛋白,有些是顺式作用蛋白。大多数反式作用因子是 DNA 结合蛋白,少数不能直接结合 DNA,而是通过蛋白质-蛋白质相互作用间接结合 DNA,调节基因转录。③RNA 聚合酶与基因的结合方式。原核生物的 RNA 聚合酶可直接结合启动序列;真核生物的 RNA 聚合酶与启动子亲和力极低或无亲和力,必须与基本转录因子形成复合物才能与启动子结合。

(2) 调节特点:①RNA 聚合酶识别特异性。原核生物 σ 因子决定 RNA 聚合酶识别特异性;真核生物 RNA 聚合酶本身具有特异性。②调控模式。原核生物操纵子模型具有普遍性;真核生物处于转录激活状态的染色质结构发生明显变化具有普遍性。③调控方式。原核生物操纵子受到阻遏蛋白的负性调节;真核生物以正性调节为主。④调控的细胞定位。原核生物在细胞质;真核生物转录在细胞核,翻译在细胞质。⑤转录后加工的调控。原核生物 mRNA 无转录后加工,tRNA、rRNA 有;真核生物 mRNA、tRNA 和 rRNA 都有转录后加工,并且复杂。

6. 简述 miRNA 的特点。

答:miRNA 具有如下特点。①其长度一般为 20~25 个碱基。②在不同生物体中普遍存在,包括线虫、果蝇、家鼠、人等。③其序列在不同生物中具有一定的保守性,但是尚未发现动植物之间具有完全一致的 miRNA 序列。④具有鲜明的表达阶段特异性和组织特异性。⑤miRNA 基因以单拷贝、多拷贝或基因簇等多种形式存在于基因组中,而且绝大部分位于基因间隔区。

(李 杰)

第十五章 | 细胞信号转导

一、内容要点

细胞信号转导是指特定的化学信号在靶细胞内的传递过程。它需要信号源合成、分泌信号分子经传递到达靶细胞发挥作用。

信号分子可以分为激素、神经递质、生长因子、细胞因子和无机物五大类,根据传递距离的远近,通过内分泌、旁分泌和自分泌三种传递方式到达靶细胞,并与靶细胞受体进行特异性结合。

受体是指存在于靶细胞膜上或细胞内的一类特殊蛋白质分子,它们能够识别、结合信号分子,并触发靶细胞产生特异效应。根据受体存在的亚细胞部位不同,将受体分为细胞膜受体和细胞内受体,细胞膜受体又分为离子通道受体、G蛋白偶联受体和单跨膜受体。受体与信号分子的结合有高度的亲和力、高度的专一性、可逆性、可饱和性和特定的作用模式等特点。

二、重点和难点解析

(一)细胞表面受体介导的信号转导途径

1. G蛋白偶联受体介导的信号转导途径主要有cAMP-PKA途径、DAG/IP$_3$-PKC途径、Ca^{2+}/CaM-K途径。

2. 酶偶联受体介导的信号转导途径主要有Ras-MAPK途径、JAK-STAT途径、cAMP-PKG途径。

(二)细胞内受体介导的信号转导途径

三、习题测试

(一)选择题

【A型题】

1. 可以与细胞外信号分子特异性识别并结合,介导细胞内第二信使生成,同时引起细胞内产生效应的是

    A. 配体   B. 激素   C. 酶   D. 受体   E. G蛋白

2. 大多数膜受体的化学本质是

    A. 糖脂   B. 磷脂   C. 脂类物质   D. 糖蛋白   E. 类固醇

3. 下列异源三聚体 G 蛋白的叙述错误的是

    A. 由 α、β、γ 三个亚基组成

    B. α 亚基能与 GDP 和 GTP 结合

    C. α 亚基具有 GTP 酶活性

    D. α、β、γ 三个亚基结合在一起时 G 蛋白才有活性

    E. α 亚基具有多样性

4. 蛋白质激酶的作用是使蛋白或酶发生

    A. 磷酸化   B. 去磷酸化   C. 糖基化   D. 水解   E. 合成

5. 激活的异源三聚体 G 蛋白可能直接影响

    A. 磷脂酶 A   B. 磷脂酶 C   C. 蛋白质激酶 A

    D. 蛋白质激酶 B   E. 蛋白质激酶 C

6. cAMP 可以激活

    A. 磷脂酶 A   B. 磷脂酶 C   C. 蛋白质激酶 A

    D. 蛋白质激酶 B   E. 蛋白质激酶 C

7. cGMP 可以激活

    A. 磷脂酶 A   B. 磷脂酶 C   C. 蛋白质激酶 A

    D. 蛋白质激酶 B   E. 蛋白质激酶 G

8. DAG 可以激活

    A. 磷脂酶 A   B. 磷脂酶 C   C. 蛋白质激酶 A

    D. 蛋白质激酶 B   E. 蛋白质激酶 C

9. IP_3 与相应受体结合后可使胞内哪种离子的浓度升高

    A. K^+ B. Na^+ C. Mg^{2+} D. Ca^{2+} E. Zn^{2+}

10. 下列激素属于蛋白质多肽类激素的是

    A. 甲状腺激素   B. 胰岛素   C. 肾上腺素

    D. 前列腺素   E. 糖皮质激素

11. 下列第二信使 DAG 的叙述错误的是

    A. DAG 是脂溶性分子, 位于细胞膜上

    B. 由磷脂酰肌醇-4,5-二磷酸水解生成

    C. 由甘油三酯水解生成

    D. 由磷脂酰肌醇特异性磷脂酶 C 催化生成

    E. 可激活蛋白质激酶 C

12. 下列脂质在细胞信号转导中发挥重要作用的是

    A. 鞘磷脂   B. 磷脂酰乙醇胺   C. 磷脂酸

    D. 磷脂酰肌醇   E. 磷脂酰胆碱

13. 细胞内受体介导的信号转导途径, 其调节细胞代谢的方式主要是

    A. 变构调节   B. 特异基因的表达调节

    C. 蛋白质降解的调节   D. 共价修饰调节

    E. 核糖体翻译速度的调节

14. 下列 NO 的叙述错误的是
   A. 细胞内一氧化氮合酶催化精氨酸分解可生成 NO
   B. 是在体内发现的第一种气体信号分子
   C. 硝酸甘油在血管平滑肌细胞内经谷胱甘肽转移酶的催化产生 NO
   D. 可激活可溶性鸟苷酸环化酶
   E. 其结合受体位于细胞膜上

15. 下列不属于受体作用特点的是
   A. 高度亲和力   B. 高度专一性   C. 不可逆性
   D. 可饱和性   E. 特定的作用模式

16. 下列酶偶联受体的叙述错误的是
   A. 是一类具有单次跨膜结构的细胞膜受体
   B. 是一类具有七次跨膜结构的细胞膜受体
   C. 受体与配体结合后可激活偶联的酶活性
   D. 蛋白质酪氨酸激酶是该类受体常见偶联酶类
   E. 心房利尿钠肽受体属于酶偶联受体

17. 细胞内受体的作用特点不包括
   A. 细胞内受体存在于细胞质或细胞核内，多为转录因子
   B. 能与该受体结合的配体多为脂溶性信号分子
   C. 脂溶性激素的受体在未结合激素时单独存在
   D. NO 可与细胞内受体结合，激活鸟苷酸环化酶
   E. 脂溶性激素与细胞内受体结合后可进入细胞核内，调控靶基因表达

18. 作用距离最短的细胞外信号分子是
   A. 激素   B. 神经递质   C. 旁分泌信号分子
   D. 自分泌信号分子   E. 细胞因子

19. 霍乱毒素 A 亚基进入小肠上皮细胞后可结合哪种 G 蛋白而产生毒性
   A. Gs 蛋白   B. Ras 蛋白   C. Gi 蛋白   D. Gq 蛋白   E. Gt 蛋白

20. 下列离子通道偶联受体的叙述错误的是
   A. 离子通道偶联受体的配体主要为神经递质
   B. 离子通道的开放或关闭直接受配体的控制
   C. 根据运输的离子不同，分为阳离子通道受体和阴离子通道受体两类
   D. 离子通道受体介导的信号转导的最终效应是离子跨膜流动
   E. 离子通道受体的典型代表是 N 型乙酰胆碱受体，它由 5 个亚基组成，其中 β 亚
      基具有配体结合部位。

21. 下列物质不是第二信使的是
   A. cAMP   B. cGMP   C. AMP   D. IP_3 E. DAG

22. 通过核内受体发挥作用的激素是
   A. 乙酰胆碱   B. 甲状腺激素   C. 肾上腺素
   D. 表皮生长因子   E. NO

23. 下列转导途径需要单个跨膜受体的是
    A. cGMP-蛋白质激酶通路
    B. cAMP-蛋白质激酶途径
    C. 蛋白质酪氨酸激酶体系
    D. 细胞膜上 Ca^{2+} 通道开放
    E. Ca^{2+}-依赖性蛋白质激酶途径

24. 活化的 G 蛋白的核苷酸是
    A. CTP   B. ATP   C. GTP   D. UTP   E. TTP

25. 下列物质不是细胞内信息分子的是
    A. Ca^{2+} B. DAG   C. 神经酰胺
    D. IP_3 E. AMP

26. 依赖 Ca^{2+} 的蛋白质激酶是
    A. 受体型 TPK   B. 非受体型 TPK   C. PKC
    D. PKA   E. PKG

27. 催化 PIP_2 水解为 IP_3 的酶是
    A. 磷脂酶 A_1 B. 磷脂酶 C   C. 磷脂酶 A_2
    D. PKC   E. PKA

28. 第二信使 DAG 的来源是由
    A. 甘油三酯水解而成   B. PIP_2 水解生成   C. GP 磷脂水解产生
    D. 在体内合成   E. 胆固醇转化而来

29. IP_3 受体位于
    A. 核膜   B. 线粒体内膜   C. 细胞膜
    D. 内质网   E. 溶酶体

30. IP_3 与内质网上的受体结合后可使胞质内
    A. Ca^{2+} 浓度升高   B. Na^+ 浓度升高   C. cAMP 浓度升高
    D. cGMP 浓度下降   E. Ca^{2+} 浓度下降

31. 激活的 G 蛋白直接影响下列哪种酶的活性
    A. 磷脂酶 A   B. 磷脂酶 C   C. 蛋白质激酶 A
    D. 蛋白质激酶 C   E. 蛋白质激酶 G

32. 下列激素的叙述正确的是
    A. 激素都是由特殊分化的内分泌腺分泌的
    B. 激素与相应的受体共价结合，所以亲和力高
    C. 激素与受体结合是可逆的
    D. 激素仅作用于细胞膜表面
    E. 激素作用的强弱与其浓度成正比

33. IP_3 的作用是
    A. 在细胞内供能   B. 肌醇的活化形式   C. 作为细胞内第二信使
    D. 可直接激活 PKC   E. 细胞膜的组成成分

34. 蛋白质酪氨酸激酶的作用是
    A. 使蛋白质结合酪氨酸
    B. 使特殊蛋白质分子上的酪氨酸残基磷酸化
    C. 使各种含有酪氨酸的蛋白质活化
    D. 使蛋白质中大多数酪氨酸磷酸化
    E. 分解受体中的酪氨酸
35. 心房利尿钠肽的第二信使是
    A. cAMP   B. cGMP   C. IP$_3$ D. Ca^{2+} E. DAG
36. 胞质中钙调蛋白（CaM）与 Ca^{2+} 结合时 Ca^{2+} 的浓度为
    A. 10^{-2}mmol/L   B. 10^{-3}mmol/L   C. 10^{-4}mmol/L
    D. $2×10$mmol/L   E. $3×10$mmol/L
37. 蛋白质激酶的作用是使蛋白质或酶
    A. 磷酸化   B. 去磷酸化   C. 乙酰化   D. 去乙酰基   E. 合成
38. 胰岛素受体具有下列哪种酶的活性
    A. PKA   B. PKG   C. PKC
    D. Ca^{2+}-CaM 激酶   E. 蛋白质酪氨酸激酶

【X型题】
1. 通过 G 蛋白偶联通路发挥作用的有
    A. 胰高血糖素   B. 肾上腺素   C. 甲状腺激素
    D. 促肾上腺皮质激素   E. 抗利尿激素
2. 细胞因子可通过下列哪些分泌方式发挥生物学作用
    A. 内分泌   B. 外分泌   C. 旁分泌   D. 突触分泌   E. 自分泌
3. 激动型 G 蛋白被激活后可直接激活
    A. 腺苷酸环化酶   B. 磷脂酰肌醇特异性磷脂酶 C
    C. 蛋白质激酶 A   D. 蛋白质激酶 G
    E. 鸟苷酸环化酶
4. 在信息传递过程中不产生第二信使的有
    A. 雌二醇   B. 甲状腺激素   C. 肾上腺素
    D. 维 A 酸   E. 活性维生素 D$_3$
5. 受体与配体结合的特点包括
    A. 高度专一性   B. 高度亲和力   C. 可饱和性
    D. 可逆性   E. 特定的作用模式
6. 磷脂酰肌醇特异性磷脂酶 C 可使磷脂酰肌醇 4,5-二磷酸水解产生
    A. cAMP   B. cGMP   C. DAG   D. IP$_3$ E. TAG
7. 下列符合 G 蛋白的特性的有
    A. G 蛋白是鸟苷酸结合蛋白
    B. 各种 G 蛋白的差别主要在 α 亚基
    C. α 亚基本身具有 GTP 酶活性

D. 三聚体 G 蛋白具有 ATP 酶活性

E. 二聚体 G 蛋白是抑制型 G 蛋白

8. 下列属于激素的第二信使的有

A. Ca^{2+} B. PIP_2 C. DAG   D. cAMP   E. IP_3

9. 蛋白质分子中较易发生磷酸化的氨基酸是

A. Gly   B. Ser   C. Thr   D. Tyr   E. Phe

10. PKA 激活需

A. cAMP   B. cGMP   C. Mg^{2+} D. K^+ E. GTP

（二）名词解释

1. 细胞信号转导   2. 信号分子

3. 受体   4. 第二信使

（三）填空题

1. 根据体内的化学信号分子作用距离，可将信号分子的传递方式分为_____、_____、_____三大类。

2. 受体与配体结合有_____、_____、_____、_____等特点。

3. 激活蛋白质激酶 A 需要_____；激活蛋白质激酶 C 需要_____、_____和_____。

4. 异三聚体型 G 蛋白包括_____、_____和_____三个亚基。当_____与_____解离时，G 蛋白处于_____状态；当_____与_____结合形成三聚体时，回到_____状态。

（四）问答题

1. 什么是第二信使？其常见的种类有哪些？

2. 简述受体的分类。

四、参考答案

（一）选择题

【A 型题】

1. D	2. D	3. D	4. A	5. B	6. C	7. E	8. E
9. D	10. B	11. C	12. D	13. B	14. E	15. C	16. B
17. C	18. B	19. A	20. E	21. C	22. B	23. C	24. C
25. E	26. C	27. B	28. B	29. D	30. A	31. B	32. C
33. C	34. B	35. A	36. A	37. A	38. E		

【X 型题】

1. ABDE	2. ACE	3. ABE	4. ABDE	5. ABCDE	6. CD
7. ABC	8. ACDE	9. BCD	10. AC		

（二）名词解释

1. 细胞信号转导是指特定的化学信号在靶细胞内的传递过程。

2.信号分子是指由机体细胞合成并能在细胞间或细胞内传递信息的分子。

3.受体是指存在于靶细胞膜上或细胞内的一类特殊蛋白质分子,它们能够识别与结合信号分子,并触发靶细胞产生特异的效应。

4.第二信使是指外源性信号在细胞内传递的小分子化合物。

(三)填空题

1.内分泌　旁分泌　自分泌

2.高度专一性　高度亲和力　可饱和性　可逆性　特定的作用模式

3.cAMP　DAG　Ca^{2+}　磷脂酰丝氨酸

4.α　β　γ　α　βγ　活性　α　βγ　失活

(四)问答题

1.什么是第二信使?其常见的种类有哪些?

答:在细胞内传递信号的小分子化学物质称为第二信使。其常见的种类包括:①环核苷酸类,如 cAMP 和 cGMP;②脂类衍生物,如 DAG、IP_3、花生四烯酸等;③无机物,如 Ca^{2+}、NO 等。

2.简述受体的分类。

答:根据受体存在的亚细胞部位不同,可以将受体分为细胞表面受体和细胞内受体,细胞表面受体又分为 G 蛋白偶联受体、酶偶联受体和离子通道受体。

(韦　岩)

第十六章 | 癌基因、抑癌基因及生长因子

一、内容要点

癌基因包括病毒癌基因和细胞癌基因。病毒癌基因能使宿主细胞发生恶性转化。细胞癌基因是细胞正常活动所需的，具有调节生长分化的功能。在正常细胞内未被激活的细胞癌基因又称原癌基因，一旦发生突变，将加速细胞生长，导致肿瘤的发生。癌基因的激活方式包括获得强启动子或增强子、染色体易位或基因重排、基因异常扩增和点突变。

抑癌基因是一类抑制细胞生长的调节基因。抑癌基因的表达产物包括转录调节因子、负调控转录因子、细胞周期蛋白依赖性激酶抑制因子、信号通路的抑制因子、与发育和干细胞增殖相关的信号转导通路组分等。抑癌基因失活、缺失可导致细胞生长失控。肿瘤的发生主要包括癌基因的激活和抑癌基因的缺失。

生长因子是细胞合成与分泌的一类多肽，与靶细胞的受体结合，将信息传递到胞内，促进细胞生长、增殖。生长因子主要是通过与特异性的质膜受体结合，启动快速的信号转导通路，导致 DNA 复制和细胞分裂。

二、重点和难点解析

（一）癌基因

癌基因是一类会引起细胞癌变的基因，包括病毒癌基因和细胞癌基因。病毒癌基因是一段存在于病毒基因组中的基因，该基因能使靶细胞发生恶性转化。正常细胞中存在一些与病毒癌基因同源的序列，称为细胞癌基因，其表达产物能促进正常细胞生长、增殖、分化，一旦表达异常或发生突变，就会推动细胞恶性转化。

（二）抑癌基因

抑癌基因是正常细胞中存在的一类基因，通常具有抑制细胞增殖的作用。抑癌基因缺失或被抑制就会失去对细胞增殖的负调节作用。

肿瘤是一种基因病，属于多步发生的疾病，包括癌基因的激活和抑癌基因的缺失。机体组织的某个细胞中的一个癌基因或抑癌基因发生突变，这个细胞就获得了相对于邻近细胞而言更佳的生长优势，肿瘤的发生就此开始。当拥有这一突变的子代细胞数目增加时，其中一个细胞发生第二次突变的可能性增加。具有两个突变的细胞生长速度将更快。这样的过程不断进行，若干突变就可能在某些细胞中累积，加速细胞生长，并浸润

周边组织。

（三）生长因子

生长因子是一类细胞因子，能够刺激细胞生长。这类细胞因子与特异的细胞膜受体结合，调节细胞生长与其他细胞功能。

三、习题测试

（一）选择题

【A 型题】

1. 下列癌基因的叙述正确的是

    A. 细胞癌基因来源于病毒基因

    B. 癌基因只存在于病毒中

    C. 癌基因是根据其功能命名的

    D. 有癌基因的细胞一定会发生癌变

    E. 细胞癌基因是正常基因的一部分

2. 下列癌基因的叙述错误的是

    A. 正常情况下处于低表达或不表达状态

    B. 被激活后可导致细胞发生癌变

    C. 癌基因表达的产物都具有致癌活性

    D. 存在于正常生物基因组中

    E. 在正常细胞内未被激活的细胞癌基因又称原癌基因

3. 下列癌基因的叙述正确的是

    A. v-onc 是正常细胞中存在的癌基因序列

    B. 在正常高等动物细胞中可检出 c-onc

    C. 癌基因产物不是正常细胞中所产生的功能蛋白质

    D. 病毒癌基因又称原癌基因

    E. 病毒癌基因激活可导致肿瘤的发生

4. 下列癌基因的叙述错误的是

    A. 可用 onc 表示

    B. 在体外可引起细胞转化

    C. 在体内可引起肿瘤

    D. 是细胞内控制细胞生长的基因

    E. 病毒癌基因激活可导致肿瘤的发生

5. 病毒癌基因

    A. 只存在于病毒中

    B. 含有转化宿主细胞的酶

    C. 以 RNA 为模板直接合成 RNA

    D. 可以将正常细胞转化为癌细胞

    E. 遗传信息储存于 DNA 上

6. 下列病毒癌基因的叙述错误的是
   A. 主要存在于 RNA 病毒基因中
   B. 在体外能引起细胞转化
   C. 感染宿主细胞能随机整合于宿主细胞基因组中
   D. 又称原癌基因
   E. 感染宿主细胞能引起恶性转化

7. 下列细胞癌基因的叙述正确的是
   A. 只存在于肿瘤细胞中
   B. 是由正常细胞接触致癌物质后 DNA 突变产生的
   C. 正常细胞也能检测到癌基因
   D. 是细胞经过转化才出现的
   E. 是正常人感染了致癌病毒才出现的

8. 下列细胞癌基因的叙述正确的是
   A. 存在于正常生物基因组中
   B. 存在于 DNA 病毒中
   C. 存在于 RNA 病毒中
   D. 又称病毒癌基因
   E. 正常细胞含有即可导致肿瘤的发生

9. 下列细胞癌基因的叙述正确是
   A. 在体外能使培养细胞转化
   B. 感染宿主细胞能引起恶性转化
   C. 又称病毒癌基因
   D. 主要存在于 RNA 病毒基因中
   E. 感染宿主细胞能随机整合于宿主细胞基因中

10. 下列原癌基因的特点的叙述错误的是
    A. 未突变的野生型基因存在于正常细胞中
    B. 是正常细胞内未被激活的细胞癌基因
    C. 通常具有抑制细胞增殖的作用
    D. 一旦激活可能导致细胞癌变
    E. 对维持细胞正常生长起重要作用

11. 下列属于癌基因的是
    A. *p53*　　　　　B. *myc*　　　　　C. *Rb*　　　　　D. *p16*　　　　　E. *WT1*

12. 下列不属于癌基因的产物的是
    A. 生长因子类似物
    B. 跨膜生长因子受体
    C. 信息传递蛋白
    D. 结合 DNA 的蛋白质
    E. 化学致癌物

13. 生长因子主要是通过与以下哪项结合启动快速的信号转导通路
    A. 特异性的质膜受体　　　　B. 细胞膜
    C. 信息传递蛋白　　　　　　D. DNA 结合蛋白质
    E. 化学致癌物

14. 表达产物具有生长因子受体功能的癌基因是
    A. *src*　　　　B. *sis*　　　　C. *erb-B*　　　　D. *ras*　　　　E. *myc*

15. 表达产物具有蛋白质酪氨酸激酶活性的癌基因是
    A. *src*　　　　B. *sis*　　　　C. *erb-B*　　　　D. *ras*　　　　E. *myc*

16. 能编码信息传递蛋白的癌基因是
    A. *src*　　　　B. *sis*　　　　C. *erb-B*　　　　D. *ras*　　　　E. *myc*

17. 癌基因的产物是
    A. 调节细胞增殖与分化的蛋白质
    B. cDNA
    C. 逆转录病毒的外壳蛋白
    D. 逆转录酶
    E. 被称为癌蛋白的蛋白质

18. 下列不属于癌基因产物的是
    A. 化学致癌物质　　　　　　B. 生长因子类
    C. 生长因子受体类　　　　　D. G 蛋白类
    E. 酪氨酸激酶类

19. *myc* 基因的表达产物是
    A. 生长因子　　　　　　　　B. 生长因子受体
    C. 蛋白质酪氨酸激酶活性　　D. 信息传递蛋白类
    E. 结合 DNA 的蛋白质

20. 癌基因可在下列哪种情况下被激活
    A. 受致癌病毒感染获得强启动子
    B. 基因发生突变导致表达产物功能异常
    C. 染色体易位
    D. 以上均可以
    E. 以上均不可以

21. 下列不属于癌基因产物的是
    A. 蛋白质激酶　　　　　　　B. 化学致癌物质
    C. 信息传递蛋白类　　　　　D. 结合 DNA 的蛋白质
    E. 生长因子类似物

22. 原癌基因的激活机制是
    A. 点突变　　　　　　　　　B. 启动子插入
    C. 增强子的插入　　　　　　D. 染色体易位
    E. 以上均是

23. 下列抑癌基因的叙述错误的是
    A. 可促进细胞的生长　　　　　B. 可诱导细胞程序性死亡
    C. 突变时可导致肿瘤的发生　　D. 可抑制细胞过度生长
    E. 最早发现的是 *Rb*

24. 下列抑癌基因的叙述正确的是
    A. 通常具有促进细胞增殖的作用
    B. 缺失时不会导致肿瘤发生
    C. 抑癌基因的突变通常是隐性的
    D. 在正常细胞中不存在
    E. 最早发现的是 *p53*

25. 下列抑癌基因的叙述错误的是
    A. 可促进细胞的分化　　　　　B. 可诱发细胞程序性死亡
    C. 突变时可能导致肿瘤发生　　D. 可抑制细胞过度生长
    E. 最早发现的是 *p53*

26. 下列抑癌基因的叙述正确的是
    A. 具有抑制细胞增殖的作用
    B. 与癌基因的表达无关
    C. 缺失与细胞的增殖和分化无关
    D. 不存在于人类正常细胞中
    E. 肿瘤细胞出现时才表达

27. 下列属于抑癌基因的是
    A. *ras*　　　　B. *sis*　　　　C. *p53*　　　　D. *src*　　　　E. *myc*

28. *sis* 家族基因表达产物是
    A. 生长因子　　　　　　　　　B. 生长因子受体
    C. 蛋白质酪氨酸激酶活性　　　D. 结合 GTP
    E. 结合 DNA 的蛋白质

29. 下列 *p53* 基因的叙述错误的是
    A. 基因定位于 17p13
    B. 是一种抑癌基因
    C. 突变后具有癌基因的作用
    D. 编码 P21 蛋白
    E. 编码产物有转录因子作用

30. 下列 *Rb* 基因的叙述错误的是
    A. 基因定位于 13q
    B. 属于抑癌基因
    C. 是最早发现的抑癌基因
    D. 编码 P28 蛋白质
    E. 抑癌作用有一定的广泛性

【B 型题】

(1~5 题备选项)

    A. 与多种肿瘤发生有关   B. 与视网膜母细胞瘤发生有关

    C. 与黑色素瘤发生有关   D. 与结直肠癌发生有关

    E. 与神经纤维瘤发生有关

1. *p16*

2. *APC*

3. *Rb*

4. *NF1*

5. *p53*

(6~9 题备选项)

    A. 原癌基因中某一核苷酸发生突变

    B. 在原癌基因 5′ 上游区插入一个序列，使之激活

    C. 原癌基因表达增加

    D. 在原癌基因的上游或下游插入一个序列，促进其表达

    E. 原癌基因片段丢失或缺失

6. 点突变是指

7. 拷贝数增加是指

8. 启动子插入是指

9. 增强子插入是指

(10~13 题备选项)

    A. 抑制细胞过度生长和增殖的基因

    B. 促进细胞生长和增殖的基因

    C. 存在于病毒中的癌基因

    D. 抑癌基因

    E. 进化过程中，基因序列高度保守

10. 癌基因是

11. 病毒癌基因是

12. *Rb* 基因是

13. 抑癌基因是

(14~16 题备选项)

    A. 是抑制细胞过度生长和增殖的基因

    B. 是体外引起细胞转化的基因

    C. 是存在于正常细胞基因组的癌基因

    D. 是突变的 *p53* 基因

    E. 携带有致转化基因

14. 病毒癌基因

15. 原癌基因

16. 抑癌基因

（17~20题备选项）

    A. 跨膜生长因子受体   B. 膜结合的蛋白质酪氨酸激酶

    C. 信息传递蛋白类   D. 生长因子类

    E. 核内转录因子

17. *erbB* 表达产物为

18. *ras* 表达产物为

19. *src* 表达产物为

20. *sis* 表达产物为

【C 型题】

（1、2题备选项）

    A. *p53*   B. *APC*   C. 两者均是   D. 两者均不是

1. 癌基因包括

2. 抑癌基因包括

（3、4题备选项）

    A. 可使正常细胞向癌细胞转变

    B. 在正常细胞中也表达

    C. 两者均是

    D. 两者均不是

3. 病毒癌基因

4. 原癌基因

（5、6题备选项）

    A. 缺失突变   B. 点突变   C. 两者均是   D. 两者均不是

5. 常见于 *p53* 的是

6. 常见于 *Rb* 的是

（7、8题备选项）

    A. 表皮生长因子（EGF）   B. 神经生长因子（NGF）

    C. 两者均是   D. 两者均不是

7. 促进上皮细胞生长的生长因子是

8. 促进软骨细胞分裂的生长因子是

【X 型题】

1. 癌基因表达的产物有

    A. 生长因子   B. 生长因子受体

    C. 细胞内信号转导体   D. 转录因子

    E. P53 蛋白

2. 抑癌基因的表达产物主要包括

    A. 转录调节因子

    B. 负调控转录因子

C. 细胞周期蛋白依赖性激酶抑制因子

D. 信号通路的抑制因子

E. DNA 修复因子

3. 野生型 *p53* 基因

A. 是抑癌基因　　　　　　　　　　B. 是癌基因

C. 编码蛋白质为 P53　　　　　　　D. 调节细胞的 DNA 复制

E. 修复 DNA 损伤

4. 根据分泌生长因子的细胞与靶细胞之间的关系，生长因子的分泌方式可分为

A. 旁分泌　　　　　　B. 负反馈分泌　　　　　　C. 正反馈分泌

D. 内分泌　　　　　　E. 自分泌

（二）名词解释

1. 癌基因　　　　　　　　2. 病毒癌基因　　　　　　　3. 细胞癌基因

4. 原癌基因　　　　　　　5. 抑癌基因　　　　　　　　6. 生长因子

（三）填空题

1. 癌基因可以分为_____和_____。

2. 抑癌基因_____或_____不仅丧失抗癌作用，也可能导致肿瘤的发生。

3. _____是最早发现的抑癌基因。

4. 生长因子由细胞合成后分泌，能够通过靶细胞_____，将_____传递至细胞内部。

（四）问答题

1. 癌基因异常激活有哪些方式？

2. 简要叙述抑癌基因 *p53* 与肿瘤发生的关系。

3. 论述癌基因、抑癌基因与肿瘤发生的关系。

四、参考答案

（一）选择题

【A 型题】

1. E	2. C	3. B	4. E	5. D	6. D	7. C	8. A
9. A	10. C	11. B	12. E	13. A	14. C	15. A	16. D
17. A	18. A	19. E	20. D	21. B	22. E	23. A	24. C
25. E	26. A	27. C	28. A	29. D	30. D		

【B 型题】

1. C	2. D	3. B	4. E	5. A	6. A	7. C	8. B
9. D	10. B	11. C	12. D	13. A	14. E	15. C	16. A
17. A	18. C	19. B	20. D				

【C 型题】

1. D	2. C	3. A	4. B	5. C	6. C	7. A	8. D

【X 型题】

1. ABCD　　　2. ABCDE　　　3. ACDE　　　4. ADE

（二）名词解释

1. 癌基因是一类在正常细胞内促进细胞生长和增殖,在肿瘤细胞中活化(突变或过度表达)并引起细胞癌变的基因。癌基因正常的表达对胚胎的发育、组织的生长和功能发挥是必需的。若某些外因导致癌基因的表达在时空上发生紊乱,使表达产物的量和质发生改变,可导致细胞恶性转化,在细胞癌变和肿瘤发生发展中起重要的作用。

2. 病毒癌基因是一段存在于病毒(以逆转录病毒为主)基因组中的基因,该基因能使靶细胞发生恶性转化。病毒的这段基因不编码其结构成分,但当受到外界条件激活时可诱导宿主细胞恶性增殖。

3. 细胞癌基因是正常细胞内存在与病毒癌基因同源的序列,这类基因在正常细胞基因组中不仅存在,而且可以表达。

4. 原癌基因是在正常细胞内未被激活的细胞癌基因,当其受到某些条件激活时,结构或表达发生异常,促使细胞在没有适当细胞外信号时恶性增殖。

5. 抑癌基因又称肿瘤抑制基因,是正常细胞中存在的一类基因,在被激活的情况下具有抑制细胞过度生长、增殖以及遏制肿瘤形成的作用,但在一定条件下这类基因丢失或被抑制,就会失去对细胞增殖的负性调节作用。

6. 生长因子是一类细胞因子,能够刺激细胞生长。这类细胞因子与特异的细胞膜受体结合,调节细胞的生长等。

（三）填空题

1. 细胞癌基因　病毒癌基因

2. 突变　缺失

3. *Rb* 基因

4. 受体　信号

（四）问答题

1. 癌基因异常激活有哪些方式?

答:癌基因异常激活的方式如下。

(1) 启动子、增强子插入:在某一原癌基因的 5′ 上游区插入启动子,促使该原癌基因转录,从而使之激活。在某一原癌基因的上游或下游插入具有增强子样作用的序列,从而促使该原癌基因的表达。

(2) 基因易位或重排:染色体重排将原癌基因置于强转录活性的启动子控制之下或增强子附近,引起原癌基因的高表达,最终导致肿瘤的发生。

(3) 原癌基因的扩增拷贝数增加:原癌基因的扩增是指基因结构本身正常,但因原癌基因拷贝数增加或表达活性的增强,导致表达过量的蛋白质,而导致肿瘤的发生。

(4) 点突变:原癌基因在编码顺序的特定位置上某一个核苷酸发生突变,使其表达的蛋白质上相应的一个氨基酸发生变化。这种改变时常发生在重要蛋白质的关键部位,引起蛋白质结构的改变,导致蛋白质呈持续性活化状态,最终引起细胞表型的改变。

2. 简要叙述抑癌基因 *p53* 与肿瘤发生的关系。

答：*p53* 基因编码 P53 蛋白。P53 存在于细胞核内，其活性受磷酸化调控。P53 mRNA 水平的高低与细胞的增殖状态有关。野生型 P53 蛋白去磷酸化时被活化，阻止细胞进入细胞周期。P53 负责监控染色体 DNA 的完整性。当染色体 DNA 损伤时，P53 蛋白发挥转录因子作用，活化 *p21* 基因转录，使细胞停滞于 G_1 期；抑制解链酶的活性；并与复制因子 A 相互作用，参与 DNA 的复制与修复。一旦修复失败，P53 蛋白诱导细胞凋亡，阻止突变细胞的生成，防止细胞恶变。*p53* 基因发生点突变或丢失时会引起异常 P53 蛋白的表达，丧失生长抑制功能，从而导致细胞增生和恶变。

3. 论述癌基因、抑癌基因与肿瘤发生的关系。

答：肿瘤是一种基因病，属于多步发生的疾病。这些步骤包括癌基因的激活和抑癌基因的缺失。机体组织的一个细胞中的一个癌基因或抑癌基因发生突变，这个细胞就获得了相对于邻近细胞而言更佳的生长优势，肿瘤的发生就此开始。当拥有这一突变的子代细胞数目增加时，其中一个细胞发生第二次突变的可能性增加。具有两个突变的细胞生长速度将更快。这样的过程不断进行，若干突变就可能在某些细胞中累积，加速细胞生长并浸润周边组织。激活癌基因的突变是显性的，无论野生型等位基因存在与否，这种突变都将发出细胞增殖的信号。而抑癌基因的突变通常是隐性的。抑癌基因的一个拷贝发生突变一般是没有效用的，因为另一个拷贝野生型等位基因的表达产物仍在发挥功能。只有当两个拷贝都发生突变，抑制细胞生长的作用才会消失，才能导致肿瘤的形成。

（徐世明）

第十七章 | 基因工程与常用分子生物学技术

一、内容要点

重组 DNA 技术是指分离目的基因片段，经过剪接后连接到载体上构成重组体，导入宿主细胞后在宿主细胞内进行表达，又称基因克隆。完整的基因克隆过程包括目的基因的获取、克隆载体的选择与改造、目的基因与载体的连接形成重组体、重组体导入宿主细胞、筛选含有重组体的宿主细胞。重组 DNA 技术在生物工程制药、疾病诊断与治疗等方面有着广泛的应用。

分子杂交是利用核酸分子的碱基配对原则，使单链 DNA 或 RNA 分子与具有互补碱基的另一 DNA 或 RNA 片段结合成杂化双链。该技术可用于鉴定基因的特异性，可对许多遗传性疾病、细菌或病毒等感染性疾病、肿瘤等作出准确诊断。印迹技术是将凝胶中分离的生物大分子转移至固相支持物上加以检测的技术，包括 DNA 印迹法、RNA 印迹法和蛋白质印迹法。PCR 技术是以目的基因 DNA 为模板，以一对与目的基因两端序列互补的寡核苷酸为引物，由 DNA 聚合酶在体外合成 DNA 新链的过程。通过重复变性、退火、延伸这三个阶段，大量扩增目的基因。DNA 序列分析技术是分析特定 DNA 片段的碱基序列。DNA 序列测定的方法有三种：桑格-库森法、化学降解法、高通量测序技术。高通量测序技术已成为当今 DNA 序列分析的主流。

分子生物学技术在临床上有着广泛应用。其中，基因诊断和基因治疗已经成为现代分子医学的重要研究和应用内容，主要是从基因水平检测疾病、分析发病机制，并采用相应的技术治疗疾病。

二、重点和难点解析

（一）重组 DNA 技术（基因工程）

重组 DNA 技术是分离目的基因片段，连接到载体上构成重组体，导入宿主细胞后在宿主细胞内进行表达的技术。基因工程技术程序主要包括：目的基因的分离、克隆；表达载体的构建；外源基因导入宿主细胞；外源基因在宿主基因组上的整合、表达及检测；外源基因表达产物的分离、纯化和活性检测。

（二）目的基因

目的基因是准备分离、改造、扩增或表达的基因。把目的基因插入载体中并表达，可使宿主出现可传代的新遗传性状。制备目的基因的方法包括化学合成法、基因组文库、

cDNA 文库、PCR 或 RT-PCR 等。

（三）用于基因工程的载体

载体主要包括质粒、噬菌体、黏粒（柯斯质粒）、其他病毒载体、细菌人工染色体（BAC）载体和酵母人工染色体（YAC）载体等。最常用的是质粒载体。质粒是细菌或细胞质中独立于染色质的共价闭环小分子双链 DNA，能自主复制，与细菌或细胞共生。质粒载体包含以下序列：质粒复制子，是复制的起点，表达载体还具有相应的表达元件；筛选标记，为营养缺陷标记或抗生素标记等；克隆位点，是限制性核酸内切酶酶切位点，外源性 DNA 可由此插入质粒内。

（四）基因工程需要的工具酶

基因工程需要的工具酶包括限制性核酸内切酶、DNA 连接酶、DNA 聚合酶和修饰酶等。限制性核酸内切酶是一类能识别并切割双链 DNA 分子内部特异序列的酶。限制性核酸内切酶识别回文序列并进行酶切。DNA 连接酶通过催化 DNA 链的 $5'-PO_4$ 与相邻的另一 DNA 链的 $3'-OH$ 生成 $3',5'-$磷酸二酯键，从而封闭 DNA 链上的缺口。

（五）基因工程的过程

基因工程的过程为：①通过 DNA 连接酶催化将限制性核酸内切酶酶切过的目的基因与合适的载体连接，形成重组 DNA 分子；②重组 DNA 分子被导入宿主细胞中，随着宿主细胞的增殖而扩增，不同的载体对应有不同的宿主细胞，导入的方法包括转化、转染和感染；③对转化子进行筛选，以获得导入了重组 DNA 的宿主细胞，常用的筛选方法是抗生素筛选法和互补法；④筛选得到的阳性克隆经过扩增后，有些需要诱导目的基因在宿主细胞中高效表达，表达产物为生命科学研究、医药或商业所用。

（六）基因工程的应用

很多活性多肽和蛋白质都具有治疗和预防疾病的作用，它们都是从相应的基因表达而来的。但是由于在组织细胞内表达量极微，所以采用常规方法很难分离纯化获得足够量以供临床应用。利用基因工程技术可以大规模生产药物和制剂。人类疾病都直接或间接与基因相关，重组 DNA 技术的发展使得科学家能够克隆和扩增某些未知的基因，从而进一步研究它们的结构与功能，确定该基因在疾病发生、发展过程中的作用。

（七）分子杂交

分子杂交是利用核酸分子的碱基配对原则，使单链 DNA 或 RNA 分子与具有互补碱基的另一 DNA 或 RNA 片段结合成杂化双链。该技术可用于鉴定基因的特异性，可对许多遗传性疾病、细菌或病毒等感染性疾病、肿瘤等作出准确诊断。

（八）印迹技术

以凝胶分离生物大分子后，将之转移或直接放在固化介质上加以检测分析的技术称为印迹技术。

（九）聚合酶链反应

聚合酶链反应是在体外将微量的目的基因片段大量扩增，以得到足量的 DNA 供研究分析和检测鉴定用的技术。聚合酶链反应是分子生物学技术中最常用的方法。其基本原理与体内 DNA 的复制过程相似，由变性、退火、延伸三个基本步骤构成，每一次循环产生的链又可成为下次循环的模板。

（十）DNA 序列分析技术

DNA 序列分析技术是分析特定 DNA 片段的碱基序列。

（十一）基因诊断

基因诊断是借助分子生物学和分子遗传学的技术，检测遗传物质结构变化或表达水平是否异常的临床辅助诊断方法。基因诊断可以检测侵入机体的病原生物、先天性遗传疾病、后天基因突变引起的疾病等。

（十二）基因治疗

基因治疗是利用分子生物学方法，将外源正常基因导入患者的细胞内，以纠正、补偿由于基因缺陷或异常引起的疾病，从而达到治疗和预防疾病的目的。

三、习题测试

（一）选择题

【A 型题】

1. 在分子生物学领域，重组 DNA 技术又称

    A. 酶工程   B. 蛋白质工程   C. 细胞工程

    D. 发酵工程   E. 基因工程

2. 基因工程中的目的基因是

    A. 准备要分离、改造、扩增或表达的基因

    B. PCR 的产物

    C. 结构基因

    D. 载体

    E. 转录调控区

3. 构建基因组 DNA 文库时，首先需要分离细胞的

    A. 线粒体 DNA   B. 基因组 DNA   C. 总 mRNA

    D. tRNA   E. rRNA

4. cDNA 是

    A. 在体外经逆转录合成的与 RNA 互补的 DNA

    B. 在体外经逆转录合成的与 DNA 互补的 DNA

    C. 在体外经转录合成的与 DNA 互补的 RNA

    D. 在体外经逆转录合成的与 RNA 互补的 RNA

    E. 在体外经逆转录合成的与 DNA 互补的 RNA

5. 下列构建 cDNA 文库的叙述错误的是

    A. 从特定组织或细胞中提取 mRNA

    B. 将特定细胞的 DNA 用限制性核酸内切酶切割后，克隆到噬菌体或质粒中

    C. 用逆转录酶合成与 mRNA 对应的单股 DNA

    D. 用 DNA 聚合酶，以单股 DNA 为模板合成双链 DNA

    E. 双链 DNA 与载体相连

6. 若已知碱基序列，获得目的基因最直接的方法是

    A. 化学合成法   B. 基因组文库法   C. cDNA 文库法

    D. PCR   E. 差异显示法

7. 质粒是

    A. 环状双链 RNA 分子   B. 环状单链 DNA 分子

    C. 环状双链 DNA 分子   D. 线状双链 DNA 分子

    E. 线状单链 DNA 分子

8. 质粒

    A. 是位于细菌染色体外的 RNA

    B. 不能自主复制

    C. 为单链环形 DNA

    D. 不能与细菌或细胞共生

    E. 以上都不对

9. 在基因工程中通常所用的质粒是

    A. 细菌染色体 DNA   B. 细菌染色体以外的 DNA

    C. 病毒染色体 DNA   D. 病毒染色体以外 DNA

    E. 噬菌体 DNA

10. 基因工程中，质粒载体存在于

    A. 细菌染色体   B. 酵母染色体   C. 细菌染色体外

    D. 酵母染色体外   E. 病毒 DNA 外

11. 多克隆位点是指质粒载体上的

    A. 多个限制性核酸外切酶酶切位点

    B. 多个限制性核酸内切酶酶切位点

    C. 复制起始点

    D. 复制子

    E. 筛选标记

12. 常用的质粒载体的特点是

    A. 是线形双链 DNA

    B. 插入片段的容量比 λ 噬菌体 DNA 大

    C. 通常含有抗生素抗性基因

    D. 含有同一限制性核酸内切酶的多个切口

    E. 不随细菌繁殖而进行自我复制

13. 下列噬菌体的叙述正确的是

    A. 噬菌体是真核细胞的一类病毒

    B. 噬菌体基因左臂编码溶菌生长所需的蛋白质

    C. 利用 λ 噬菌体作载体是将外来目的 DNA 替代或插入中段序列

    D. λ 噬菌体载体对外源基因的容量比质粒载体小

    E. λ 噬菌体载体宿主的选择面较宽

14. 限制性核酸内切酶
    A. 可将单链 DNA 任意切断
    B. 可将双链 DNA 特异序列切开
    C. 可将两个 DNA 分子连接起来
    D. 不受 DNA 甲基化影响
    E. 由噬菌体提取而得

15. 限制性核酸内切酶通常识别核酸序列的
    A. 正超螺旋结构　　　　B. 负超螺旋结构　　　　C. α 螺旋结构
    D. 回文结构　　　　　　E. 锌指结构

16. 可识别 DNA 的特异序列并在识别位点或其周围切割双链 DNA 的酶为
    A. 限制性核酸外切酶　　　　B. 限制性核酸内切酶
    C. 非限制性核酸外切酶　　　D. 非限制性核酸内切酶
    E. DNA 内切酶

17. 限制性核酸内切酶可以识别
    A. 双链 DNA 的特定碱基对　　　B. 双链 DNA 的特定碱基序列
    C. 特定的密码子　　　　　　　D. 双链 RNA 的特定碱基序列
    E. 双链 RNA 的特定碱基对

18. 多数限制性核酸内切酶切割 DNA 后产生的末端为
    A. 平端　　　　　　　　B. 3′突出末端　　　　　C. 5′突出末端
    D. 黏端　　　　　　　　E. 缺口末端

19. EcoR I 切割 DNA 双链产生
    A. 平端　　　　　　　　B. 5′突出黏端　　　　　C. 3′突出黏端
    D. 钝性末端　　　　　　E. 配伍末端

20. 重组 DNA 技术中催化目的基因与载体 DNA 相连的酶是
    A. DNA 聚合酶　　　　　B. RNA 聚合酶　　　　　C. DNA 连接酶
    D. RNA 连接酶　　　　　E. 限制性核酸内切酶

21. 从 T₄ 噬菌体感染大肠埃希菌中分离的 DNA 连接酶
    A. 只能催化平端连接,而不能催化黏端连接
    B. 既能催化单链 DNA 连接,又能催化黏端双链 DNA 连接
    C. 双链 DNA 中不需一条完整的单链
    D. 单链中的切口位点可缺少几个核苷酸
    E. 催化切口处相邻的 5′-磷酸和 3′-羟基末端形成磷酸二酯键

22. 重组 DNA 技术中不涉及的酶是
    A. 限制性核酸内切酶　　B. DNA 聚合酶　　　　　C. DNA 连接酶
    D. 逆转录酶　　　　　　E. DNA 解链酶

23. 下列操作属于重组 DNA 的核心过程的是
    A. 任意两段 DNA 接在一起
    B. 外源 DNA 插入人体 DNA

C. 外源基因插入宿主基因

D. 目的基因插入适当载体

E. 目的基因接入哺乳动物 DNA

24. 以质粒为载体,将外源基因导入受体菌的过程称为

    A. 转化   B. 转染   C. 感染   D. 转导   E. 转位

25. 最常用的筛选转化细菌是否含重组质粒的方法是

    A. 营养互补筛选   B. 抗药性筛选   C. 免疫化学筛选

    D. PCR 筛选   E. 分子杂交筛选

26. 下列互补法筛选重组质粒的操作正确的是

    A. 外源基因插入使 *Lac Z* 基因不表达,形成蓝色菌斑

    B. 没有外源基因插入,*Lac Z* 基因不表达

    C. 外源基因插入使 *Lac Z* 基因不表达,形成白色菌斑

    D. 载体含有 *Lac Z* 基因的调控序列和 $3'$-端编码区

    E. 载体上 *Lac Z* 基因的调控序列区含多克隆位点

27. 利用 PCR 扩增特异 DNA 序列主要原理之一是

    A. 反应体系内存在特异 DNA 片段

    B. 反应体系内存在特异 RNA 片段

    C. 反应体系内存在特异 DNA 引物

    D. 反应体系内存在特异 RNA 引物

    E. 反应体系内存在的 *Taq* DNA 聚合酶具有识别特异 DNA 序列的作用

28. 催化 PCR 反应的酶是

    A. DNA 连接酶   B. 反转录酶   C. 末端转移酶

    D. 碱性磷酸酶   E. *Taq* DNA 聚合酶

29. 催化时需要引物的酶是

    A. 限制性核酸内切酶   B. 末端转移酶   C. *Taq* DNA 聚合酶

    D. DNA 连接酶   E. 碱性磷酸酶

30. PCR 反应体系不包括

    A. 基因组 DNA(模板)   B. T_4 DNA 连接酶   C. dNTP

    D. *Taq* DNA 聚合酶   E. 引物

31. DNA 印迹法的 DNA 探针与下列哪种片段杂交

    A. 序列完全相同的 RNA 片段

    B. 任何含有相同序列的 DNA 片段

    C. 任何含有互补序列的 DNA 片段

    D. 用某些限制性核酸内切酶切成的含有互补序列的 DNA 片段

    E. 含有互补序列的 RNA 片段

32. DNA 印迹法的步骤不包括

    A. 用限制性核酸内切酶消化 DNA

    B. DNA 与载体连接

C. 用凝胶电泳分离 DNA 片段

D. DNA 片段转移至尼龙膜上

E. 用一个标记的探针与膜杂交

【B 型题】

(1、2题备选项)

　　A. 基因组文库　　　　　B. cDNA 文库　　　　　C. mRNA 文库

　　D. tRNA 文库　　　　　E. rRNA 文库

1. 分离细胞染色体 DNA 可制备

2. 分离细胞总 mRNA 可制备

(3~5题备选项)

　　A. 将质粒或其他外源 DNA 导入宿主细胞,使其获得新表型的过程

　　B. 噬菌体或细胞病毒介导的遗传信息的转移过程

　　C. 真核细胞主动或者被动导入外源 DNA 片段而获得新表型的过程

　　D. DNA 连接酶催化限制性核酸内切酶酶切过的目的基因与合适的载体连接

　　E. 目的基因在宿主细胞中高效表达

3. 转导是指

4. 转化是指

5. 转染是指

(6~9题备选项)

　　A. 限制性核酸内切酶　　　B. DNA 连接酶　　　　　C. 逆转录酶

　　D. *Taq* DNA 聚合酶　　　E. 碱性磷酸酶

6. 识别 DNA 回文结构并对其双链进行切割的是

7. 用于聚合酶链反应的是

8. 将目的基因与载体 DNA 进行连接的酶是

9. mRNA 转录合成 cDNA 的酶是

(10、11题备选项)

　　A. 抗生素筛选法　　　　　B. RNA 反转录　　　　　C. 互补法

　　D. 体外翻译　　　　　　　E. PCR

10. 对重组体内基因进行直接选择的方法是

11. 通过鉴定基因表达产物筛选重组体的方法是

【C 型题】

(1~3题备选项)

　　A. 将含有真核生物基因的噬菌体感染细菌

　　B. 将含有真核生物基因的质粒导入细菌进行表达

　　C. 两者都是

　　D. 两者都不是

1. 转化是

2. 转染是

3. 外源基因导入宿主细胞的方法包括

（4~6题备选项）

    A. DNA 聚合酶   B. 限制性核酸内切酶

    C. 两者都是   D. 两者都不是

4. 识别回文序列的是

5. PCR 需要使用到的是

6. 属于基因工程工具酶的是

【X 型题】

1. 基因工程中目的基因的来源包括

    A. 人工合成法   B. 基因组文库   C. cDNA 文库

    D. PCR   E. RT-PCR

2. 用于基因工程的载体主要包括

    A. 质粒   B. 噬菌体   C. 黏粒

    D. 细菌人工染色体   E. 酵母人工染色体

3. 适用于基因工程的质粒载体的标准配置序列包括

    A. 质粒复制子   B. 筛选标记   C. 克隆位点

    D. 乳糖操纵子   E. 增强子

4. 基因工程需要的工具酶包括

    A. 限制性核酸内切酶   B. DNA 连接酶   C. DNA 聚合酶

    D. 修饰酶   E. 引物酶

5. 基因工程的过程包括

    A. 目的基因的获取

    B. 限制性核酸内切酶酶切目的基因和载体

    C. 构建 DNA 重组体

    D. DNA 重组体导入宿主细胞

    E. DNA 重组体的筛选

6. PCR 技术的优势包括

    A. 高特异性   B. 高敏感度   C. 高产率

    D. 快速简便   E. 重复性好

7. PCR 基本反应步骤包括

    A. 变性   B. 退火   C. 延伸   D. 沉淀   E. 显色

8. 印迹技术包括

    A. DNA 印迹法   B. RNA 印迹法   C. 蛋白质印迹法

    D. RT-PCR   E. 实时 PCR

9. DNA 印迹法的基本过程包括

    A. 限制性核酸内切酶酶切 DNA

    B. 琼脂糖凝胶电泳分离酶切后的片段

    C. 电泳后的 DNA 片段原位转印到尼龙膜上并固定

D. 干烤固定 DNA 片段

E. 探针与 DNA 片段杂交、显影

10. 根据靶细胞的不同,基因治疗分为两种

A. 种系基因疗法　　　　B. 体细胞基因治疗　　　　C. 原位杂交

D. 胚胎植入前诊断　　　　E. 聚合酶链反应

（二）名词解释

1. 基因工程　　　　2. 限制性核酸内切酶　　　　3. cDNA 文库

4. 聚合酶链反应（PCR）　　　　5. 印迹技术　　　　6. 基因治疗

（三）填空题

1. 在基因重组技术中,切割 DNA 用＿＿＿＿＿＿＿＿酶,连接 DNA 用＿＿＿＿＿＿＿＿酶。

2. ＿＿＿＿＿＿＿＿和＿＿＿＿＿＿＿＿是分子克隆的常用载体。

3. 将重组质粒导入细菌称＿＿＿＿＿＿＿＿,将噬菌体 DNA 转入细菌称＿＿＿＿＿＿＿＿。

4. DNA 印迹法、RNA 印迹法和蛋白质印迹法是分别用于研究＿＿＿＿＿＿＿＿、＿＿＿＿＿＿＿＿和＿＿＿＿＿＿＿＿的转移和鉴定的常规技术。

5. 一项完整的基因工程主要包括＿＿＿＿＿＿＿＿；表达载体的构建或目的基因的表达调控结构重组；＿＿＿＿＿＿＿＿；外源基因在宿主基因组上的整合、表达及检测；外源基因表达产物的＿＿＿＿＿＿＿＿。

6. 逆转录 PCR（RT-PCR）包括＿＿＿＿＿＿＿＿过程与＿＿＿＿＿＿＿＿反应两个阶段。

7. 基因诊断是借助分子生物学和分子遗传学的技术,检测遗传物质＿＿＿＿＿＿＿＿变化或＿＿＿＿＿＿＿＿是否异常的临床辅助诊断方法。

（四）问答题

1. 简述基因工程的基本过程。

2. 基因工程中目的基因的获取主要有哪些方法?

3. 什么是基因工程载体? 常用的基因工程载体有哪些? 简述它们的结构特点。

4. 什么是聚合酶链反应（PCR）? PCR 反应体系中的原料有哪些? 其基本的过程是怎样的?

四、参考答案

（一）选择题

【A 型题】

1. E	2. A	3. B	4. A	5. B	6. A	7. C	8. E
9. B	10. C	11. B	12. C	13. C	14. B	15. D	16. B
17. B	18. D	19. B	20. C	21. E	22. E	23. D	24. A
25. B	26. C	27. C	28. E	29. C	30. B	31. D	32. B

【B 型题】

1. A	2. B	3. B	4. A	5. C	6. A	7. D	8. B
9. C	10. A	11. C					

【C 型题】

1. B　　　2. A　　　3. C　　　4. B　　　5. A　　　6. C

【X 型题】

1. ABCDE　　2. ABCDE　　3. ABC　　4. ABCD　　5. ABCDE　　6. ABCDE

7. ABC　　8. ABC　　9. ABCDE　　10. AB

（二）名词解释

1. 基因工程指分离目的基因片段，经过剪接后连接到载体上构成重组体，导入宿主细胞后在宿主细胞内进行表达。

2. 限制性核酸内切酶是一类能识别并切割双链 DNA 分子内部特异序列的酶。

3. cDNA 文库指包含细胞全部 mRNA 信息的 cDNA 克隆的集合。

4. 聚合酶链反应（PCR）是在体外将微量的目的基因片段大量扩增，以得到足量的 DNA 供研究分析和检测鉴定的技术。

5. 印迹技术是以凝胶分离生物大分子后，将之转移或直接放在固定化介质上加以检测分析的技术。

6. 基因治疗是利用分子生物学方法将外源正常基因导入患者的细胞内，以纠正、补偿由于基因缺陷或异常而引起的疾病，达到治疗和预防疾病的目的。

（三）填空题

1. 限制性核酸内切　DNA 连接

2. 质粒载体　噬菌体载体

3. 转化　转染

4. DNA　RNA　蛋白质

5. 目的基因的分离　外源基因导入宿主细胞　分离、纯化和活性检测

6. 逆转录　PCR

7. 结构　表达水平

（四）问答题

1. 简述基因工程的基本过程。

答：基因工程的基本过程如下。

（1）目的基因的获取：通过化学合成或 PCR 的方法获取，也可从基因组 DNA 文库或 cDNA 文库筛选。

（2）克隆载体的选择与构建：常用载体有质粒、噬菌体等。

（3）目的基因与载体的连接：利用 DNA 连接酶将目的基因与载体 DNA 连接，形成重组 DNA 分子。

（4）重组 DNA 分子导入受体细胞：重组 DNA 分子通过转染、转化、转导等方式导入受体细胞，并复制、扩增。

（5）重组体的筛选：以抗药性标志选择、蓝白斑筛选等方法筛选出含重组 DNA 的受体细胞。

（6）目的基因的表达：诱导载体上外源目的基因表达出相应的产物，供临床、医药等用途所需。

2. 基因工程中目的基因的获取主要有哪些方法？

答：基因工程中目的基因的获取方法如下。

（1）人工合成法：在已知目的基因的核苷酸序列后，可以按该碱基序列合成一段含少量（10~15个）核苷酸的DNA片段，再利用碱基配对的原则形成双链片段，通过连接酶将这些双链片段逐个按顺序连接起来，得到一个完整的目的基因。人工合成法适用于已知核苷酸序列、分子量较小的目的基因的制备。

（2）从基因组文库中钓取：用限制性核酸内切酶酶切生物体基因组DNA，得到酶切片段。这些片段被连入载体分子，形成重组分子。将后者导入宿主细菌或细胞中，每个宿主细菌或细胞携带有一段基因组DNA片段，分裂增殖后各自构成一个无性繁殖系（克隆）。利用分子杂交技术从基因组文库中筛选某一克隆，就能得到所需的目的基因片段。基因组文库是分离高等真核生物基因的有效手段。

（3）构建cDNA文库：提取组织细胞mRNA逆转录成cDNA，与噬菌体或质粒载体连接，转化受体菌。每个细菌（克隆）含有一段cDNA并能繁殖扩增，可获得经过剪接、去除了内含子的cDNA。

（4）聚合酶链反应：在获得目的基因5′-端和3′-端的核苷酸序列（通常为15~30bp）后设计出适合于扩增的引物，可进行聚合酶链反应获得目的基因。

3. 什么是基因工程载体？常用的基因工程载体有哪些？简述它们的结构特点。

答：载体是携带有外源目的基因片段，将之转移至受体细胞的一类能自我复制的DNA分子。

用于基因工程的载体主要包括质粒、噬菌体、黏粒等。

它们的结构特点如下。①质粒：是细菌或细胞质中独立于染色质的共价闭环小分子双链DNA，能自主复制，与细菌或细胞共生。质粒载体结构上一般包含复制子、筛选标记和多克隆位点。②噬菌体：是感染细菌的一类病毒。利用λ噬菌体作为载体，主要是将外源DNA替代或插入其基因组的中段序列，与左右臂一起包装成噬菌体，然后感染宿主细胞。

4. 什么是聚合酶链反应（PCR）？PCR反应体系中的原料有哪些？其基本的过程是怎样的？

答：PCR是在体外将微量的目的基因片段大量扩增，以得到足量的DNA供研究分析和检测鉴定用的技术。

PCR的原料包括DNA模板、引物、*Taq* DNA聚合酶、缓冲液、Mg^{2+}、四种dNTP。

PCR由变性、退火、延伸三个基本步骤构成。①变性：在93~95℃孵育一定时间后，模板DNA双链变性为单链。②退火（复性）：温度下降至适宜温度，模板DNA单链与引物碱基互补配对，形成DNA单链模板-引物复合物。③延伸：温度上升至72℃，复合物在*Taq* DNA聚合酶的作用下，以dNTP为原料，单链序列为模板，在引物3′-OH端延伸出一条新的与模板DNA链互补的链。以上三步重复循环进行，就可获得更多的DNA链，每一次循环产生的链又可成为下次循环的模板。

（徐世明）

第十八章 | 肝的生物化学

一、内容要点

肝的多种代谢功能与其自身特有的形态结构和化学组成特点密切相关：具有肝动脉和门静脉双重血液供应；存在肝静脉和胆道两条输出通道；具有丰富的肝血窦；肝细胞具有丰富的细胞器，如线粒体、内质网、微粒体等；肝细胞内含有种类丰富、数量繁多的酶，其中有些酶是肝所特有的。

在物质代谢中，肝通过糖原的合成与分解、糖异生作用维持机体血糖浓度的相对恒定。肝对脂质的消化、吸收、代谢及运输等均具有重要作用：是脂肪酸合成、β-氧化的最主要场所，也是生成酮体的唯一器官；是合成磷脂和胆固醇的主要器官，也是胆固醇转化及排出的主要器官。肝在人体蛋白质的合成、分泌、分解及氨基酸代谢中起重要作用，是机体解除氨毒及转化胺类的主要器官。肝对多种维生素的储存、吸收、运输、转变及利用等均具有重要作用，是激素灭活的主要器官。

机体对非极性的非营养物质进行代谢转变，使其极性增加，易于随尿或胆汁排出体外的过程称为生物转化。肝是生物转化反应的主要器官。生物转化的生理意义是使非营养物质的极性增加，易于随胆汁或尿液排出体外。肝生物转化的反应类型分为两相反应：第一相反应包括氧化、还原和水解反应；第二相反应为结合反应，供结合的物质包括葡萄糖醛酸、硫酸、乙酰基、谷胱甘肽和甲基等。肝的生物转化作用具有反应的连续性和多样性、解毒与致毒的双重性等特点。肝的生物转化作用受年龄、性别、诱导物及疾病等诸多因素的影响。

胆汁是肝细胞分泌的一种液体，分为肝胆汁和胆囊胆汁。胆汁的主要固体成分是胆汁酸。胆汁酸是胆固醇在体内的主要代谢产物，按其结构可分为游离型胆汁酸和结合型胆汁酸两大类，按其来源可分为初级胆汁酸和次级胆汁酸两大类。肝细胞以胆固醇为原料合成初级胆汁酸，然后与甘氨酸或牛磺酸结合生成初级结合胆汁酸。7α-羟化酶是胆汁酸合成的限速酶。初级胆汁酸进入肠道后反应生成次级胆汁酸。肠道内各种胆汁酸95%以上可被重吸收，经门静脉入肝。肝细胞将重吸收的游离胆汁酸转变为结合胆汁酸，与新合成的结合胆汁酸一起随胆汁分泌入肠道。这一过程称为胆汁酸的肠肝循环，可使有限的胆汁酸最大限度地发挥乳化作用。胆汁酸的生理功能是促进脂质的消化吸收，并可抑制胆汁中胆固醇的析出。

胆色素是人体内含铁卟啉类化合物的主要分解代谢产物，包括胆红素、胆绿素、胆素原和胆素等。血红素的合成原料是甘氨酸、琥珀酰 CoA 及 Fe^{2+}，合成的限速酶是 ALA 合酶。血红素的合成受血红素、促红细胞生成素、性激素等调节。

机体衰老的红细胞被破坏后产生胆红素，以胆红素-清蛋白复合体的形式在血液中运输。血浆中与清蛋白结合运输的胆红素尚未经肝细胞进行生物转化，称为间接胆红素或非结合胆红素。非结合胆红素随血液流经肝脏时与肝细胞内的 Y 蛋白或 Z 蛋白结合而被摄取，在肝细胞内滑面内质网上生成葡萄糖醛酸胆红素，称为结合胆红素或肝胆红素。结合胆红素随胆汁排入肠道，在肠道细菌作用下脱去葡萄糖醛酸基，并被还原转变为无色的胆素原，大部分胆素原随粪便排出。在肠道下段，这些无色的胆素原接触空气后被氧化成为胆素，胆素呈棕黄色，是粪便的主要颜色，每日经粪便排出量为 40~280mg。肠道中的胆素原有 10%~20% 被肠黏膜细胞重吸收，经门静脉入肝，入肝的胆素原约 90% 以原形随胆汁排入肠道，形成胆素原的肠肝循环。少部分（约 10%）重吸收入肝的胆素原进入血液，流经肾脏时被滤入尿液，称为尿胆素原。尿胆素原在接触空气后被氧化成黄色的尿胆素，成为尿液的主要色素，每日排出量为 0.5~4.0mg。

正常人血清胆红素总量小于 17.1μmol/L。当体内血清胆红素浓度升高时，可扩散入组织，导致组织黄染，称为黄疸。若血清胆红素浓度升高但尚不足 34.2μmol/L 时，肉眼观察不到组织黄染现象，称为隐性黄疸；当血清胆红素浓度超过 34.2μmol/L 时，肉眼可见皮肤、黏膜及巩膜等组织黄染，称为显性黄疸。根据发病机制不同，临床上将黄疸分为溶血性黄疸、肝细胞性黄疸和阻塞性黄疸三类。

二、重点和难点解析

（一）肝的生物转化作用

机体对非极性非营养物质进行代谢转变，使其极性增加，易于随尿或胆汁排出体外的过程称为生物转化，生物转化反应主要在肝脏进行。生物转化的主要意义是使非营养物质的极性增加，水溶性增强，易于随胆汁或尿液排出体外。有些非营养物质经生物转化作用后其活性或毒性减弱或消失，但有的活性或毒性反而增加，因此生物转化具有解毒与致毒的双重性特点。

（二）胆汁酸的分类与功能

胆汁酸可分为游离型胆汁酸和结合型胆汁酸两类；按来源的不同，胆汁酸又可分为初级胆汁酸和次级胆汁酸。胆汁中的胆汁酸以结合型为主。游离胆汁酸包括胆酸、鹅脱氧胆酸、脱氧胆酸和石胆酸 4 种。游离胆汁酸与甘氨酸或牛磺酸结合生成各种结合胆汁酸，包括甘氨胆酸、甘氨鹅脱氧胆酸、牛磺胆酸、牛磺鹅脱氧胆酸、甘氨脱氧胆酸、牛磺脱氧胆酸。肝细胞以胆固醇为原料，首先合成初级胆汁酸，再分别与牛磺酸或甘氨酸结合形成结合型胆汁酸。7α-羟化酶是胆汁酸合成的限速酶。初级胆汁酸进入肠道后在细菌作用下生成次级胆汁酸。胆汁酸的主要生理功能是：促进脂质的消化吸收；维持胆汁中胆固醇的溶解状态，抑制胆固醇的析出。

（三）胆色素代谢与黄疸

血红素合成的主要器官是肝和骨髓，基本原料是甘氨酸、琥珀酰 CoA 及 Fe^{2+}。合成过程的起始和终末阶段均在线粒体中进行，而中间阶段在细胞质中进行。ALA 合酶是血红素合成酶系中的限速酶，血红素的合成受血红素、促红细胞生成素、性激素的调节，是临床上治疗贫血的依据。

胆红素具有疏水亲脂性质，极易透过生物膜，是人体的一种内源性毒物。胆红素进入血液后与血浆清蛋白结合形成胆红素-清蛋白复合体而被运输，这种结合不仅增加了胆红素的水溶性有利于运输，还可防止胆红素自由透过各种生物膜而对组织细胞产生毒性。这种胆红素称为非结合胆红素（或血胆红素、间接胆红素）。

当胆红素入肝后，在内质网中生成葡萄糖醛酸胆红素。这种在肝结合转化的胆红素称为结合胆红素（或肝胆红素）。结合胆红素极性较强、溶于水，易从胆道和尿液排出，不易通过细胞膜和血脑屏障，是肝对胆红素的一种解毒方式。该胆红素因能与重氮试剂直接迅速起反应，所以又称直接胆红素。

两种胆红素的区别列表如下。

	非结合胆红素	结合胆红素
形成部位	血液	肝
存在形式	胆红素-清蛋白	葡萄糖醛酸胆红素
溶解性质	脂溶性	水溶性
透过细胞膜的能力及毒性	大	小
对脑细胞毒性	有	无
与葡萄糖醛酸结合	未结合	结合
与重氮试剂反应	间接阳性	直接阳性
经肾随尿排出	不能	能
其他名称	血胆红素、间接胆红素、游离胆红素	肝胆红素、直接胆红素

三、习题测试

（一）选择题

【A 型题】

1. 有物质代谢中枢称号的器官是

A. 心   B. 脑   C. 肝   D. 脾   E. 肾

2. 肝进行生物转化时葡萄糖醛酸的活性供体是

A. GA   B. UDPG   C. UDPGA   D. UDPGB   E. UTP

3. 只在肝脏中合成的物质是

A. 血浆清蛋白   B. 胆固醇   C. 激素

D. 糖原   E. 脂肪酸

4. 血浆清蛋白/球蛋白（A/G）比值出现下列哪种情况提示严重肝脏疾病

A. 大于 2.5   B. 等于 1.5~2.5   C. 小于 2.5

D. 小于 0.5   E. 小于 1

5. 患者诊断为肝硬化 5 年，颈部可见蜘蛛痣，这是由于肝对下列何种物质代谢障碍导致的体征

A. 血糖调节　　　　　　　　B. 清蛋白合成　　　　　　　C. 雌激素灭活

D. 凝血酶原合成　　　　　　E. 胆红素转化

6. 肝脏在糖代谢中的重要作用是

　　A. 使血糖浓度升高　　　　　　B. 使血糖浓度降低

　　C. 使血糖浓度维持相对恒定　　D. 使血糖来源增多

　　E. 使血糖来源减少

7. 人体内能进行生物转化的最主要器官是

　　A. 肾　　　　　B. 肠　　　　　C. 肝　　　　　D. 肺　　　　　E. 胃

8. 生物转化第二相反应指的是

　　A. 氧化反应　　B. 还原反应　　C. 水解反应　　D. 结合反应　　E. 聚合反应

9. 生物转化最普遍的第二相反应是

　　A. 与葡萄糖醛酸结合　　　　　B. 与硫酸结合　　　　　　　C. 与酰基结合

　　D. 与谷胱甘肽结合　　　　　　E. 与甲基结合

10. 胆固醇在肝内主要转化为

　　A. 胆固醇酯　　　　　　　　　B. 肾上腺皮质激素　　　　　C. 7-脱氢胆固醇

　　D. 性激素　　　　　　　　　　E. 胆汁酸

11. 生物转化主要在细胞的哪个部位中进行

　　A. 线粒体　　　B. 细胞核　　　C. 细胞质　　　D. 微粒体　　　E. 溶酶体

12. 下列不属于非营养物质的是

　　A. 食品添加剂　　　　　　　　B. 阿司匹林等药物　　　　　C. 类固醇激素

　　D. 脂酰 CoA　　　　　　　　　E. 蛋白质的腐败产物

13. 下列物质不是生物转化结合反应的活性供体的是

　　A. SAM　　　　　　　　　　　B. PAPS　　　　　　　　　　C. UDPGA

　　D. 甲硫氨酸　　　　　　　　　E. 乙酰 CoA

14. 下列生物转化的叙述正确的是

　　A. 糖转变为氨基酸的过程属于生物转化

　　B. 使水溶性较差的物质转变为水溶性强的物质

　　C. 具有解毒作用

　　D. 主要在胃肠道进行

　　E. 主要的反应为水解反应

15. 下列单加氧酶的叙述错误的是

　　A. 此酶存在于微粒体中　　　　B. 通过羟化参与生物转化作用

　　C. 过氧化氢是其产物之一　　　D. 细胞色素 P450 是此酶系的组分

　　E. 又称混合功能氧化酶

16. 胆汁酸合成的限速酶是

　　A. 7α-羟化酶　　　　　　　　　B. 7α-羟胆固醇氧化酶

　　C. 胆酰 CoA 合成酶　　　　　　D. 鹅脱氧胆酰 CoA 合成酶

　　E. 胆汁酸合成酶

17. 下列物质不是初级胆汁酸的是
    A. 胆酸　　　　　　　B. 鹅脱氧胆酸　　　　　　C. 牛磺胆酸
    D. 甘氨胆酸　　　　　E. 石胆酸

18. 能转化为胆汁酸的物质是
    A. 三脂酰甘油　　　　B. 磷脂　　　　　　　　　C. 胆固醇
    D. 脂肪酸　　　　　　E. 脂肪

19. 下列物质是游离型初级胆汁酸的是
    A. 牛磺胆酸　　B. 甘氨胆酸　　C. 胆酸　　D. 脱氧胆酸　　E. 石胆酸

20. 结合胆汁酸不包括
    A. 甘氨胆酸　　　　　　　　B. 牛磺胆酸
    C. 甘氨鹅脱氧胆酸　　　　　D. 石胆酸
    E. 牛磺鹅脱氧胆酸

21. 胆汁酸合成的关键酶为
    A. 胆固醇 7α-羟化酶　　　　B. HMG-CoA 还原酶
    C. HMG-CoA 合成酶　　　　D. HMG-CoA 氧化酶
    E. HMG-CoA 分解酶

22. 下列说法错误的是
    A. 初级胆汁酸在肝中生成
    B. 次级胆汁酸在肠道中生成
    C. 排入肠道的胆汁酸大部分被重吸收
    D. 排入肠道的胆汁酸大部分从肠道排出体外
    E. 胆汁酸既是排泄物又具有重要的功能

23. 下列物质不是次级胆汁酸的是
    A. 石胆酸　　　　　　B. 脱氧胆酸　　　　　　C. 甘氨脱氧胆酸
    D. 鹅脱氧胆酸　　　　E. 牛磺脱氧胆酸

24. 合成血红素的原料是
    A. 乙酰 CoA、组氨酸、Fe^{2+}　　　B. 琥珀酰 CoA、甘氨酸、Fe^{2+}
    C. 乙酰 CoA、甘氨酸、Fe^{2+}　　　D. 丙氨酰 CoA、组氨酸、Fe^{2+}
    E. 草酰 CoA、丙氨酸、Fe^{2+}

25. 下列物质对 ALA 合成酶起反馈抑制作用的是
    A. Hb　　　　　　　　B. ALA　　　　　　　　C. 血红素
    D. 线状四吡咯　　　　E. 尿卟啉原Ⅲ

26. 参与血红素合成的酶存在于
    A. 线粒体　　　　　　B. 内质网　　　　　　　C. 细胞质
    D. 细胞质与线粒体　　E. 细胞质与内质网

27. 下列物质不是铁卟啉化合物的是
    A. 血红蛋白　　　　　B. 肌红蛋白　　　　　　C. 清蛋白
    D. 细胞色素　　　　　E. 过氧化氢酶

28. 下列物质不含有血红素结构的是
    A. 细胞色素　　　　　　　B. 过氧化氢酶　　　　　　C. 过氧化物酶
    D. 血红蛋白　　　　　　　E. 免疫球蛋白

29. 血红素合成的步骤是
    A. ALA→胆素原→尿卟啉原Ⅲ→血红素
    B. 胆素原→ALA→尿卟啉原Ⅲ→血红素
    C. 胆素原→尿卟啉原Ⅲ→ALA→血红素
    D. 琥珀酰 CoA→胆素原→尿卟啉原Ⅲ→血红素
    E. 胆素原→尿卟啉原Ⅲ→琥珀酰 CoA→血红素

30. 维生素 B_6 缺乏可影响下列哪种物质的合成
    A. 细胞色素　　　B. 血红素　　　C. 糖原　　　　D. 酮体　　　　E. 脂肪酸

31. 干扰血红素合成的物质是
    A. 维生素 C　　　B. 铅　　　　C. 氨基酸　　　D. Fe^{2+}　　　E. 葡萄糖

32. 下列不属于血红素的特性的是
    A. 是含铁卟啉化合物
    B. 有四个吡咯环
    C. 可与珠蛋白结合生成血红蛋白
    D. 可分解生成胆红素
    E. 合成的主要部位在成熟红细胞

33. 血红素合成酶体系中的关键酶是
    A. ALA 合成酶　　　　　　B. AIA 脱水酶　　　　　　C. 胆色素原脱氨酶
    D. 氧化酶　　　　　　　　E. 亚铁螯合酶

34. 铅中毒可以引起
    A. ALA 合成减少　　　　　B. 血红素合成减少　　　　C. 尿卟啉合成增加
    D. 胆素原合成增加　　　　E. 琥珀酰 CoA 减少

35. 下列游离胆红素的描述错误的是
    A. 是与葡萄糖醛酸结合的胆红素
    B. 可与清蛋白结合
    C. 与重氮试剂反应缓慢
    D. 又称间接胆红素
    E. 不能经肾随尿排出

36. 血红素加氧酶催化代谢的产物是
    A. CO_2、Fe^{2+} 及胆绿素　　　B. CO_2、Fe^{2+} 及胆红素　　　C. Fe^{2+} 及胆绿素
    D. CO 及胆绿素　　　　　　　　E. CO、Fe^{2+} 及胆绿素

37. 服用苯巴比妥可降低血清游离胆红素浓度的机制是
    A. 刺激肝细胞 Y 蛋白合成
    B. 药物增加了游离胆红素的水溶性以利于随尿液排出
    C. 刺激 Z 蛋白合成

D. 药物将游离胆红素分解

E. 药物与游离胆红素结合,抑制其肠肝循环

38. 正常粪便的棕黄色是由于存在

    A. 粪胆素   B. 胆素原   C. 胆红素   D. 血红素   E. 胆绿素

39. 新生儿皮肤、黏膜黄染,血液检查时下列哪种物质增多

    A. 尿素   B. 尿酸   C. 胆红素   D. 酮体   E. 血糖

40. 患者,女性,43岁,在尿液中检验出胆红素。该患者可能

    A. 患有肝胆疾病   B. 患有糖尿病   C. 误输异型血

    D. 患有高脂血症   E. 患有低蛋白血症

41. 胆红素在肝中与下列哪种基团发生结合反应

    A. 甲基   B. 甘氨酸   C. 葡萄糖醛酸基

    D. 乙酰基   E. 硫酸基

42. 溶血性黄疸不出现

    A. 粪便胆素原增加   B. 血中非结合胆红素增加

    C. 尿中胆素原增加   D. 粪便颜色加深

    E. 尿中出现胆红素

43. 生物转化最主要的作用是

    A. 使药物失效

    B. 使毒物的毒性降低

    C. 使生物活性物质灭活

    D. 改变非营养物质的极性,以利于排泄

    E. 使某些药物药效更强或使某些毒物毒性增加

44. 胆道梗阻出现黄疸时

    A. 血中胆红素-清蛋白增加   B. 血中结合胆红素减少

    C. 尿中胆素原增加   D. 尿中出现胆红素

    E. 粪便颜色加深

45. 下列结合胆红素的描述错误的是

    A. 又称直接胆红素   B. 又称肝胆红素

    C. 重氮试剂反应直接阳性   D. 能通过细胞膜且具有毒性作用

    E. 能随尿排出

46. 血中胆红素的主要运输形式是

    A. 胆红素-氨基酸   B. 胆红素-Y蛋白

    C. 胆红素-清蛋白   D. 胆红素-葡萄糖醛酸酯

    E. 胆素原

47. 胆红素与清蛋白结合后可以

    A. 增加溶解度,有利于排出体外

    B. 易进入细胞内

    C. 限制其进入细胞

D. 改变其生物活性

E. 改变其分子结构

48. 肝细胞对胆红素生物转化的实质是

    A. 使胆红素与 Y 蛋白结合

    B. 使胆红素与 Z 蛋白结合

    C. 使胆红素的极性变小

    D. 增强毛细胆管膜上载体转运系统,有利于胆红素排泄

    E. 破坏胆红素分子内的氢键并进行结合反应,使其极性增加,以利于排泄

49. 胆红素的毒性作用主要表现在

    A. 肝毒性   B. 肾毒性   C. 心毒性

    D. 胃肠道反应   E. 神经系统毒性

50. 某患者入院时出现巩膜、皮肤黄染,经检查为溶血性黄疸。该患者的以下检查结果中符合溶血性黄疸特点的是

    A. 血清直接胆红素增高   B. 血清间接胆红素增高

    C. 尿胆红素增高   D. 大便呈陶土色

    E. 尿胆素原减少

51. 下列胆红素的说法错误的是

    A. 在肝细胞内主要与葡萄糖醛酸结合

    B. 在血中主要以胆红素-清蛋白复合体形式运输

    C. 在血浆中含量升高可引起皮肤黏膜黄染

    D. 葡萄糖醛酸胆红素的合成是在细胞溶酶体内进行的

    E. 游离胆红素具有亲脂疏水的特性

52. 下列直接胆红素的叙述错误的是

    A. 水中溶解度大   B. 正常人主要经肾随尿排出

    C. 不易透过生物膜   D. 主要与葡萄糖醛酸结合

    E. 经胆道由粪便排泄

53. 血液中与胆红素结合的是

    A. 清蛋白   B. Y 蛋白   C. Z 蛋白   D. GA   E. 球蛋白

54. 正常人尿中出现的色素是

    A. 胆汁酸   B. 胆红素   C. 胆绿素   D. 胆素   E. 血红素

55. 下列物质是肠道细菌作用的产物的是

    A. 胆红素   B. 胆绿素   C. 胆素

    D. 胆酸   E. 鹅脱氧胆酸

56. 胆色素不包括

    A. 胆红素   B. 胆绿素   C. 胆素原   D. 胆素   E. 细胞色素

57. 下列疾病会导致尿胆素原减少的是

    A. 溶血性疾病   B. 肝细胞疾病   C. 胆管梗阻

    D. 肠梗阻   E. 痛风

58. 极易透过生物膜的胆色素是
    A. 游离胆红素　　　　　　B. 胆红素-清蛋白　　　　　C. 胆素原
    D. 葡萄糖醛酸-胆红素　　　E. 结合胆红素

59. 胆红素主要来源于
    A. 肌红蛋白　　　　　　　B. 血红蛋白　　　　　　　　C. 细胞色素
    D. 过氧化物酶　　　　　　E. 过氧化氢酶

60. 在肝中储存最多的维生素是
    A. 维生素 A　　B. 维生素 B_1　　C. 维生素 B_2　　D. 维生素 C　　E. 维生素 PP

【B 型题】

(1~4 题备选项)
    A. 牛磺胆酸　　B. 脱氧胆酸　　C. 血胆红素　　D. 肝胆红素　　E. 胆色素

1. 属于初级胆汁酸的是

2. 属于次级胆汁酸的是

3. 属结合胆红素的是

4. 属于非结合胆红素的是

(5~8 题备选项)
    A. 7α-羟化酶　　　　　　B. 甘氨酸　　　　　　　　C. 胆红素
    D. 单胺氧化酶　　　　　　E. UDPGA

5. 在肝中与胆汁酸结合的化合物

6. 葡萄糖醛酸的供体

7. 催化胆固醇转变为胆汁酸的酶

8. 催化胺类氧化脱氨基的酶

(9~11 题备选项)
    A. 溶血性黄疸　　　　　　B. 阻塞性黄疸　　　　　　C. 肝细胞性黄疸
    D. 后天性卟啉症　　　　　E. 多发性骨髓瘤

9. 铅中毒可导致

10. 血清间接胆红素浓度异常增高可导致

11. 尿中出现胆红素,粪便呈陶土色可见于

(12~15 题备选项)
    A. 肝糖原的分解作用　　　　B. 肝糖原的合成作用
    C. 维持血糖浓度的恒定　　　D. 将糖转变为脂肪
    E. 合成胆汁酸

12. 肝对糖代谢最主要的作用是

13. 饭后肝对糖代谢的主要作用是

14. 肝对胆固醇代谢的作用是

15. 过多的糖在肝内分解代谢的主要去向是

(16~20 题备选项)
    A. 尿素　　B. 胆红素　　C. 胆绿素　　D. 胆素　　E. 胆汁酸

16. 促进胆固醇排泄的物质是

17. 尿和粪便颜色的来源物质是

18. 血红素在血红素加氧酶的催化下生成的物质是

19. 氨在肝转化的产物是

20. 胆绿素在胞质中迅速被还原为

（21~25题备选项）

    A. 胆色素   B. 胆汁酸   C. 胆固醇   D. 清蛋白   E. 甲胎蛋白

21. 铁卟啉化合物分解代谢的产物是

22. 胆固醇在肝内转化的主要产物是

23. 胎儿血中长存的物质但在出生后就消失的是

24. 当与胆汁酸比例失调时易沉积形成胆结石的是

25. 在血液中运输胆红素的是

【X 型题】

1. 血红素合成的特点包括

    A. 在有核红细胞和网织红细胞中合成

    B. 合成的原料是甘氨酸、琥珀酸 CoA 及 Fe^{2+} 等

    C. 合成的起始和最终过程均在线粒体中

    D. ALA 脱水酶是血红素合成的限速酶

    E. ALA 合酶是血红素合成的限速酶

2. 含有血红素的物质包括

    A. 细胞色素   B. 血红蛋白   C. 肌红蛋白

    D. 过氧化物酶   E. 过氧化氢酶

3. 合成血红素的原料有

    A. 乙酰 CoA   B. 甘氨酸   C. 琥珀酰 CoA

    D. Fe^{2+} E. Fe^{3+}

4. 下列血红素合成的描述正确的有

    A. 合成的起始和终末阶段在细胞质进行，中间阶段在线粒体内进行

    B. 第一步是合成血红素的限速步骤

    C. 关键酶是血红素合成酶

    D. 该途径受血红素的反馈抑制

    E. 维生素 B_6 缺乏时血红素的合成受影响

5. 肝调节血糖的作用是通过

    A. 糖原的合成作用   B. 糖原的分解作用

    C. 糖异生作用   D. 糖酵解作用

    E. 糖的有氧氧化

6. 肝在脂质代谢中的作用包括

    A. 生成酮体

    B. 利用酮体

C. 合成脂蛋白、胆固醇及磷脂

D. 分泌脂肪酶进入胆道，帮助脂肪消化

E. 分泌胆汁酸乳化脂质

7. 肝在蛋白质代谢中的作用主要表现为

A. 能合成和分泌除 γ-球蛋白外的几乎所有血浆蛋白

B. 肝能够清除和降解血浆蛋白

C. 合成尿素，以解氨毒

D. 肝具有较强的蛋白质储备能力

E. 合成清蛋白

8. 肝的生物转化使体内的非营养物质改变的主要包括

A. 彻底氧化供能

B. 增强极性及水溶性，以利于从肾排出

C. 转化成构成细胞的原料

D. 使生物活性改变

E. 起解毒或增毒的作用

9. 肝细胞性黄疸患者可能出现的检验结果有

A. 血清总胆红素增加　　　　B. 血清结合胆红素升高

C. 血清非结合胆红素升高　　D. 尿中出现胆红素

E. 尿中尿胆素原升高

10. 慢性肝功能不全患者可能出现

A. 清蛋白降低，球蛋白升高　　B. 胆固醇酯/胆固醇比值下降

C. 血中芳香族氨基酸升高　　　D. 凝血因子Ⅱ降低

E. 凝血功能障碍

11. 胆道完全梗阻时会出现

A. 尿中出现胆红素　　　　　　B. 尿胆素原及尿胆素消失

C. 血清结合胆红素增多　　　　D. 粪便颜色加深

E. 粪便呈陶土色

（二）名词解释

1. 肝的生物转化　　　　2. 初级胆汁酸　　　　3. 次级胆汁酸

4. 胆汁酸的肠肝循环　　5. 胆色素　　　　　　6. 胆素原的肠肝循环

7. 结合胆红素　　　　　8. 黄疸

（三）填空题

1. 生物转化的反应类型可概括为两相反应，第一相反应主要包括＿＿＿＿＿＿＿＿、＿＿＿＿＿＿＿＿＿和＿＿＿＿＿＿＿＿＿＿反应；第二相反应为＿＿＿＿＿＿＿＿。

2. 氧化反应是生物体内最常见的生物转化反应，参与的氧化酶主要有＿＿＿＿＿＿、＿＿＿＿＿＿及＿＿＿＿＿＿等。

3. 结合反应是体内最重要的生物转化方式，可与＿＿＿＿＿＿＿＿＿、＿＿＿＿＿＿＿＿＿、乙酰基、甲基等结合，其中以与＿＿＿＿＿＿＿＿＿的结合最为重要和最普遍。

4. 根据结构的不同，胆汁酸可分为＿＿＿＿＿＿＿和＿＿＿＿＿＿＿两类。

5. 胆酸和鹅脱氧胆酸可分别与＿＿＿＿＿＿＿或＿＿＿＿＿＿＿结合形成结合型胆汁酸。

6. 血红素合成的主要器官是＿＿＿＿＿＿＿和＿＿＿＿＿＿＿；合成的基本原料是＿＿＿＿＿＿＿、＿＿＿＿＿＿＿、＿＿＿＿＿＿＿。

7. 胆色素包括＿＿＿＿＿＿＿、＿＿＿＿＿＿＿、＿＿＿＿＿＿＿和＿＿＿＿＿＿＿等。

8. 肝能迅速从血浆中摄取胆红素，是因为肝细胞内有＿＿＿＿＿＿＿和＿＿＿＿＿＿＿两种特异的载体蛋白。

9. 临床上常根据黄疸的发病原因将其分为三类：＿＿＿＿＿＿＿、＿＿＿＿＿＿＿、＿＿＿＿＿＿＿。

（四）问答题

1. 肝在糖、脂质、蛋白质代谢中有哪些重要作用？
2. 为什么严重的肝病患者会出现水肿、出血、黄疸甚至昏迷？
3. 生物转化的生理意义是什么？举例说明生物转化的类型及其特点。
4. 简述胆汁酸的生理功能和胆汁酸肠肝循环的生理意义。
5. 正常人血液中主要含有哪种胆红素？
6. 简述结合胆红素与非结合胆红素的区别。
7. 比较三种黄疸患者血、尿、粪中胆色素的异常改变。

四、参考答案

（一）选择题

【A型题】

1. C	2. C	3. A	4. E	5. C	6. C	7. C	8. D
9. A	10. E	11. D	12. D	13. D	14. B	15. C	16. A
17. E	18. C	19. C	20. D	21. A	22. D	23. D	24. B
25. C	26. D	27. C	28. E	29. A	30. B	31. B	32. E
33. A	34. B	35. A	36. E	37. A	38. A	39. C	40. A
41. C	42. E	43. D	44. D	45. D	46. C	47. C	48. E
49. E	50. B	51. D	52. B	53. A	54. D	55. C	56. E
57. C	58. A	59. B	60. A				

【B型题】

1. A	2. B	3. D	4. C	5. B	6. E	7. A	8. D
9. D	10. A	11. B	12. C	13. B	14. E	15. D	16. E
17. D	18. C	19. A	20. B	21. A	22. B	23. E	24. C
25. D							

【X型题】

1. ABCE	2. ABCDE	3. BCD	4. BDE	5. ABC	6. ACE
7. ABCE	8. BDE	9. ABCD	10. ABCDE	11. ABCE	

（二）名词解释

1. 机体在排出非极性的非营养物质之前，肝脏需要对它们进行代谢转变，提高其水溶性，增加其极性，使之易随胆汁或尿液排出，这一过程称为肝的生物转化。

2. 初级胆汁酸包括胆酸、鹅脱氧胆酸及其与甘氨酸和牛磺酸的结合产物。

3. 次级胆汁酸包括脱氧胆酸、石胆酸及其与甘氨酸和牛磺酸的结合产物。

4. 随胆汁排入肠道的胆汁酸中95%以上被重吸收入血，经门静脉重新回到肝脏，在肝细胞内游离胆汁酸再重新合成为结合胆汁酸，并与新合成的结合胆汁酸一同再随胆汁排入肠道，这一过程称为胆汁酸的肠肝循环。

5. 胆色素是铁卟啉化合物在体内的主要分解代谢产物，包括胆红素、胆绿素、胆素原和胆素等。

6. 肠道中10%~20%的胆素原可被肠黏膜细胞重吸收，经门静脉入肝，其中大部分（约90%）再随胆汁排入肠道，形成胆素原的肠肝循环。

7. 胆红素在肝脏中接受来自尿苷二磷酸葡萄糖醛酸的葡萄糖醛酸基，生成葡萄糖醛酸胆红素，这种在肝脏结合转化的胆红素称为结合胆红素。

8. 胆红素呈金黄色，当血清胆红素浓度升高时可扩散入组织，引起皮肤、黏膜、巩膜等出现黄染，称为黄疸。

（三）填空题

1. 氧化　还原　水解　结合反应
2. 单加氧酶系　单胺氧化酶系　脱氢酶系
3. 葡萄糖醛酸　硫酸　葡萄糖醛酸
4. 游离胆汁酸　结合胆汁酸
5. 牛磺酸　甘氨酸
6. 肝　骨髓　甘氨酸　琥珀酰CoA　Fe^{2+}
7. 胆红素　胆绿素　胆素原　胆素
8. Y蛋白　Z蛋白
9. 溶血性黄疸　肝细胞性黄疸　阻塞性黄疸

（四）问答题

1. 肝在糖、脂质、蛋白质代谢中有哪些重要作用？

答：肝在糖代谢中的主要作用是通过糖原的合成、糖原的分解和糖异生作用维持血糖浓度的相对恒定。

肝细胞分泌的胆汁酸是脂质及脂溶性维生素消化、吸收所必需的。肝是脂肪酸氧化分解的主要器官；是生成酮体的唯一器官；在胆固醇代谢中起中心作用；是合成甘油磷脂、VLDL、HDL以及LDL降解的主要器官。磷脂合成障碍可导致脂肪肝。

肝是合成、分泌、清除和降解血浆蛋白的主要器官；是合成尿素、解除氨毒的重要器官。

2. 为什么严重的肝病患者会出现水肿、出血、黄疸甚至昏迷？

答：肝是合成和分泌血浆蛋白的主要器官，除γ-球蛋白外，几乎所有的血浆蛋白质均来自肝，包括全部的清蛋白、部分球蛋白、凝血酶原、纤维蛋白原等。通过这些蛋白质的作用,肝在维持血浆胶体渗透压、凝血等方面起着重要作用。肝功能严重障碍时,肝合成蛋白质的能力下降,临床上常出现水肿、出血等症状。

肝病患者由于肝细胞功能障碍,摄取、结合、转化及排泄胆红素能力下降。一方面,肝不能将间接胆红素全部转化为直接胆红素,使血中间接胆红素升高;另一方面,肝细胞肿胀,毛细胆管阻塞或毛细胆管与肝窦面相通,使部分直接胆红素反流入血,血液中直接胆红素升高,产生黄疸。

正常生理情况下,血氨的来源与去路保持动态平衡。由于氨在体内的主要去路是在肝合成尿素,所以肝功能严重受损时尿素合成发生障碍,血氨浓度升高,称为高血氨症。血氨浓度高时,氨可以进入脑组织,与脑中的 α-酮戊二酸结合生成谷氨酸,也可与脑中的谷氨酸进一步结合生成谷氨酰胺,使脑细胞中的 α-酮戊二酸减少。α-酮戊二酸是三羧酸循环的中间产物,缺乏会导致脑组织中 ATP 生成减少,引起大脑功能障碍,严重时可引起昏迷。

3. 生物转化的生理意义是什么?举例说明生物转化的类型及其特点。

答:非极性的非营养物质在排出机体之前需要进行代谢转变,提高水溶性,增加极性,以利于随胆汁或尿液排出,这一过程称为生物转化。生物转化的生理意义主要在于使非营养物质的极性增强、溶解度增大,易于随尿或胆汁排出体外。

生物转化的反应类型可概括为两相反应;第一相反应主要包括氧化、还原和水解反应;第二相反应为结合反应。结合反应是体内最重要的生物转化方式,以葡萄糖醛酸的结合反应最为重要和普遍。生物转化的特点是:①反应的连续性和多样性;②解毒与致毒的双重性。

4. 简述胆汁酸的生理功能和胆汁酸肠肝循环的生理意义。

答:胆汁酸的主要生理功能是促进脂质的消化吸收;维持胆汁中胆固醇的溶解状态,抑制胆固醇的析出。

随胆汁排入肠道的胆汁酸 95% 以上被重吸收入血,经门静脉重新回到肝,在肝细胞内游离胆汁酸再重新合成为结合胆汁酸,并与新合成的结合胆汁酸一同再随胆汁排入肠道,这一过程称为胆汁酸的肠肝循环。胆汁酸的肠肝循环可以补充肝合成胆汁酸能力的不足和人体对胆汁酸的需要。

5. 正常人血液中主要含有哪种胆红素?

答:在网状内皮细胞中生成的胆红素进入血液后迅速与血浆清蛋白结合,形成胆红素-清蛋白复合体而被运输。这种结合不仅增加胆红素的水溶性有利于运输,而且还可防止胆红素自由透过各种生物膜而对组织细胞产生毒性。胆红素入肝后迅速被摄入细胞内与 Y 蛋白或 Z 蛋白结合,在内质网中胆红素接受来自尿苷二磷酸葡萄糖醛酸的葡萄糖醛酸基,生成葡萄糖醛酸胆红素。这种在肝结合转化的胆红素称为结合胆红素。结合胆红素极性较强,易溶于水,易从胆道和尿液排出,不易通过细胞膜和血脑屏障,是肝对胆红素的一种解毒方式。

6. 简述结合胆红素与非结合胆红素的区别。

答:两种胆红素的区别列表如下。

	非结合胆红素	结合胆红素
形成部位	血液	肝
存在形式	胆红素-清蛋白	葡萄糖醛酸胆红素
溶解性质	脂溶性	水溶性
透过细胞膜的能力及毒性	大	小
对脑细胞毒性	有	无
与葡萄糖醛酸结合	未结合	结合
与重氮试剂反应	间接阳性	直接阳性
经肾随尿排出	不能	能
其他名称	血胆红素、间接胆红素、游离胆红素	肝胆红素、直接胆红素

7. 比较三种黄疸患者血、尿、粪中胆色素的异常改变。

答：三种黄疸患者血、尿、粪中胆色素的异常改变的比较列表如下。

	指标	正常	溶血性黄疸	阻塞性黄疸	肝细胞性黄疸
血液	结合胆红素	0~0.8mg/100ml	不变或微增	增加	增加
	非结合胆红素	<1mg/100ml	增高	不变或微增	增加
尿液	尿胆红素	无	无	有	有
	尿胆素原	少量	增加	减少或无	减少或无
	尿胆素	少量	增加	减少或无	减少或无
粪便	粪胆素原	40~280mg/24h	增加	减少或无	减少或正常
	粪便颜色	正常（黄色）	加深	变浅或陶土色	变浅或正常

（刘芳君）

第十九章 │ 水、电解质代谢与酸碱平衡

一、内容要点

水是人体内含量最多、最重要的无机物，具有很多独特的理化性质，是维持人体正常代谢活动的必需物质之一。机体中一部分水与蛋白质、多糖等物质结合，以结合水的形式存在。另一部分水以游离状态存在，称为自由水。

水的生理功能主要为调节体温，促进并参与物质代谢，具有运输作用、润滑作用，维持组织的形态与功能（结合水）。

正常成人每日所需水的来源主要有饮水、食物水及内生水。成人每天饮水 1 000~1 500ml。成人每天从食物中摄入的水量为 650~1 000ml。内生水是指体内物质代谢生成的水。每天生成约 350ml。水主要通过呼吸道、皮肤、消化道、肾四种途径排出体外。成人每日呼吸时以水蒸气的形式排出的水约 400ml，通过非显性出汗排水约 500ml，经消化道通过粪便排水约 150ml，成人每日尿量为 700~1 500ml。每日尿量少于 400ml 时称为少尿，少于 100ml 时为无尿。

体液中电解质的生理功能主要是：①维持体液容量、渗透压和酸碱平衡；②维持神经肌肉的兴奋性；③参与物质代谢；④构成组织细胞成分。

骨骼肌、平滑肌神经肌肉的兴奋性及心肌兴奋性与各种电解质之间的关系如下：

$$骨骼肌、平滑肌神经肌肉兴奋性 \propto \frac{[Na^+]+[K^+]}{[Ca^{2+}]+[Mg^{2+}]+[H^+]}$$

$$心肌兴奋性 \propto \frac{[Na^+]+[Ca^{2+}]}{[K^+]+[Mg^{2+}]+[H^+]}$$

正常成人血钠浓度的正常范围为 135~148mmol/L。人体所需的钠主要来自食盐（NaCl），摄入的钠几乎全部经胃肠道吸收。钠大部分（90%）经肾由尿排出，排出量与进食量大致相等。肾调节钠的能力很强，常用"多吃多排，少吃少排，不吃不排"表示肾对钠排泄的严格控制能力。

正常成人血浆 Cl⁻ 浓度为 96~107mmol/L。食物中的氯大多与钠一起被小肠吸收。肾排钠的同时伴有氯的排出。

人体约 90% 的钾存在于细胞内，正常膳食可以满足人体对钾的需要。钾主要通过尿液排出体外，肾排泄钾的能力很强，钾的排出量与摄入量大致相等，常用"多吃多排，少吃少排，不吃也排"形容肾对钾的排泄特点。钾在细胞内、外液的分布极不均匀，细胞内液

K^+的浓度（约158mmo/L）比血浆K^+（3.5~5.5mmol/L，平均5mmol/L）高出约30倍。体内物质代谢和体液H^+浓度均可影响K^+在细胞内、外液的交换及肾对钾的排泄。

神经系统及某些激素在维持水和电解质的动态平衡中具有重要的作用。神经系统的调节主要通过下丘脑的口渴中枢调节饮水量。在激素的调节作用中，抗利尿激素可提高肾远曲小管及集合管对水的通透性，促进水的重吸收，从而维持体液渗透压的平衡；醛固酮能够促进肾远曲小管和集合管通过K^+-Na^+和H^+-Na^+交换促进K^+和H^+的排出及对Na^+的主动重吸收；心房利尿钠肽对水、电解质代谢的影响主要有：①强大的排钠、利尿作用；②拮抗肾素-醛固酮系统的作用；③显著减轻失水或失血后血浆中抗利尿激素水平增高的程度；④舒张血管、降低血压的作用。

钙和磷是人体含量最多的无机元素，99.7%以上的钙和87.6%的磷以羟基磷灰石$[3Ca_3(PO_4)_2 \cdot Ca(OH)_2]$和磷酸氢钙$(CaHPO_4 \cdot 2H_2O)$的形式参与构成骨盐，存在于骨及牙齿中。维生素D是促进钙吸收的最重要因素。成人每日进出体内的钙量大致相等，多吃多排，少吃少排，维持动态平衡。正常情况下，$[Ca]×[P]=35~40$。

骨主要由骨盐、骨基质和骨细胞组成。骨盐决定骨的硬度，骨基质决定骨的形状和韧性，骨细胞在骨代谢中起主导作用。骨的生长、修复或重建过程称为成骨作用。骨不断更新，原有旧骨的溶解称为溶骨作用。

机体在生命活动过程中不断地从食物中摄取酸性物质和碱性物质，同时自身又不断地产生酸碱物质。机体通过一系列的调节作用，最后将多余的酸性或碱性物质排出体外，使体液pH维持在相对恒定的范围内，这一过程称为酸碱平衡。正常人血浆的pH总是维持在7.35~7.45之间。

体液pH的相对恒定主要取决于三个方面的调节作用。①体液的缓冲作用：其中血液缓冲体系包括血浆的缓冲体系和红细胞的缓冲体系。血浆缓冲体系中以碳酸氢盐缓冲体系最为重要，主要缓冲非挥发性酸；红细胞缓冲体系中以血红蛋白及氧合血红蛋白缓冲体系最为重要，主要缓冲挥发性酸。②肺主要以呼出CO_2的方式调节血浆中H_2CO_3的浓度。③肾对酸碱平衡的调节作用：主要是通过调节血浆中的$[NaHCO_3]$维持血浆pH的恒定。这三个方面的作用相互协调、相互制约，共同维持体液pH的相对恒定。机体内外环境的剧烈变化或某些疾病可导致水、电解质及酸碱平衡失调，影响全身组织、器官的功能，如不及时纠正，可引起严重后果甚至危及生命。

二、重点和难点解析

（一）钙磷代谢的调节

1. 甲状旁腺激素　甲状旁腺激素具有升高血钙、降低血磷的作用。

（1）对骨的作用：能使间叶细胞转化为破骨细胞，增加破骨细胞数量，并能增强破骨细胞活性，进而促进骨盐的溶解和吸收，促进骨基质的分解和吸收，抑制破骨细胞转化为骨细胞。

（2）对肾的作用：可促进肾远曲小管对钙的重吸收，还可抑制肾近曲小管对HPO_4^{2-}的重吸收，尿磷增加，血磷降低。

（3）对肠的作用：可激活肾中的α_1-羟化酶，促进维生素D_3的活化，使$1,25$-$(OH)_2$-D_3

合成增多,间接促进了小肠对钙磷的吸收。

2. 降钙素 降钙素可降低血钙和血磷浓度。

(1)对骨的作用:促进骨组织中骨盐的沉积,抑制骨盐溶解,减少骨组织中钙、磷的释放。

(2)对肾的作用:抑制肾近曲小管对钙、磷的重吸收,增加尿钙及尿磷排出。

(3)对肠的作用:抑制肾 α_1-羟化酶的活性,使 25-(OH)-D_3 不能转变为 1,25-(OH)$_2$-D_3,从而间接抑制肠道对钙、磷的吸收。

3. 1,25-(OH)$_2$-D_3

(1)对肠的作用:1,25-(OH)$_2$-D_3 与小肠黏膜细胞内的特异性受体结合后进入细胞核内,促进相应基因的转录,从而使钙结合蛋白合成增加,促进 Ca^{2+} 的吸收和转运;还可改变小肠黏膜细胞膜磷脂的组成,增强对 Ca^{2+} 的通透性,有利于 Ca^{2+} 的吸收。1,25-(OH)$_2$-D_3 在促进 Ca^{2+} 吸收的同时增加磷的吸收。

(2)对骨的作用:对骨组织兼有成骨和溶骨双重作用,活性维生素 D_3 对骨总的作用是促进骨的代谢,有利于骨骼的生长和钙化。

(3)对肾的作用:直接促进肾近曲小管对钙磷的重吸收,降低尿钙和尿磷浓度。

(二)血液的缓冲作用

在体液的多种缓冲体系中,以血液缓冲体系最为重要。

血浆的缓冲体系有:$NaHCO_3/H_2CO_3$、Na_2HPO_4/NaH_2PO_4、$NaPr/HPr$(Pr:血浆蛋白)。

红细胞的缓冲体系有:$KHCO_3/H_2CO_3$、K_2HPO_4/KH_2PO_4、KHb/HHb(Hb:血红蛋白)、$KHbO_2/HHbO_2$(HbO_2:氧合血红蛋白)。

在血浆缓冲体系中以碳酸氢盐缓冲体系最为重要,在红细胞缓冲体系中以血红蛋白及氧合血红蛋白缓冲体系最为重要。血浆 $NaHCO_3/H_2CO_3$ 缓冲体系不仅缓冲能力强,而且该系统可进行开放式调节,其 H_2CO_3 浓度可通过体液中物理溶解的 CO_2 取得平衡而受肺的呼吸调节,而 $NaHCO_3$ 浓度可通过肾的调节作用维持相对恒定。

血浆 pH 主要取决于血浆中[$NaHCO_3$]与[H_2CO_3]的比值。在正常情况下,血浆[$NaHCO_3$]约为 24mmol/L,[H_2CO_3]约为 1.2mmol/L,两者比值为 24/1.2=20/1。血浆 pH 可通过亨德森-哈塞尔巴尔赫(Henderson-Hassalbach)方程式求得:

$$pH = pK_a + \lg \frac{[NaHCO_3]}{[H_2CO_3]}$$

其中 pK_a 是 H_2CO_3 解离常数的负对数,温度在 37℃时为 6.1。将数值代入上式:

$$pH=6.1+\lg \frac{20}{1}=6.1+1.3=7.4$$

(三)肾对酸碱平衡的调节作用

主要是通过调节血浆中的[$NaHCO_3$],以维持血浆 pH 的恒定。当血浆中[$NaHCO_3$]下降时,肾对酸的排泄及对 $NaHCO_3$ 的重吸收作用加强,以恢复血浆中 $NaHCO_3$ 的正常浓度;当血浆中[$NaHCO_3$]升高时,肾减少对 $NaHCO_3$ 的重吸收并排出过多的碱性物质,使血浆中[$NaHCO_3$]仍维持在正常范围。可见肾对酸碱平衡的调节作用实质上就是调节 $NaHCO_3$ 的浓度。肾的这种调节作用主要是通过肾小管细胞的泌氢、泌氨及泌钾作用排出多余的酸性物质来实现的。

三、习题测试

（一）选择题

【A型题】

1. 下列水的生理功能叙述错误的是
   A. 水可促进并参与物质代谢
   B. 水是体温的良好调节剂
   C. 结合水转变成自由水后才具有功能
   D. 水具有润滑作用
   E. 水具有运输作用

2. 少尿是指每日尿量少于
   A. 100ml　　　B. 200ml　　　C. 300ml　　　D. 400ml　　　E. 500ml

3. 缺水时变动最显著以减少体液丢失的是
   A. 皮肤排汗　　B. 肾排尿　　C. 皮肤蒸发　　D. 粪便排出　　E. 呼吸蒸发

4. 水可维持组织、器官的形态、硬度和弹性，主要是因为
   A. 具有溶解作用　　　　　B. 参加物质代谢　　　　　C. 起运输作用
   D. 以结合水存在　　　　　E. 起润滑作用

5. 体内的主要阳离子不包括
   A. K^+　　　　　B. Na^+　　　　　C. Mg^{2+}　　　　　D. Ca^{2+}　　　　　E. Fe^{2+}

6. 下列体液中电解质含量及分布的叙述错误的是
   A. 细胞外液中的主要阴离子是 Cl^- 和 HCO_3^-
   B. 细胞内液中的主要阴离子是 HPO_4^{2-} 和蛋白质阴离子
   C. K^+ 是细胞外液中的主要阳离子
   D. K^+ 是细胞内液中的主要阳离子
   E. Na^+ 是细胞外液中的主要阳离子

7. 血浆中主要的阴离子是
   A. 蛋白质阴离子　　　　　B. Cl^- 和 HCO_3^-　　　　　C. HPO_4^{2-}
   D. 有机酸阴离子　　　　　E. $H_2PO_4^-$

8. 细胞内液中的主要离子是指
   A. K^+、HPO_4^{2-}、蛋白质阴离子　　　　B. K^+ 和 HCO_3^-
   C. Na^+ 和 Cl^-　　　　　　　　　　　　　D. Na^+ 和 HCO_3^-
   E. K^+ 和 Cl^-

9. 大量丢失下列哪种消化液可发生脱水和碱中毒
   A. 肠液　　　B. 胃液　　　C. 胰液　　　D. 胆汁　　　E. 唾液

10. 体内的电解质主要是
    A. 蛋白质阴离子　　　　　B. 有机酸类　　　　　C. 有机碱类
    D. 无机盐　　　　　　　　E. 蛋白质分子

11. 给患者注射胰岛素后会出现
    A. 细胞内 K^+ 逸出细胞外　　　B. 细胞外 K^+ 进入细胞内
    C. 无 K^+ 转移　　　　　　　　D. 尿 K^+ 排泄增加
    E. 肠吸收 K^+ 障碍

12. 患者出现高血钾时应当
    A. 输入 NaCl　　　　　　　　　B. 输入 $NaHCO_3$
    C. 输入葡萄糖中加适量胰岛素　　D. 输入全血
    E. 输入 10% 葡萄糖盐水

13. Na^+ 和 K^+ 的浓度在细胞内外的显著差异是因为细胞膜上有
    A. 钠钾 ATP 酶　　　　　　　　B. 腺苷酸环化酶
    C. 碱性磷酸酶　　　　　　　　　D. 碳酸酐酶
    E. 酸性磷酸酶

14. 钾、钠、氯的排泄器官主要为
    A. 皮肤　　　　B. 肺　　　　C. 肠道　　　　D. 肾　　　　E. 肝

15. 下列哪组离子浓度增高时可增强心肌的兴奋性
    A. $[Na^+]+[Ca^{2+}]$　　　　　　　B. $[Na^+]+[H^+]$
    C. $[K^+]+[Mg^{2+}]+[H^+]$　　　　D. $[Na^+]+[Mg^{2+}]+[H^+]$
    E. $[K^+]+[Ca^{2+}]+[H^+]$

16. 下列哪组离子浓度增高时可增强骨骼肌、平滑肌神经肌肉的兴奋性
    A. $[Na^+]+[Ca^{2+}]$　　　　B. $[Na^+]+[K^+]$　　　　C. $[Na^+]+[Mg^{2+}]$
    D. $[K^+]+[Ca^{2+}]$　　　　E. $[K^+]+[Mg^{2+}]$

17. 下列钙吸收的叙述错误的是
    A. 降低肠道 pH 能促进钙吸收
    B. 过多的草酸、植酸可影响钙的吸收
    C. 活性维生素 D 促进钙的吸收
    D. 碱性磷酸盐可与钙结合促进钙的吸收
    E. 镁盐过多抑制钙的吸收

18. 下列物质不利于钙的吸收的是
    A. 氨基酸　　　　　　　　B. 乳酸　　　　　　　　C. 活性维生素 D
    D. 草酸　　　　　　　　　E. 豆制品

19. 钙需要量最多的人群是
    A. 婴儿　　　　　　　　　B. 儿童　　　　　　　　C. 青少年
    D. 成人　　　　　　　　　E. 孕妇和乳母

20. 血浆中哪种离子浓度升高时可引起 Ca^{2+} 浓度升高
    A. HCO_3^-　　　B. HPO_4^{2-}　　　C. H^+　　　D. $H_2PO_4^-$　　　E. K^+

21. 血浆中的非扩散钙是指
    A. 离子钙　　　　　　　　B. 氯化钙　　　　　　　　C. 葡萄糖酸钙
    D. 硫酸钙　　　　　　　　E. 蛋白结合钙

22. 若以 mg/100ml 表示，正常成人血浆中[Ca]×[P]的乘积为
    A. 5~10   B. 15~20   C. 25~30   D. 35~40   E. 45~50
23. 钙离子对神经肌肉兴奋性及心肌兴奋性的作用是
    A. 引起神经肌肉兴奋性↑，心肌兴奋性↑
    B. 引起神经肌肉兴奋性↓，心肌兴奋性↓
    C. 引起神经肌肉兴奋性↓，心肌兴奋性↑
    D. 引起神经肌肉兴奋性↑，心肌兴奋性↓
    E. 引起神经肌肉兴奋性↓，心肌兴奋性不变
24. 下列钙的功能叙述错误的是
    A. 构成骨骼、牙齿的主要成分   B. 参与血液凝固过程
    C. 增强心肌兴奋性   D. 增强神经、肌肉兴奋性
    E. 参与信号转导
25. 引起手足抽搐的原因是血浆中
    A. 结合钙浓度↑   B. 结合钙浓度↓   C. 离子钙浓度↑
    D. 离子钙浓度↓   E. 血钙↓
26. 下列磷的功能叙述错误的是
    A. 参与核苷酸的合成   B. 参与酸碱平衡的调节   C. 细胞膜的组成成分
    D. 参与物质代谢的调节 E. 参与血液凝固过程
27. 下列 $1,25-(OH)_2-D_3$ 的叙述错误的是
    A. 促进钙的吸收和转运
    B. 促进骨骼的生长和钙化
    C. 是由维生素 D_3 经肾直接羟化而成
    D. 间接促进钙 ATP 酶的合成
    E. 是由维生素 D_3 经肝及肾的羟化而成
28. 活性维生素 D 是指
    A. $1,25-(OH)_2-D_3$ B. $1,24-(OH)_2-D_3$ C. $25-(OH)-D_3$
    D. $1-(OH)-D_3$ E. $1,24,25-(OH)_3-D_3$
29. 血磷浓度最高的人群是
    A. 新生儿   B. 婴幼儿   C. 青少年   D. 成年人   E. 老人
30. 调节 PTH 合成和分泌的主要因素是
    A. 血磷浓度   B. 血钠浓度   C. 血钾浓度   D. 血钙浓度   E. 血镁浓度
31. PTH 的功能不包括
    A. 升高血钙   B. 降低血磷   C. 促进溶骨作用
    D. 促进骨骼脱钙   E. 升高血磷
32. 下列 PTH 的功能错误的是
    A. 抑制骨基质的分解和吸收
    B. 抑制破骨细胞转化为骨细胞
    C. 促进肾远曲小管对钙的重吸收

D. 抑制肾近曲小管对 HPO_4^{2-} 的重吸收

E. 促进小肠对钙磷的吸收

33. 导致佝偻病的原因不包括

    A. PTH 分泌减少   B. 严重肝病   C. 严重肾病

    D. 日照不足   E. 维生素 D 摄入不足

34. PTH 对钙磷代谢的影响为

    A. 引起血钙↑，血磷↑   B. 引起血钙↑，血磷↓   C. 引起血钙↓，血磷↑

    D. 引起尿钙↓，尿磷↓   E. 引起尿钙↑，尿磷↑

35. 既能升高血钙又能升高血磷的激素是

    A. 降钙素   B. 醛固酮   C. 甲状腺素

    D. 甲状旁腺素   E. $1,25-(OH)_2-D_3$

36. 下列 CT 对钙磷代谢的叙述正确的是

    A. 引起血钙↑，血磷↑   B. 引起血钙↓，血磷↓   C. 引起血钙↓，血磷↑

    D. 引起尿钙↓，尿磷↓   E. 引起尿钙↑，尿磷↓

37. 下列与钙磷的调节有直接关系的因素是

    A. PTH、CT、ADH   B. CT、活性维生素 D_3、甲状腺素

    C. PTH、活性维生素 D_3、ADH   D. PTH、CT、活性维生素 D_3

    E. PTH、CT、甲状腺素

38. 下列不是酸性物质的是

    A. HCl   B. H_2SO_4 C. H_2CO_3 D. NH_4^+ E. NH_3

39. 正常人体内酸性物质的最主要的来源是

    A. 酸性食物

    B. 酸性药物

    C. 糖、脂肪及蛋白质的合成代谢

    D. 糖、脂肪及蛋白质的分解代谢

    E. 非营养物质的代谢

40. 挥发性酸是指

    A. 磷酸   B. H_2SO_4 C. H_2CO_3 D. 乳酸   E. 丙酮酸

41. 血浆中缓冲非挥发性酸主要依靠

    A. 磷酸氢二钠   B. 碳酸氢钠   C. 碳酸钠

    D. 蛋白质钠   E. 磷酸二氢钠

42. 体液中最重要的缓冲体系是

    A. 血液缓冲体系   B. 肾   C. 肺

    D. 细胞内液   E. 缓冲碱

43. 血浆中最重要的缓冲体系是

    A. 磷酸氢二钠/磷酸二氢钠   B. 硫酸钠/硫酸

    C. 碳酸氢钠/碳酸   D. 蛋白质钠/蛋白质

    E. 柠檬酸钠/柠檬酸

44. 在缓冲系统中具有缓冲碱的是

    A. H_2CO_3 B. NaH_2PO_4 C. $NaHCO_3$ D. HPr   E. HHb

45. 正常人体内每天产生数量最多的酸是

    A. β-羟丁酸   B. 乳酸   C. 丙酮酸   D. 碳酸   E. 乙酰乙酸

46. 下列血液缓冲作用的叙述正确的是

    A. 红细胞 pH 主要取决于 $[NaHCO_3]$ 与 $[H_2CO_3]$ 的比值

    B. 血液的缓冲作用和肺、肾对酸碱平衡的调节不相关

    C. 非挥发性酸主要由红细胞血红蛋白缓冲体系缓冲

    D. 正常情况下血液的 pH 为 7.4

    E. 血液缓冲系统以血红蛋白及氧合血红蛋白缓冲系统最为重要

47. 体内代谢产生的各种酸能由肺排出的是

    A. 丙酮酸   B. H_2CO_3 C. H_2SO_4 D. β-羟丁酸   E. 乙酰乙酸

48. 下列肺在酸碱平衡中作用的叙述不正确的是

    A. 排出 CO_2 是肺的重要功能

    B. 主要调节挥发性酸的浓度

    C. 主要调节非挥发性酸的浓度

    D. 当 PCO_2 下降时,呼吸中枢受抑制,肺通气量下降

    E. 肺呼出 CO_2 受呼吸中枢的调节

49. 肾对酸碱平衡的调节主要是

    A. 调节血浆中的$[NaHCO_3]$ B. 调节血浆中的$[H_2CO_3]$

    C. 调节血浆中的$[H_2SO_4]$ D. 调节血浆中的$[NaH_2PO_4]$

    E. 调节血浆中的$[Na_2HPO_4]$

50. 下列物质对非挥发性酸具有缓冲作用的是

    A. H_2CO_3 B. HPr   C. NaH_2PO_4 D. NaPr   E. HHb

51. 肾重吸收 HCO_3 的主要部位是

    A. 远曲小管   B. 近曲小管   C. 髓袢降支   D. 髓袢升支   E. 集合管

52. 血浆 HCO_3 浓度的正常值是

    A. 10~22mmol/L   B. 22~27mmol/L   C. 28~35mmol/L

    D. 35~42mmol/L   E. 40~55mmol/L

53. 远曲小管细胞所分泌的氨主要来自

    A. 谷氨酰胺的水解   B. 尿素的水解   C. 氨基酸的脱氨基

    D. 肠道中的氨   E. 血液中的氨

54. 高血钾可引起

    A. 酸中毒   B. 碱中毒   C. 低血钠

    D. 尿液酸化增强   E. 尿钠排出增高

55. 下列 pH 的描述不正确的是

    A. 正常人动脉血 pH 变动范围为 7.35~7.45

    B. 平均为 7.40

C. pH>7.45 为失代偿性碱中毒

D. pH<7.35 为失代偿性酸中毒

E. 动脉血 pH 的测定可区分酸碱平衡紊乱是代谢性的还是呼吸性的

56. 当 pH 在正常值范围内不代表

    A. 酸碱平衡   B. 酸中毒但代偿良好

    C. 碱中毒但代偿良好   D. 存在程度相近的酸中毒及碱中毒

    E. 体内没有酸碱平衡失调

57. $PaCO_2$ 的正常范围是

    A. 1.5~3.0kPa   B. 2.5~4.0kPa   C. 3.5~5.0kPa   D. 4.5~6.0kPa   E. 5.5~7.0kPa

58. $PaCO_2$<4.5kPa 表示

    A. 呼吸性碱中毒   B. 代谢性碱中毒

    C. 失代偿性的代谢性酸中毒   D. 失代偿性的代谢性碱中毒

    E. 呼吸性酸中毒

59. $PaCO_2$>6.0kPa 表示

    A. 呼吸性酸中毒   B. 代谢性酸中毒

    C. 代偿后的代谢性酸中毒   D. 失代偿性的代谢性碱中毒

    E. 呼吸性碱中毒

60. 下列阴离子间隙的叙述不正确的是

    A. 是指未测定阴离子与未测定阳离子的差值

    B. 平均为 12mmol/L

    C. 阴离子间隙的参考值为 8~16mmol/L

    D. AG 值增高可见于呼吸性酸中毒

    E. AG 值增高可见于代谢性酸中毒

61. 下列缓冲碱的叙述正确的是

    A. 是反映代谢性酸碱紊乱的指标

    B. 代谢性酸中毒时缓冲碱增加

    C. 代谢性碱中毒时缓冲碱降低

    D. 酸碱紊乱时该值不变

    E. 血浆缓冲碱以 HPO_4^{2-} 为主要成分

62. 下列 $PaCO_2$ 的描述不正确的是

    A. 是指物理溶解于动脉血浆中的 CO_2 所产生的张力

    B. 其平均值是 5.3kPa

    C. 不代表肺泡气 CO_2 分压

    D. $PaCO_2$<4.5kPa, 表示肺通气过度, CO_2 排出过多

    E. $PaCO_2$>6.0kPa, 表示肺通气不足, 有 CO_2 潴留

63. 下列实际碳酸氢盐的叙述不正确的是

    A. 正常变动范围为 22~27mmol/L

    B. 受呼吸因素的影响

C. 受代谢因素的影响

D. 是指在隔绝空气的条件下测得的血浆中 HCO_3^- 的真实含量

E. 实际碳酸氢盐与标准碳酸氢盐的差值反映了代谢因素对酸碱平衡的影响

64. 呼吸性酸中毒时

    A. AB=SB   B. AB>SB   C. AB<SB   D. SB 升高   E. SB 降低

65. 呼吸性碱中毒时

    A. AB=SB   B. AB>SB   C. AB<SB   D. SB 升高   E. SB 降低

【B 型题】

(1~5 题备选项)

    A. 60%   B. 40%   C. 20%   D. 15%   E. 5%

1. 正常成人的体液占体重的

2. 细胞内液占体重的

3. 细胞外液占体重的

4. 血浆占体重的

5. 组织间液占体重的

(6~9 题备选项)

    A. 150ml   B. 400ml   C. 500ml

    D. 700~1 500ml   E. 2 500ml

6. 正常成人每天经肺排出的水约为

7. 正常成人每天由皮肤蒸发的水约为

8. 正常成人每天经消化道排出的水约为

9. 正常成人每天经肾排出的水约为

(10~13 题备选项)

    A. 甲状旁腺激素   B. 降钙素   C. 1,25-(OH)$_2$-D$_3$

    D. 25-(OH)-D$_3$ E. 甲状腺素

10. 能降低血钙和血磷浓度的是

11. 具有升高血钙、降低血磷的是

12. 经肝羟化生成的维生素 D 是

13. 能降低尿钙和尿磷浓度的是

(14~17 题备选项)

    A. 心房利尿钠肽   B. 甲状旁腺激素   C. 抗利尿激素

    D. 胰岛素   E. 醛固酮

14. 可增强肾小管细胞膜上腺苷酸环化酶活性的是

15. 具有排钾、排氢、保钠作用的是

16. 能促进肾远曲小管对 Ca^{2+} 重吸收的是

17. 可促进 K^+ 进入细胞的是

(18~22 题备选项)

    A. 碳酸氢盐缓冲体系   B. 血红蛋白缓冲体系   C. 无机磷酸盐缓冲体系

D. 有机磷酸盐缓冲体系　　E. 血浆蛋白缓冲体系

18. 血浆缓冲体系中最重要的是

19. 红细胞缓冲体系中最重要的是

20. 对挥发性酸的缓冲最重要的是

21. 对非挥发性酸的缓冲最重要的是

22. 对碱的缓冲最重要的是

（23~25 题备选项）

　　A. 碱剩余　　　　　　　　　B. 阴离子间隙

　　C. pH　　　　　　　　　　　D. 标准碳酸氢盐

　　E. 动脉血二氧化碳分压

23. 可反映肺泡气 CO_2 分压的是

24. 不受呼吸性成分影响的是

25. 只反映代谢性酸碱紊乱的指标是

（26~28 题备选项）

　　A. 失代偿性呼吸性酸中毒

　　B. 代偿性代谢性碱中毒

　　C. 代偿性呼吸性酸中毒

　　D. 失代偿性代谢性碱中毒

　　E. 代偿性代谢性酸中毒

26. 原发性 H_2CO_3 增高，$NaHCO_3/H_2CO_3=20/1$ 是

27. 原发性 $NaHCO_3$ 增高，$NaHCO_3/H_2CO_3>20/1$ 是

28. 原发性 $NaHCO_3$ 增高，$NaHCO_3/H_2CO_3=20/1$ 是

【C 型题】

（1~3 题备选项）

　　A. K^+　　　　　　B. Na^+　　　　C. 两者均是　　　D. 两者均不是

1. 体内的主要阳离子是

2. 细胞内液中的主要阳离子是

3. 细胞外液中的主要阳离子是

（4~6 题备选项）

　　A. 蛋白结合钙　　　　　　　B. 离子钙

　　C. 两者都是　　　　　　　　D. 两者都不是

4. 非扩散结合钙是

5. 直接发挥作用的是

6. 属结合钙的是

（7~10 题备选项）

　　A. CT　　　　　　B. PTH　　　　C. 两者都是　　　D. 两者都不是

7. 能降低血钙和血磷浓度的是

8. 能升高血钙、降低血磷的是

9. 可由胆固醇转化生成的是

10. 能升高血钙和血磷的是

（11~14题备选项）

    A. 钙   B. 磷

    C. 两者都参与   D. 两者都不参与

11. 构成骨盐的是

12. 核酸的组成成分是

13. 增强心肌收缩力的是

14. 参与能量的生成、储存和利用的是

（15~17题备选项）

    A. 挥发性酸   B. 非挥发性酸

    C. 两者均是   D. 两者均不是

15. 由肺排出的是

16. 由肾排出的是

17. 体内酸的主要来源是

（18、19题备选项）

    A. 动脉血二氧化碳分压   B. 碱剩余

    C. 两者均是   D. 两者均不是

18. 反映代谢性酸碱紊乱的是

19. 不受呼吸因素的影响的是

（20、21题备选项）

    A. 呼吸性酸中毒   B. 呼吸性碱中毒

    C. 两者都是   D. 两者都不是

20. SB 正常时，如果 AB>SB，可见于

21. SB 正常时，如果 AB<SB，可见于

【X型题】

1. 使心肌兴奋性增高的有

    A. K^+ B. Na^+ C. Mg^{2+} D. Ca^{2+} E. H^+

2. 水的功能包括

    A. 维持组织的形态与功能   B. 调节体温

    C. 促进并参与物质代谢   D. 润滑作用

    E. 运输作用

3. 降低骨骼肌、平滑肌神经肌肉兴奋性的离子有

    A. Cl^- B. K^+ C. Mg^{2+} D. Na^+ E. Ca^{2+}

4. 下列钾代谢的叙述正确的有

    A. 酸中毒时常伴有血钾升高   B. 多吃多排，不吃不排

    C. 钾主要从肾排泄   D. 血钾浓度升高，心肌兴奋性下降

    E. 进食钾多时血钾升高

5. 血钾升高时,可能出现
   A. 细胞内 Na^+ 逸出细胞外
   B. 细胞内 H^+ 逸出细胞外
   C. 细胞内 K^+ 逸出细胞外
   D. 细胞外 K^+ 进入细胞内
   E. H^+ 进入细胞内

6. 具有水和电解质平衡调节作用的激素有
   A. 抗利尿激素
   B. 醛固酮
   C. 心房利尿钠肽
   D. 甲状旁腺激素
   E. 胰岛素

7. 心房利尿钠肽的作用包括
   A. 强大的排钠、利尿作用
   B. 拮抗肾素-醛固酮系统的作用
   C. 显著减轻失水或失血后血浆中 ADH 水平增高的程度
   D. 舒张血管,降低血压的作用
   E. 促进肾远曲小管和集合管对钠的重新收

8. 醛固酮对水电解质代谢的作用有
   A. 排钾的作用
   B. 排氢的作用
   C. 保钠的作用
   D. 保水的作用
   E. 保氯的作用

9. 钙的排泄特点包括
   A. 多吃多排
   B. 少吃少排
   C. 多吃少排
   D. 多吃不排
   E. 少吃不排

10. 扩散结合钙有
    A. 蛋白结合钙
    B. 柠檬酸钙
    C. 乳酸钙
    D. 氯化钙
    E. 硫酸钙

11. 下列食物是成碱性食物的有
    A. 肉类
    B. 瓜果
    C. 豆类
    D. 谷类
    E. 蔬菜

12. 非挥发性酸包括
    A. 乳酸
    B. 碳酸
    C. 乙酰乙酸
    D. 丙酮酸
    E. 乙酸

13. 挥发性酸的来源主要包括
    A. 糖的分解代谢产生
    B. 脂类的分解代谢产生
    C. 蛋白质的分解代谢产生
    D. 维生素的分解代谢产生
    E. 核酸的分解代谢产生

14. 对碱性物质具有缓冲作用的是
    A. H_2CO_3
    B. NaH_2PO_4
    C. HPr
    D. $NaHCO_3$
    E. NaPr

15. 下列动脉血 $PaCO_2$ 的描述正确的是
    A. 是指物理溶解于动脉血浆中的 CO_2 所产生的张力
    B. $PaCO_2$ 基本上反映肺泡气 CO_2 分压
    C. $PaCO_2>6.0kPa$,表示肺通气不足,有 CO_2 潴留
    D. $PaCO_2<4.5kPa$,表示肺通气过度,CO_2 排出过多
    E. 正常范围为 4.5~6.0kPa

16. 下列血浆 pH 的描述正确的是

    A. 平均为 7.40

    B. 是表示血浆中 H^+ 浓度的指标

    C. pH>7.45 为失代偿性碱中毒

    D. pH<7.35 为失代偿性酸中毒

    E. 能够判断酸碱平衡紊乱是代谢性或是呼吸性

（二）名词解释

1. 体液   2. 电解质   3. 代谢水

4. 结合水   5. 非显性出汗   6. 钙磷乘积

7. 成骨作用   8. 溶骨作用   9. 酸碱平衡

10. 挥发性酸   11. 非挥发性酸   12. 阴离子间隙

13. 标准碳酸氢盐   14. 实际碳酸氢盐

（三）填空题

1. 水的存在形式包括_____和_____两种。

2. 人体每日经皮肤体表蒸发约排出_____ml 水, 经消化道约排出_____ml 水, 经肾约排出_____ml 水。

3. 钙磷乘积的正常值为_____, 其钙和磷的浓度是以_____来表示的。

4. 血浆钙有_____、_____两种存在形式。

5. 人体内钙总量约_____g, 磷总量约_____g。

6. 骨主要由_____、_____和_____组成, 其主要组分是_____和_____, _____数量很少。

7. _____决定骨的硬度, _____决定骨的形状和韧性, _____在骨代谢中起主导作用。

8. 体内的酸性物质可分为_____、_____两大类。

9. 进入血液的非挥发性酸或碱性物质, 主要由_____缓冲; 挥发性酸主要由_____缓冲。

10. 肾对 $NaHCO_3$ 浓度的调节作用主要是通过肾小管细胞的_____、_____及_____作用, 排出多余的酸性物质来实现的。

11. 血浆 pH 是表示血浆中_____浓度的指标, $PaCO_2$ 是指物理溶解于动脉血浆中的_____所产生的张力, _____是指血液中缓冲碱含量的总和。

12. 高血钾时常伴有_____, 低血钾时常伴有_____。

（四）问答题

1. 试述体内水的生理功能。

2. 试述体内水的来源和去路。

3. 体液中电解质具有哪些生理功能?

4. 影响钙吸收的因素都有哪些?

5. 试述体内酸碱物质的来源。

6. 为什么说碳酸氢盐缓冲体系是血浆中最重要的缓冲体系?

7. 肺对酸碱平衡是如何调节的？

8. 肾对酸碱平衡是如何调节的？

四、参考答案

（一）选择题

【A 型题】

1. C	2. D	3. B	4. D	5. E	6. C	7. B	8. A
9. B	10. D	11. B	12. C	13. A	14. D	15. A	16. B
17. D	18. D	19. E	20. D	21. E	22. D	23. C	24. D
25. D	26. E	27. C	28. A	29. D	30. D	31. E	32. A
33. A	34. B	35. E	36. B	37. D	38. E	39. D	40. C
41. B	42. A	43. C	44. C	45. D	46. D	47. B	48. C
49. A	50. D	51. B	52. B	53. A	54. A	55. E	56. E
57. D	58. A	59. A	60. D	61. A	62. C	63. E	64. B
65. C							

【B 型题】

1. A	2. B	3. C	4. E	5. D	6. B	7. C	8. A
9. D	10. B	11. A	12. B	13. C	14. C	15. E	16. B
17. D	18. A	19. B	20. B	21. A	22. A	23. E	24. D
25. A	26. C	27. D	28. B				

【C 型题】

1. C	2. A	3. B	4. A	5. B	6. A	7. A	8. B
9. D	10. D	11. C	12. B	13. A	14. B	15. A	16. B
17. C	18. B	19. B	20. A	21. B			

【X 型题】

1. BD	2. ABCDE	3. CE	4. ACD	5. ABD	6. ABCDE
7. ABCD	8. ABCDE	9. AB	10. BCDE	11. BE	12. ACDE
13. ABC	14. ABC	15. ABCDE	16. ABCD		

（二）名词解释

1. 体液是指体内的水分及溶解于水中的无机盐和有机物的总称。

2. 体液中的无机盐、某些小分子有机化合物和蛋白质等常以离子状态存在，称为电解质。

3. 代谢水是指糖、脂质和蛋白质等营养物质在体内生物氧化过程中生成的水。

4. 结合水是指与蛋白质、核酸和蛋白多糖等物质结合而存在的水。

5. 非显性出汗即体表蒸发的水分，正常成人每天约 500ml。

6. 钙磷乘积指血钙与血磷的浓度乘积（以 mg/100ml 计）。

7. 成骨作用是指骨的生长、修复或重建过程。

8. 溶骨作用是指骨不断更新，原有旧骨的溶解。

9. 机体通过一系列的调节作用将多余的酸性或碱性物质排出体外,使体液 pH 维持在相对恒定的范围内,这一过程称为酸碱平衡。

10. 挥发性酸即碳酸(H_2CO_3),H_2CO_3 随血液循环运至肺部后重新分解成 CO_2 并呼出体外,是体内酸的主要来源。

11. 不能由肺呼出,必须经肾随尿排出体外的酸性物质称为非挥发性酸或固定酸。

12. 阴离子间隙是指未测定阴离子与未测定阳离子的差值。

13. 标准碳酸氢盐是指全血在标准条件下,即温度 37℃、$PaCO_2$ 为 5.3kPa、Hb 的氧饱和度为 100% 时,测得的血浆中 HCO_3^- 的含量。

14. 实际碳酸氢盐是指在隔绝空气的条件下,在实际体温、$PaCO_2$ 和氧饱和度情况下测得的血浆中 HCO_3^- 的真实含量。

(三)填空题

1. 自由水　结合水

2. 500　150　700~1 500

3. 35~40mg/100ml

4. 游离钙　结合钙

5. 700~1 400g　400~800g

6. 骨盐　骨基质　骨细胞　骨盐　骨基质　骨细胞

7. 骨盐　骨基质　骨细胞

8. 挥发性酸　非挥发性酸

9. 碳酸氢盐缓冲体系　血红蛋白缓冲体系

10. 泌氢　泌氨　泌钾

11. H^+　CO_2　全血缓冲碱

12. 酸中毒　碱中毒

(四)问答题

1. 试述体内水的生理功能。

答:①调节体温;②促进并参与物质代谢;③运输作用;④润滑作用;⑤结合水对维持生物大分子构象,保持细胞、组织、器官的形态、硬度和弹性起到一定的作用。

2. 试述体内水的来源和去路。

答:(1)人体每日水的来源主要为:饮水(包括饮料)1 000~1 500ml;食物水 650~1 000ml;代谢水 350ml。

(2)人体每日水的去路平均为:呼吸蒸发约 400ml;皮肤蒸发约 500ml;消化道排水 150ml;肾排水 700~1 500ml。

3. 体液中电解质具有哪些生理功能?

答:(1)维持体液容量、渗透压和酸碱平衡:无机盐中的 Na^+、Cl^- 是维持细胞外液容量及渗透压的主要离子,而 K^+、HPO_4^{2-} 是维持细胞内液容量及渗透压的主要离子。

(2)维持神经、肌肉的兴奋性

$$骨骼肌、平滑肌神经肌肉的兴奋性 \propto \frac{[Na^+]+[K^+]}{[Ca^{2+}]+[Mg^{2+}]+[H^+]}$$

$$心肌兴奋性 \propto \frac{[Na^+]+[Ca^{2+}]}{[K^+]+[Mg^{2+}]+[H^+]}$$

（3）参与物质代谢：某些无机离子是多种酶类的激活剂或辅助因子，如细胞色素氧化酶需要 Fe^{2+} 和 Cu^{2+}；Cl^-、Br^- 及 I^- 等可促进唾液淀粉酶对淀粉的水解。Ca^{2+} 与肌钙蛋白结合能激发心肌和骨骼肌的收缩。糖、脂质、蛋白质、核酸的合成都需 Mg^{2+} 的参与。血红蛋白中的 Fe^{2+}、甲状腺素中的 I^- 也与其生物活性密切相关。

（4）构成组织细胞成分：电解质存在于机体所有组织细胞中。如钙、磷和镁是骨、牙组织中的主要成分，含硫酸根的蛋白多糖参与构成软骨、皮肤等组织。

4. 影响钙吸收的因素都有哪些？

答：①维生素 D 是促进钙吸收的最重要因素；②降低肠道 pH 可促进钙的吸收；③食物中的某些成分可影响钙的吸收，过多的草酸、植酸、脂肪酸、碱性磷酸盐等可与钙结合形成难溶性钙盐，阻碍钙的吸收，镁盐过多也可抑制钙的吸收；④钙的吸收率与年龄成反比。

5. 试述体内酸碱物质的来源。

答：体内的酸性物质主要来自糖、脂质及蛋白质等分解代谢，这些物质被称为成酸物质，另外少量来源于某些食物及药物。体内碱性物质主要来源于食物中的瓜果蔬菜；此外，某些药物本身就是碱，如抑制胃酸的药物碳酸氢钠等；机体在物质代谢过程中也可产生少量的碱性物质，如氨基酸脱氨基生成的 NH_3。

6. 为什么说碳酸氢盐缓冲体系是血浆中最重要的缓冲体系？

答：在血浆缓冲体系中，以碳酸氢盐缓冲体系最为重要。因为血浆 $NaHCO_3/H_2CO_3$ 缓冲体系不仅缓冲能力强，而且该系统可进行开放式调节。H_2CO_3 浓度可通过体液中物理溶解的 CO_2 取得平衡而受肺的呼吸调节；$NaHCO_3$ 浓度可通过肾的调节作用维持相对恒定。

7. 肺对酸碱平衡是如何调节的？

答：肺通过呼出 CO_2 调节血中 H_2CO_3 的浓度，以维持 $[NaHCO_3]/[H_2CO_3]$ 的正常比值。当动脉血 PCO_2 增高或 pH 及 PO_2 降低时，呼吸中枢兴奋，呼吸加深加快，CO_2 呼出增多；反之，当动脉血 PCO_2 降低或 pH 升高时，呼吸中枢受到抑制，呼吸变浅变慢，CO_2 呼出减少。

8. 肾对酸碱平衡是如何调节的？

答：肾对酸碱平衡的调节作用主要是通过调节血浆中的 $[NaHCO_3]$，以维持血浆 pH 的恒定。当血浆中 $[NaHCO_3]$ 下降时，肾对酸的排泄及对 $NaHCO_3$ 的重吸收作用加强，以恢复血浆中 $NaHCO_3$ 的正常浓度；当血浆中 $[NaHCO_3]$ 升高时，肾减少对 $NaHCO_3$ 的重吸收，并排出过多的碱性物质，使血浆中 $[NaHCO_3]$ 仍维持在正常范围。因此，肾对酸碱平衡的调节作用实质上就是调节 $NaHCO_3$ 的浓度。肾的这种调节作用主要是通过肾小管细胞的泌氢、泌氨及泌钾作用排出多余的酸性物质实现的。

（李　妍）

12检